物理世界的本质

〔英〕阿瑟·爱丁顿 著

王文浩 译

A. S. Eddington
THE NATURE OF THE PHYSICAL WORLD

根据英国麦克米伦出版公司 1928 年版译出

目　录

前　言

v

这本书基本上是由我1927年1月到3月在爱丁堡大学做吉福讲座的教案扩充而成。本书论述了近年来科学思想发生重大变化所带来的哲学成果。相对论和量子论提出了很多我们认识物理世界所需的新奇概念;热力学原理的进步同样引起渐进而深刻的变化。前十一章的大部分内容主要是介绍新的物理理论,导致它们被采纳的原因及其基本概念。目的是要阐明当今世界已树立起的科学世界观,而对于那些尚未开垦的领域,则给予现代思想在其中的大致发展方向的判断。在最后四章中,主要考虑这种科学观在人类经验——包括宗教——等更广泛领域里所应有的地位。在引言的结论段里(见本书第307页),我对这些将要体现的总的探索精神做了说明。

我希望本书前面讲述科学理论的几章让人读起来能和后面有关应用的章节一样有趣。但我无意将它们写得像是完全独立成篇的那样。我的目的不是要给出一个关于相对论和量子论的基本原理的简单介绍,而是要达成这样一个目标:揭示出近期这一更深奥发展背后所蕴含的重要的哲学意义。因此虽然本书的大部分内容

vi

容易阅读,但有些论述理解起来具有相当大的难度。

我的主要目的是要表明,这些科学发展为哲学家提供了新的

资料。但不止于此，我还将表明我自己是如何看待这些资料的使用的。我知道，这里提出的一些哲学观点只会在这样一种层面——它们是对现代科学工作的研究和理解的直接结果——引起注意。我所形成的对事物本质的一般性看法，除了源自这种特定的激励因素之外，还来自于我的科学研究。但这些一般性观念对除我自己之外的任何人来说都不重要。在我开始准备这些演讲稿时，虽然我心里对形成这一思想的两种来源有着明确的区分，但在努力达成一种前后一致的观点并避免可能的批评的过程中，它们已变得密不可分。鉴于此，我想说，我关于物理世界的观念的理想主义色彩源自于我对相对论的数学研究。以我早先的哲学观点来看，这些研究有着完全不同的面貌。

开始时，我怀疑到科学之外如此广袤的领域去探索是否是一个科学家值得去做的事情。进行这种探索的主要理由是它可以让你更好地了解自己的科学研究领域。在做演讲时，自由谈论我提出的各种见解似乎不会给人造成很不严肃的印象。但是否应该将这些见解永久地记录下来并予以更完整的形态，则很难定夺。我对来自专业哲学家的批评深感恐惧，但想到那些读者，他们可能想看看这本书的写作是否“出于善意”，并据此来判断其可信性，我就更感到忧虑。在我做完这些讲座之后的几年里，我已经做了许多努力来修订这本书的内容，使之令我更加满意。现在我可以比以前更自信将它交付出版。

对于一本大书而言，采用教室里的那种会话风格一般不是很适合，但我决定不去修改它。作为科学类图书的写作者，运用数学公式来做最清晰的表达是很自然的事情，对此我只能请读者给予谅解。许多主题内在地就很难理解,对此我唯一的希望就是解释清楚要点,就像我面对询问者所做的回答那样。

可能有必要提醒美国的读者,我们对大数的命名与你的不同:在此一个 billion 是 1 万亿而不是 10 亿。

A.S. 爱丁顿

1928 年 8 月

引　言

ix　我下决心要将这些讲稿写出来，并将我的椅子置于我的两张书桌旁。两张书桌！是的，我的每样东西都是成双的：两张桌子、两把椅子、两支钢笔。

对于一段应达致超水平的科学哲学的过程，这不是一个非常深刻的开始。但我们不可能立即触及问题的基底，我们必须先从事物的表面抓起。每当我开始奋笔疾书，我碰触的第一件东西就是我的这两张书桌。

其中的一张，我很早之前就很熟悉了。它是我称为世界的这个环境中的寻常之物。我该怎么描述它呢？它有广延性；它相当结实；它有颜色；最重要的是它是**物质性的**。所谓物质性，我的意思不仅仅是说当我倚靠它时它不会坍塌，而是说它是由“物质”构成的。我用“物质”这个词是想向你传递某种关于它的内在本质的概念。它是这样一种**东西**，它不像空间，空间纯粹是一种虚无；它也不像时间，时间是——天知道它是什么！但这么说并不有助于你理解我的意思，因为一件“东西”的鲜明特点在于它具有这种物质性。我不认为这种物质性还有比一张普通的书桌这样的自然物更好的表达。因此我们不必兜圈子。毕竟，如果你是一个具有常识的普通人，就不必过多担心那些科学定义上的细枝末节。你尽管放心，你已经理解了一张普通书桌的本质。我甚至听到一些百姓这么说起他们的想法：如果科学家能够找到一种途径，依据书桌的容易理解的本质来解释它，那么他们就能更好地理解他们自身本质的奥秘。

第二张书桌是我的科学书桌。我们最近才相识，我不觉得它很熟悉。它不属于我们先前提到的那个世界——那个当我睁开眼睛后就自然地呈现在我面前的世界。至于它有几多客观，几多主观，这里我先不予考虑，总之它是那个以更狡猾的方式迫使我注意的世界的一部分。我的科学书桌基本上是空的。在其虚空中稀疏地散布着许多电荷，它们以极快的速度奔涌着，但它们的体积合起来也不到桌子本身体积的万亿分之一。尽管构造很奇特，但事实表明它是一张完全有效的书桌。它支撑着我写论文，惬意程度一点也不亚于第一张。因为当我在上面铺上稿纸后，那些高速运动的小的带电粒子便不断地从下面撞击纸背，正是在这种近乎稳定的反复撞击下纸张才得以保持在平稳的桌面上。如果我倚靠在这张桌子上，我不会从中穿过。或者，说得更严谨一点，我的科学胳膊肘穿过这张科学书桌的机会小得微乎其微，以致在实际生活中可以被忽略。如果我们对比着考察它们的特性，会发现就日常目的而言，这两张桌子之间似乎没什么不同。但是当遇到异常情况时，我的科学书桌就显示出优势。如果房子着了火，我的科学书桌会很自然地化为一缕科学的轻烟，而我熟悉的书桌将经历实质性的形态改变，对此我只能视为奇迹。

我的第二张桌子绝非*物质性*的。它几乎是完全空的空间——由各种力场决定的弥漫空间。但这些力场可称为“影响”而不是

“东西”。甚至对于那些看起来很实在的一丁点东西,我们也不能移用旧的物质概念。把物质分解成电荷之后,我们已经远远偏离了最初提出物质概念的那种图像,物质这个概念的意涵——如果说曾经有过的话——现在已经失去了。现代科学观的整体趋势是打破诸如“东西”“影响”“形式”等不同类别之间的区分,代之以所有经验的共同基础。不论我们研究一个物体、一种磁场、一个几何图形或是一段时间,我们的科学信息都是来自测量。无论是测量仪器还是它的运用方法,都不表明这些问题在本质上有何不同。这些测量本身并不提供分类的依据。我们有必要承认测量的背景——外部世界。但这个世界的属性,除非它们反映在测量里,是在科学审查范围之外的。科学终将不赞同将包含在这些测量里的确切知识归附到描述传统图像的这样一些概念里,这些概念既无法传递背景的真实信息,又想当然地硬将不相关的东西塞进知识框架。

我就不再在这里进一步强调电子的非实体性了,因为按目前的思路这几乎是不必要的。如果你愿意,你可以将它想象成某种实体。但即使这样,我的科学书桌与我的日常概念下的书桌之间也仍然存在着巨大差异:对于前者,其物质(权当有的话)非常稀薄,且是零星散布在一个大部分空间为虚空的区域内;而后者,我们将它视为一种坚实的实体形态——一种反对贝克莱主观主义的具体表现。我面前的这张纸,到底是漂浮着,就像被一群飞蝇在下面不断飞来飞去所形成的撞击托举着;还是被其下面的物体支撑着,而它下面的物体之所以具有这种支撑性,是因为它的内在性质就是占据空间排开他物,这是完全不同的。至少在概念上是不同的，但对于我在这张纸上书写这样的实际操作没有区别。

我不必告诉你，现代物理学已经通过精巧的实验和严密的逻辑让我确信，我的第二张科学书桌是真实存在于那里的唯一东西——不论这个“那里”是指何处。另一方面，我也无须告诉你，现代物理学永远也不可能成功地驱除第一张书桌——一种外在性质、心理意象和传统偏见的奇特的混合物——，因为我的眼睛可以看到它，我的触觉可以把握它。但现在我们必须与它告别，因为我们即将从熟悉的世界转向由物理学揭示的科学世界。这是——或者说我们认为它是——一个完全外在的世界。

“你自相矛盾地谈论两个世界。其实它们不就是同一个世界的两个方面或两种解释吗？”

是的，从某种程度上说，毫无疑问它们最终就是一回事。但是，从物理学的外部世界转化为人类意识中熟悉的世界的这个过程，不在物理学的研究范围之内。因此，根据物理学方法来研究的这个世界必须与我们的意识所熟悉的世界保持分离，直到物理学家完成了他的分析工作后方可合而为一。因此，我们暂时将作为物理学研究对象的桌子与我们熟悉的桌子完全分开，而不考虑它们的最终同一性的问题。的确，整个科学探索是以熟悉的世界为出发点，并且最终必须回到这个熟悉的世界。但物理学家负责的这段旅程却是陌生领地。 xiii

从过去直到最近，一直存在这样一种非常密切的联系：物理学家习惯于从熟悉的世界借来他要研究的物理世界的原材料，但现在他不再这么做了。他现在的原材料是以太、电子、量子、电位、哈密顿函数等等，现在他十分小心地守卫着这些概念，以免它们被从其他世界借来的概念所污染。与科学书桌相对应,我们有日常熟悉的书桌,但我们没有与科学的电子、量子或电势相对应的日常熟悉的电子、量子或电势。我们甚至不想提出与这些科学概念相对应的日常概念,或者用我们通常的话说,我们不想"解释"电子。在物理学家完成他的分析后,构建这样一种联系或同一性是可以的;但在此之前就莽撞地试图建立这种联系则发现完全是徒劳的。

科学的目标是建立一个作为日常经验世界的符号的世界。但我们完全没有必要用每一个单独的符号来表示日常生活中的某件事情或某件用日常经验就能说明的事情。普通人对于科学上提到的东西总要求有具体的说明,但他一定很失望。这就好比我们学着读书的经验。书中写的是用符号来表现现实生活中一件事。一xiv本书的意图最终都是让读者能够将一些符号,比如"面包",与生活中所熟悉的某个概念联系起来。但如果还没学会将字母拼成单词,将单词组成句子,就想试着建立这种联系,那无疑是徒劳的。符号A并不是生活中所熟悉的东西的对应物。对于孩子这个A似乎极为抽象,所以我们需要给他一个熟悉的概念与它联系起来。"A是一个射杀癞蛤蟆的弓箭手。"这样他学起来就不困难了。[①]但他如果只停留在"Archers"(射手)、"Butchers"(屠夫)、"Captains"(船长)里打转,他的构词能力就不会有明显进步。这些字母是抽象的,这一点他迟早会意识到。在物理学里,我们早已越过了用像

---

① 为什么这样就不困难用汉语句子似乎很难说明白,因此这里需要给出英文原词来说明。A是射手(Archer)的首字母,后面的B(Butcher 屠夫)、C(Captain 船长)同此。英语国家教授儿童学习26个字母时是用简单单词的首字母来记忆的。这与《音乐之声》里用日常概念来记忆"哆咪咪发唆啦西"有异曲同工之妙。——译者

"射手"和"苹果派"这样的基本符号来定义概念的阶段。要解释电子究竟是什么,我们只能回答:"它是物理学里最基础的东西。"

因此物理学所谈的外部世界已成为一个影子世界。要去除我们的幻觉,我们就得去除物质这个概念,因为我们已经看到,物质是我们最大的幻觉。随后我们也许会问,在热衷于砍去所有那些不真实的概念时,我们是否太过无情?也许吧。事实上,实在是一个离开虚幻的护理就无法生存的孩子。但即便如此,科学家也不会给予多少关心,他有充分的理由去探索他的影子世界,而将有关实在的确切地位的问题留给哲学家去决定。在物理世界里,我们是在看一出日常生活的皮影戏演出。我的胳膊肘的影子支在影子桌子上,影子墨水在影子纸面上流过。一切都是符号,物理学家留下的符号。然后,来了一位炼金术士——心灵,他将这些符号做了 xv 变换。于是,具有电性力的离散的原子核构成了一个有形的实体。它们不息的躁动变成了夏天的温暖,以太振动所演奏的音乐变成了绚烂的彩虹。炼金术士不会仅止于此。在变换后的世界里,新的意义出现了。这些新意在符号世界里几乎无迹可寻。因此,变换使其成为一个美妙的和有目的的世界——当然也有痛苦和邪恶。

物理科学坦率地承认它所关心的是一个影子世界,这是近期科学进展最重要的意义。我并不是说,物理学家们在任何程度上都专注于这个世界的哲学含义。从他们的观点来看,这种承认与其说是从站不住脚的说法后撤,不如说是对自主发展的自由的肯定。此刻,我不再继续讨论物理世界的影子和符号的特征,这不仅是因为它在哲学上有基础,而且还因为疏远那些熟悉的概念对于我要描述的科学理论是显然的。如果你对这种疏远毫无准备，那么你可能无法对现代科学理论产生共鸣，甚至觉得它们可笑——我敢说，很多人都是这样的。

让自己养成将物理世界看成纯粹的符号世界的习惯是很困难的。我们总是故态复萌将这些符号与我们从意识世界里取来的不协调的概念混为一谈。不经长期的经验积累，我们伸手抓住的只能是影子，而不是抓住这个影子背后的本质。事实上，除非我们完全掌握数学符号体系，否则很难避免给我们的符号穿上虚假的外衣。当我想到电子时，我的脑海里就会浮现出一个坚硬的红色小球。同样，质子是浅灰色的。颜色当然是荒谬的——但未必就比其他概念更荒谬——但我就是屡教不改。我可以理解，年轻人试图找出这些十分具体的图像，努力用哈密顿函数和符号构建一个世界来。尽管这些哈密顿函数和符号离人类预想的概念是如此之远，以致它们甚至都不遵从正统的运算法则。就我自己而言，我很难提高到那样一种思想高度，但我相信这一想法一定会实现。

xvi

在接下来的这些课里，我打算讨论物理世界里的一些最新的研究成果，为哲学思考提供充足的食粮。这将包括新的科学概念和新的知识。在这两方面，我们将以一种完全不同于上个世纪末流行的方式来思考物质宇宙。我不会无视一个吉福讲座教师心中应有的远大目标，就是将这些纯粹的物理发现与人类本性的更广泛的方面和兴趣联系起来的问题。这些关系不可能不经历变化，因为我们关于物理世界的整个概念都已发生了根本性变化。我相信，对物理世界的正确的领悟，就如同我们今天对它的理解那样，将会使我们怀着开放的胸襟去寻求科学测量之外更广泛的意义。

在上一代人那里，这种追求可能仍被视为不合逻辑。在以后的几讲里，我将集中探讨这种意义，尽力发掘其根源。但如果我不坚持科学研究本身就是其目的的信念，那么我就不忠实于科学了。科学探索的道路必须按其自身的目的去追求，而与它是否能够提供更广阔的视野无关。秉持着这种精神，我们必然会遵循这样的路径，无论它是导向开阔的山巅，还是导向幽暗的隧道。因此，到课 xvii 程的最后阶段，相信你肯定会愿意与我一同踏上科学之途，而不会责骂我老是徜徉在路旁的花丛里。这需要我们之间相互理解。我们可以出发了吗？

第一章　经典物理学的衰落

1　原子的结构

1

1905年到1908年,爱因斯坦和闵可夫斯基将一些根本性的变化引入我们关于时间和空间的观念。1911年,卢瑟福使我们的自德谟克利特时代以来一直沿用至今的物质观念发生了最深刻的变化。奇怪的是,我们对这两种变化的接受方式全然不同。空间和时间的新观念,无论从哪方面说都被视为革命性的:一些人以最大的热情接纳它们,另一些人则予以最激烈的反对。而物质的新观念经历的是通常科学发现所历经的普通历程:先是逐渐显现出自身的价值,当证据变得越来越令人信服后,它便悄然取代了以前的理论。没人对此感到震惊。但如今,当我听到人们对现代科学的布尔什维克提出抗议并对旧秩序表示遗憾时,我倾向于认为是卢瑟福,而不是爱因斯坦,才是真正的“罪魁祸首”。当我们将我们现在所设想的宇宙与我们之前先入为主地认为的宇宙进行比较时,最令人瞩目的变化不是爱因斯坦带来的对空间和时间的观念的更新,而是所有那些我们曾认为是最坚实的实体现在已破碎成漂浮在虚空中的细微的尘埃。这给那些认为事物或多或少应是它们看上去的样子的人们带来一种意想不到的冲击。现代物理学所揭示的原子内部的虚空要比天文学所展示的星际空间的巨大空虚更令人不安。

原子如同太阳系一样稀疏。如果我们压缩掉一个人身体的所有空的空间，将他身体的所有质子和电子聚合在一块儿，那么这个人将被缩减到只有用放大镜才能看到的那么一丁点大。

物质的这种稀疏性是原子理论所不曾预示的。过去我们确切知道的是，在像空气这样的气体里，原子之间分开得很远，留下巨大的虚空空间；而我们唯一可以预料的是，具有空气这种特性的材料其物质含量相对较少，“空气般空洞”正是对这种物质性的普通形容方式。在固体中，原子被紧密地排列在一起，因此旧的原子理论与我们关于固体就是那种没有太多空隙的物质体的先验观念是一致的。

19 世纪末出现的物质的电性理论最初并没有改变这种观点。我们知道，负电性就是浓缩在很小体积里的单位电荷；而物质的其他成分，即正电性，被描绘成与原子同尺寸的一个球状果冻，其体内有微量的负电荷。因此，固体内的大部分空间仍然是填满了的。

但在 1911 年，卢瑟福表明这个正电性也是浓缩成微小的斑点。他的散射实验证明了，原子能够表现出巨大的电性力，而这要成为可能，除非正电荷表现为一个高度集中的吸引源。这个源必然处于一个核内，其尺寸与原子的大小相比小到微不足道。由此，原子的主要体积第一次被完全掏空，原子的“太阳系”模型取代了物质的“实心球”模型。两年后，尼尔斯·玻尔在卢瑟福原子的基础上提出了他的著名理论，自那以后，原子理论取得了飞速进步。

不论前景怎样进一步变化，回归到旧的物质原子概念都是不可想象的。

目前公认的结论是，所有物质最终都是由两种基本成分——质子和电子——构成的。从电性上看，这两种成分恰好彼此对等相反，质子是带正电性的电荷，电子是带负电性的电荷。但在其他方面，它们的属性相差得非常大。质子的质量是电子的 1,840 倍，因此物质的几乎所有质量都是由其质子成分承担的。除了氢之外，自然界还没有发现纯粹的质子。氢似乎是物质的最原始形式，其原子由一个质子和一个电子组成。而在其他元素的原子体内，大量质子和少量电子被胶结在一起构成一个原子核；构成原子电中性平衡所需的电子弥散在核外，就像远远地绕核转动的卫星。这些电子甚至可以脱离原子在材料中自由穿行。电子的直径大约是原子直径的 1 / 50,000[①]，原子核的直径也不是很大，孤立的质子则应更小。

30 年前，关于以太拖动问题——地球绕太阳运行时是否受到以太的拖拽——有很多争论。当时，原子的密实性是毋庸置疑的，很难相信物质可以在以太中穿行而不打扰它。令人奇怪而又困惑的是，实验的结果没发现任何以太对流的迹象。但我们现在认识到，以太可以轻易地滑过原子，就像它穿行于太阳系一样。我们的 4

① 这个估算可能是用电子经典半径（由电子的电势能等于其静质量能 $m_e c^2$ 得出）与氢原子的玻尔半径（氢原子基态轨道半径）之比给出的（这两个值当时都已知），前者为 $r_e = 2.8\times10^{-15}$ m，后者为 $r_B = 5.3\times10^{-11}$ m，二者之比约为 0.5×10^{-4}，即两万分之一，与文中给定值较接近。因为电子经典半径是自由电子尺寸的上限，所以文中给出的值是合理的。但实际上，当代物理学表明，电子的半径要小于 10^{-18}m。后文中给出的其他值也都仅在特定历史条件下有意义。——译者

期望落空了。

在后面的章节里我们还将回到“太阳系”原子上来。就目前而言，我们只关心两件事：(1)它极度空虚；(2)它由电荷构成。

卢瑟福的原子核理论通常不算是本世纪的一场科学革命。尽管这是一项影响深远的发现，但它是属于经典物理学的发现。这一发现的性质和意义可以用简单的术语来表述，即用科学上已经存在的概念来表述。“革命性”一词通常被留给现代物理学的两大进展——相对论和量子论。这两大理论不仅在内容上对我们认识的世界做出了新发现，而且还涉及我们对世界的思考方式的变化。它们无法用普通的术语来陈述，因为我们首先得掌握一些新概念，而这些概念在经典物理学中是做梦都想不到的。

我不确定“经典物理学”这个词是否有过严密的定义。但一般认为它是牛顿在《自然哲学的数学原理》一书中发展起来的一套关于自然定律的理论框架。这一理论框架为所有后续的发展提供了一个模式。在这一框架的四角上，有可能出现观念上的重大变化；光的波动理论取代了微粒理论；热由物质(热质)变成了运动的能量；电由连续的流体变成了以太里形变的核。但所有这一切在原框架的弹性范围内都是可以考虑的。波、动能和应变已经在原有框架中获得了各自的位置；将同样的概念用来解释更广泛的现象，正是对牛顿原初观点的普适性的一种赞扬。

现在我们来看看经典框架是如何被打破的。

2　菲茨杰拉德收缩

我们最好从下述事实开始。假设你有一根以非常高的速度运动的棒。开始时其长度方向与其运动方向垂直。现在将它转过一个直角，使其长度方向沿着运动方向。这时棒收缩。就是说，棒做纵向运动时其长度要比它做横向运动时的长度短。

这种收缩称为菲茨杰拉德收缩。在一般情况下其收缩量非常非常小。这种收缩完全不取决于棒的材料，而仅取决于其速度。例如，如果棒的速度是 19 英里每秒钟——即地球绕日飞行的速度——，那么长度的收缩仅为 1/200,000,000，或者说是地球整个直径里的 2 又 1/2 英寸。

这是通过一系列不同的实验来证明的，其中最早也最著名的当属 1887 年进行的迈克耳孙-莫雷实验。1905 年，莫雷和米勒又以更精确的测量重复了该实验，在过去这一两年里仍有几个这类观察实验在进行。我不打算描述这些实验，只想提及一下，让你的测量棒有很大速度的一种便捷方法就是让地球带着它运行，因为地球有很高的绕日飞行速度。我也不在这里讨论这些实验所提供的证据是否完备。重要的是你应该意识到，这种收缩正是我们依据目前所具有的关于物质棒的知识所预期的。

令你惊奇的是，只需指向不同的方向，运动棒的长度就能够改变。而你原以为它会保持不变。但你考虑的是哪一种棒呢？（你还记得我的两张桌子吧？）如果你考虑的是连续物质（具有空间延展性，因为占据空间是物质的本性），那么尺寸的改变似乎没有什

6

么合理的理由。但是科学的棒是一大群激烈冲撞并且相互间分得很开的带电粒子。令人惊讶的是，这样一群粒子却倾向于保持在确定的空间范围内。然而，这些粒子相互间保持一定的平均间距，使整个体积保持近乎稳定；它们彼此间施加电性力。它们占据的体积取决于彼此间的吸引力与促使它们分开的无规运动之间的平衡。当棒处于运动状态时，这些电性力会变化。运动的电荷构成电流。但是电流会产生一种与电荷静止时所产生的力的类型不同的力，即磁力。更有甚者，源自电荷运动所产生的这些力很自然在平行和垂直于电荷运动方向上有不同的强度。

通过设置棒（它由包含在棒中的所有小电荷构成）的运动，我们引入粒子之间的新的磁力。显然，原来的平衡被打破，粒子之间的平均间距必然改变，直到找到一种新的平衡。因此，粒子群的延展——棒的长度——将随之改变。

菲茨杰拉德收缩真的没什么神秘。对于用连续物质因其实体性而占据空间这种旧的思考方式所描绘的棒，它是一种不自然的 7 属性。但如果我们将棒看成是一组由电磁力保持微妙平衡的粒子群，其占据空间是因为任何试图进入的东西都被赶开的话，那么这种收缩的属性就显得十分自然了。或者你还可以这么来看这个问题：你之所以期望棒保持原有长度，其前提是它受到公平对待，不受任何新的力。但是运动中的棒受到新的磁力作用，这种磁力不是来自不公平的外部干扰，而是其自身的电性构成的必然结果，因此在这种力的作用下棒发生了收缩。也许你会认为，如果棒的刚性足够强，想必它就能够抵御这种收缩。事实并非如此。菲茨杰拉德收缩对于钢棒和印度橡胶棒是一样的。刚性和收缩力必然与物体的构造以这样一种方式绑定：如果一方变大，那么另一方也相应变大。我们必须消除这样一种观念：棒不能保持恒定的长度是因为棒不够完美。要说它不完美，那也只是在与虚构的“东西”相比时才可以这么说。这个虚构物由不具电性的粒子组成——因此也不是任何一种材料。菲茨杰拉德收缩不是物质的缺陷，而是物质的固有属性，如同惯性。

这里我们从物质的电结构得出一个定性的推论，至于定量效应的计算我们必须将它留给数学家去进行。这个问题大约是在1900年由洛仑兹和拉莫尔解决的。他们计算了因电荷运动的改变而产生的新的力打破了原有平衡后，恢复平衡所需的粒子平均间距的变化。计算结果被发现正是菲茨杰拉德收缩所对应的量，即从上述实验中推断出的量。

因此，我们有两条腿供站立。有些人宁愿相信实验结果，因为他们认为由实验确定的结果较为靠得住；另一些人则更容易被下述断言说服：菲茨杰拉德收缩是自麦克斯韦时代以来普遍公认的电磁规律的必然结果。但实验和理论有时都会出错，所以最好是有两种选择。 8

3 收缩的后果

仅这一结果——尽管它可能不会那么快地将你引导到相对论——就应能让你对经典物理学感到不安。当物理学家打算测量长度——如果不做这种测量，他的实验就无法取得进展，他会取过一把尺子，将它转向要测量的方向。他从没有想到过，尽管采取了所有预防措施，但当他进行测量时尺子仍会改变长度。但除非地球停下来，否则这种变化就必然会发生。量尺的恒定性是整个物理学大厦赖以建立的基石。现在这块基石崩溃了。你可能认为这个假设不可能这么糟糕地背叛物理学家，长度的变化不可能很严重，否则它们会被注意到的。那就等着瞧！

让我们来看看菲茨杰拉德收缩的一些后果。首先我们来看一种似乎相当奇妙的情形。假设你在一颗飞行得非常快——譬如说161,000 英里每秒——的星球上。因为这个速度，这颗星球在运动方向上收缩了一半。任何固体从横向转到运动方向上后，其长度都会收缩到原来的一半。如果在两座相距 100 英里的城镇之间做铁路旅行，在中午时两城相距还是 100 英里，但到了下午 6 点当这颗行星转过一个直角后，就缩短到了 50 英里。城里的居民犹如奇境里的爱丽丝，两城间的距离就像是对着一架望远镜看到的那样。

我不知道是否存在这样一颗以每秒钟 161,000 英里的速度运动的行星，但我可以指出，太空有一个遥远的旋涡星云，它的运动速度就是每秒钟 1,000 英里。它很可能包含一颗行星，而且说得通俗点，如果我说那上面存在智慧生物也不算太过分。在每秒1,000英里的速度下，收缩不会大到日常情况下就能感觉出来。但从科学测量的角度看，或者从工程精度上看，这已经大到足以可测量的程度。物理学中最基本的问题之一就是用移动的尺子测量长度。你可以想象，这个星球上的物理学家，当他们得知他们一直以为量尺具有不变的长度这一点原来是一个错误时，他们该有多惊愕！回头看看我们做过的所有实验，每次都要对尺子的取向进行修正,然后根据修正后的数据重新考虑待导出的物理规律体系和推论,何其艰辛!我们地球上的物理学家应该庆幸他们是何等幸运!他们没处在这个失控的星云上,而是在地球这个缓慢移动的行星上。

但且慢。你就那么肯定我们是在一个缓慢移动的行星上?我可以想象,在那个星云上的天文学家在对深空进行观察时,也会观察到一颗微不足道的恒星,它还带着一颗称为地球的行星。他们也观察到这颗恒星正以每秒 1,000 英里的巨大速度在移动,因为很自然,如果我们看它们是以每秒 1,000 英里的退行速度离我们而去,那么他们看我们也会是以每秒 1,000 英里的速度在后退。"1,000 英里每秒!"星云上的物理学家惊叹道,"地球上可怜的物理学家何其不幸!菲茨杰拉德收缩是那么厉害,他们用尺子进行 10 的所有测量都将面临严重错误。他们由此推得的自然规律体系该有多怪异!如果他们不做校正的话!"

我们没有办法断定双方到底谁是正确的——我们所观察到的这 1,000 英里每秒的相对速度到底属于哪方。从天文学上说,与这个星云比起来,地球所属的星系只是更大星系中一个不很重要的一员。而且还不是处在中心位置。那种认为我们更接近静止的假设并没有严谨的立论基础,只不过纯属自我陶醉而已。

"但是,"你会说,"如果地球上确实发生了这些明显的长度变化,我们应该能够用我们的测量手段检测到。"这让我兴奋不已。我们无法用任何测量手段检测到这些变化,它们也许存在,但没引起广泛注意。让我试着说明这是怎么回事儿。

这个房间,我们说,正以 161,000 英里每秒的速度垂直向上运动。但这只是我的陈述，你可以证明这是不对的。我把手臂从水平状态转到垂直状态，其长度收缩到原来的一半。你不信我说的？那你可以拿一个码尺来测量呀。首先，水平放置，结果是 30 英寸；现在转到垂直位置，结果还是 30 个半英寸。你必须允许这样一个事实：当码尺转到垂直方向时，一英寸的刻度会缩小到半英寸。

“但是我们可以看到，你的手臂并没有变短；难道我们还不能相信自己的眼睛了？”

当然不能，除非你记得今天早上起床时，你的视网膜在垂直方向上收缩到原先一半的宽度，因此现在你看到的垂直距离被放大到水平距离的两倍。

“那好”，你回答道，“那我就不起来了。我躺在床上通过倾斜的镜子看你表演。这样我的视网膜是正常的吧，但我知道我仍然看不到收缩。”

但移动的镜子并不能给出不失真的图像。光的反射角会随着镜子的运动而改变，就像台球桌上的垫子移动时台球的反射角会改变一样。如果你按照普通的光学定律计算出镜子以 161,000 英里每秒运动时的效应，你会发现它引入了一种扭曲，这种扭曲正好掩盖了我手臂的收缩。

凡此种种的每一项可能的测试结果都是如此。你不能驳倒我的断言，当然，我无法证明它。我也可以选择任何其他速度来得到这一判断。乍一看，这似乎与我早先告诉你的结论——迈克耳孙-莫雷的实验和其他人的实验已经证明的事实——相矛盾，但其实这里没有矛盾。它们都是零**结果**实验，就像你从倾斜的镜子里观察我的胳膊的实验一样，都属于零结果实验。对地球的运动所带来的某些光学或电学效应的追索恰如同从移动的镜子里寻找胳膊收缩的真相一样，都会遇到图像的失真。要不是发生的收缩正好补偿掉这些失真，它们就能够被观察到。我们并没有观察到它们，因此说明这种补偿性收缩确实发生了。要想观察到不失真的图像，就只有一种选择：地球相对于太空的真实速度为零。但这种情形被六个月后重复实验排除了，因此地球的运动不可能是零。由此，收缩得到证明，它对速度的依赖关系也得到验证。但是实际的收缩量在这两种情况下都是未知的，因为地球的真实速度（有别于它相对于太阳的轨道速度）是未知的，因此我们希望测得的光学效应和电学效应也仍然是未知的，因为它们总能够得到收缩的补偿。 12

我曾说过，量尺的恒常性是物理学大厦赖以建立的基石。这座大厦还得到了补偿性的其他支柱的支持，因为我们也用光学的和电学的器而不是用实物的量尺来确定长度和距离。但我们发现，所有这些手段都结成一个紧密关联的整体，彼此间缺一不可。基石崩塌了，其他所有的支撑也都随之坍塌。

4　空间参考系

现在我们可以回到我们与星云上的物理学家之间的争论上来。我们双方中的一方有很大的速度，他的科学测量受到他的量尺收缩的严重影响。因此双方都想当然地认为是对方在犯错误。我们不可能诉诸实验来解决这一争端，因为在每一项实验中，这个错误都会引出正好相互补偿的两个错误来。

这是一种奇怪的错误，它总是带有对自己的补偿。但请记住，这种补偿只适用于实际观察到的现象或可观察的现象，而不适用于我们推导过程的中间环节——由观察形成的推理系统，它构成了宇宙的经典物理理论。

13 假设我们和星云上的物理学家调查这个世界，也就是说我们来确定周围物体各自的空间位置。其中一方，譬如说星云上的物理学家，有很大的速度；他们的码尺将收缩，在测量沿某个方向的距离时变得不到1码长；因此他们会认为在这个方向上距离太大。他们是用码尺，还是用经纬仪，或仅仅用眼睛来判断距离，这个并不重要；重要的是所有的测量方法必须一致。如果运动引起了任何形式的不一致，我们应该能够通过观察这种不一致的程度来确定这种运动；但是，正如我们已经看到的，理论和观察都表明，存在完全的补偿。如果星云上的物理学家想构建一个正方形，他们构建的将是一个长方形。没有任何检验能够告诉他们那不是一个正方形。他们能够做出的最大进步就是认识到有人在另一个世界里看，认为它是一个长方形，他们会宽宏大量地认可：这个视角尽管显得荒谬，但与他们自己视角一样，真的是可以理解的。很明显，在我们看来，他们的整体空间概念被扭曲了，正如他们看我们也是扭曲的一样。我们讨论的是同一个宇宙，但我们是在不同的空间里看待它。最初关于到底是他们还是我们在以1,000英里每秒的速度运动的争吵已经在我们之间设下了一条很深的鸿沟，使得我们甚至不能用同一个空间来讨论问题。

空间和时间这种词汇传达的远不止一种意义。空间是空无一物的虚空；或是说它有多少多少英寸、多少多少英亩，或多少多少品脱。时间是一条永不停息的溪流，或是无线电通讯向我们发出的报时信号。物理学家最讨厌模糊的概念,但他常常还得用它,唉!但他不会真正采用它。因此当他谈到空间时,他脑子里出现 14 的想必是英寸或品脱。正是从这一点来看,我们的空间和星云上的物理学家的空间分属不同的空间;双方对英寸和品脱的定义也不同。为了避免可能的误解,也许这么说更合适:我们处在不同的空间参考系——我们用以确定物体位置的参考系统。然而,不要认为空间参考系是一种人为设定的东西,在我们第一次感知空间时,空间参考系就已进入我们的头脑。例如,我们来考虑菲茨杰拉德收缩达到一半这样一种较为极端的情形。如果一个人将一个2英寸×1英寸的矩形看成是正方形,那么很显然,他所感知的空间一定与我们感知的不同。

观察者所采用的空间参考系仅仅取决于他的运动状态。具有相同速度(即具有零相对速度)的不同行星的观测者测得的宇宙中物体的位置是相同的,但不同速度的行星上的观测者具有不同的参考系。你可能会问,我怎么会如此自信,知道这些想象的人会如何解释他们的观察?如果这些诘难是强制性的,我无话可说;但那些不喜欢我的这个假设的人必须面对用数学符号来论证的选择。我们的目的是用一种方便的、好理解的形式来表达某些结果。这些结果来自有关电学的、光学的和测量的等现象的运动效应的地面实验和计算。在这方面所做的许多细致的工作已经使科学发展到这样一种地步,它能够说明用高速仪器进行测量所取得的结果——无论是利用技术手段还是(例如)用人类的视网膜。只在一 15 个方面我将我的星云观察者看成不只是一个记录装置。我认为他也一样受到人性通病的制约,即他也会想当然地认为上帝创造宇宙时会将他的星球格外挂记于心。因此他(也许像我的读者一样?)不愿认真对待那些相对于他的社区以1,000英里每秒运动的人的被误导的观点。

一个非常谦逊的观察者可能会取其他星球而不是他自己所在的星球作为静止参考点。然后,他将不得不对因他自身运动引起的菲茨杰拉德收缩所带来的相对于参考点的所有测量误差进行修正。修正后的测量值属于参考点所在星球的空间参考系,而原始测量值则属于他自己的星球的空间参考系。对他来说,困境变得更为窘迫,因为没有任何东西可以指引他选择哪个星球作为静止参考点。一旦他放弃了将他自身所在的参考系当作唯一正确的参考系这一朴素的假设,问题就来了:在这无数个其他参考系中,到底哪一个是正确的?没有答案,而且就我们所知,也不可能有答案。同时,他所有的实验测量结果都变得不确定,因为对它们的修正都取决于这个答案。恐怕我们这位谦逊的观察者会被他那些不太谦虚的同事抛在后边。

这里出现的问题不是我们在应用于我们的物理系统的位置参考系里发现了什么必然的错误,它并没有导致实验的矛盾。唯一称得上"错误"的就是它不是唯一的。如果我们发现我们的参考系不令人满意,而另一个参考系较好,这不会引起思想上的伟大革命;但如果发现我们的参考系只是众多参考系中的一个,它们都同样令人满意,那么这将导致对位置参考系的意义的解读发生变化。

5 “常识性”异议

在我们继续前进之前，我必须回应以常识的名义提出异议的批评家。空间——他的空间——对他来说是非常具体的。“这个东西显然就在这里，那个东西就在那里。我知道；我不会被任何关于测量棒的收缩的科学蒙昧主义的喧嚣而变得动摇。”

我们关于空间位置的一些先入为主的想法是从远古的类猿祖先那里传下来的。它们深深植根于我们的思维方式，所以很难不偏不倚地予以评述，但同时我们还意识到，这些思想赖以确立的基础是非常不稳固的。我们通常认为，我们周围的每个物体都有一个明确的空间位置，我们感知到它的确切位置。我研究的对象实际上存在于我所“感知到”的它们所在的位置上。如果（另一颗星球上的）观察者用量杆测量这间屋子等物体，得到了不同的位置，那他也仅仅是重复了一遍前述科学悖论而已，动摇不了对任何具有常识的人来说再明白不过的位置的事实。这种态度不屑一顾地驳斥了“我怎么知道位置”的问题。如果位置是通过非常周密的科学测量确定的，那么我们准备用足够充分的建议反驳：所有形式的仪器都存在误用。但如果位置的知识是通过不那么周密的方式获得的，例如它是无意中被我记住的，那么这显而易见是真实的，对它的怀疑显然有悖常识！我们有一种印象（虽然我们不愿承认这一点），即头脑会伸出触角到空间直接探知每个熟悉的物体的位置。这当然是无稽之谈，我们关于位置的常识性知识并不是这样得到的。严格来说，这是感觉性的知识，而不是常识性的知识。它

17

部分是通过触摸和运动获得的；例如这个或那个物体在一臂或几步之外。那么这种方法与用尺子进行的科学测量之间有没有本质的区别(除了精确性以外)呢？我们对物体位置和距离的感知部分是由视觉——用经纬仪进行科学测量的粗糙版本——获得的。我们关于物体位置的常识不是来自于不容置疑的权威的神奇启示，而同样是通过观测推断而来，虽然这种观测要比那些科学调查的观测粗糙得多。在其自身准确性的范围内，我本能地“觉察”到物体位置的方法与我的科学定位方法或空间参考系方法是一样的。

当我们使用一副精心制作的望远镜镜头和感光板而不是用眼睛的晶状体和视网膜来观测物体时，我们提高了精度，但不改变我们的空间观测的特征。正是通过不断精细化，我们才“感知”到我们从类猿祖先那里继承下来的共同理念里所不曾了解的某些空间特征。只要他的运动状态没有重大变化(几英里每秒的速度不会产生明显可感知的异样)，他的定位方法就是一致有效的。但大的变化涉及不同定位系统的转换，这个定位系统同样是自洽系统，虽然它与原来的系统不一致。对于这些定位系统或空间参考系，我们不能再假装它们每个都表明“事情各就其位”。位置不是超自然地呈现于心灵的某种东西；它是对我们的视觉和触觉所感知的对象的那些属性和关系的一种约定俗成的归纳。

18

这难道不就表明由此得到的“正确的”空间位置不可能像由牛顿体系得出的结果那般重要和根本吗？要这么说的话，我只能说不同的观察者怎么对待它都可以，只要没有不良影响。

位置的确定，我不说它完全是个神话，但也不是像经典物理学给出的那么明确。牛顿力学的位置概念既包含了某些真理也包含了某些虚假成分。而我们的观察者争论的不是它的真理成分，而是其虚假的部分。这一点可以通过许多事情来解释。比如，这可以解释为什么自然界的所有的力似乎合起来阻止我们发现一个物体的确切位置（它在“正确的”空间参考系中的位置）；自然，如果根本就不存在这种“正确的”空间参考系，那么这些力也就不可能揭示它。

我们将在下一章对这一思想展开讨论。现在，让我们回顾一下导致目前局面的各种观点。这场争论起因于我们非常信赖的量尺的失效，一种我们可以用以推断出强有力的实验证据的工具的失效，或更简单地说，是我们接受物质的电性理论的必然结果。这种不可预知的行为是所有物质的恒常性质，甚至是光学和电学测量仪器所共有的性质。因此我们在运用通常的测量方法时不会感觉到任何差异。但当我们改变了应用测量器具的基准的运动状态，例如，当我们将地面上测得的长度和距离与以不同速度运行着的行星上的观测者测得的长度和距离进行比较时，这种差异才会显现出来。我们暂且将测得的这种包含不一致的长度称为“虚构长度”。

根据牛顿力学，长度是确定的和唯一的，每个观察者都应对其测得的长度进行修正（修正量取决于他的运动状态），以便将这种虚构长度还原到唯一的牛顿长度。但对此有两种反对意见。第一种意见认为，还原到牛顿长度的修正量是不确定的；我们知道如何将我们测得的虚构长度还原到某个以其他运动速度飞行的观察者所测得的长度所需的修正量，但不存在一种标准用以决定哪个参考系可充当牛顿力学参考系。第二种反对意见认为，整个现代物理学一直是建立在这种由地面观察者测得的且没有这种校正的长度的基础之上的，因此，虽然这一断言表面上指的是牛顿长度，但实际上已证明，这种牛顿长度才是虚构长度。

菲茨杰拉德收缩看似不起眼，但它导致了整个经典物理学大厦的坍塌。但这样的实验——它有助于判别我们的科学知识是否会因我们的长度测量方法的不健全而变得无效——确实非常少。我们现在发现，根本就不存在一种能确保不受系统误差影响的手段。更糟糕的是，我们不知道是否会出现这种误差，而且我们有充分的理由推断，这是不可能知道的。

第二章　相对论

1　爱因斯坦原理

第一章中提到的谦逊的观察者面临在诸多空间参考系中进行 20 选择时，会遇到缺少指导他进行选择的标准的苦恼。这些参考系彼此之间的不同，是在它们观察物质世界（包括观察者自己）的方式这个意义上说的。但在下述意义上它们是不可区分的：在一个空间内观察世界所遵循的定律与另一个空间中观察这个世界所遵循的定律是同一套定律。由于出生在某个特定的行星上是一个偶然的事件，因此我们的观察者只能命定地采用某个参考系；但他意识到，我们没有理由固执地认为它必然是正确的参考系。那么哪个才是正确的参考系呢？

正是在这一点上，爱因斯坦提出了一个建议——

“你在寻找一个你所谓的‘**正确的**参考系’的空间参考系。请问这个‘正确’的要件是什么？”

你站在一排完全相同的包前拿起一个标签想选购一个包。你会犯难，因为没有什么能帮助你决定该选哪个包。看看标签上面都写了些什么。结果上面什么都没有。

用于判断空间参考系是否“正确”的正是这样一种空白标签。看上去它意味着有某种东西可以用来区别正确的参考系与错误的参考系，但当我们追问这个区别的属性时，我们唯一的答案就是“正确”，但这既不能使其意义更清楚，也不能使我们确信它确有意义。

21 我要说的是，尽管从目前看，空间参考系彼此相似，但在未来它们可能并非完全不可区分。（我认为这是不可能的，但我不排除这一点。）未来的物理学家会发现，譬如说，大角星的参考系因其有某种科学上未知的性质故而是独特的。那么毫无疑问，我们拿标签的朋友肯定会赶紧贴上标签的。“我告诉过你。当我谈到所谓正确的参考系时，我知道我在说什么。”但这不意味着对极小概率事件嚷嚷——譬如说后代会发现它的重大意义——是一个有结果的过程。对那些现在总是喋喋不休地谈论正确的空间参考系的人，我们可以用织工波顿的话来回答：①

“谁耐烦跟这么一只蠢鸟斗口舌呢？即使它骂你是‘乌龟’，谁又高兴跟它争辩呢？”

因此，爱因斯坦理论的立场是，不存在唯一正确的空间参考系。只存在相对于地面观察者的空间参考系，相对于星云观察者的另一个参考系，相对于其他星星的其他参考系。空间参考系都是相对的。距离、长度、体积——该参考系下的所有的空间量——同样都是相对的。某颗恒星上的观察者测得的距离与另一颗恒星

① 织工波顿是莎士比亚戏剧《仲夏夜之梦》里的人物，这句话出自该剧第三幕第一场。本句的翻译摘自朱生豪的译本。——译者

上的观察者测得的距离一样好。我们不能期望它们一致,这个结果是相对于这个参考系的距离,那个结果是相对于那个参考系的距离。不相对于任何具体参考系的绝对距离是没有意义的。

要注意的另一点是,其他物理量也是相对于空间参考系而定的,所以它们也是相对的量。你可能见过物理量的那些“量纲”表,其中显示这些量与长度、时间和质量的单位有关。如果你改变了 22 长度的单位,那么你就改变了其他物理量的计算方法。

考虑地球上静止的带电物体。由于处于静止状态,它只产生电场而不产生磁场。但对于星云上的物理学家而言,他看到的是一个带电体以 1,000 英里每秒的速度在移动。运动电荷构成电流,而根据电磁学定律,这个电流将产生磁场。同一个物体怎么可能既给出磁场又不给出磁场?在经典理论里,我们把这些结果解释成幻觉。(做到这一点不难,只消说没有任何标准表明这两个结果中哪一个是必须要解释的。)磁场是相对的。这里不存在相对于地面参考系的磁场;只有相对于星云参考系的磁场。星云上的物理学家将用他的工具适时地检测到这种磁场,虽然我们的仪器显示没有磁场。那是因为他用的仪器在他的星球参考系上是静止的,我们的仪器在我们的参考系下也是静止的;或至少我们按照相对于我们的空间参考系静止的仪器的指示来修正我们所测的结果。

那到底有没有磁场呢?这就像前述的正方形和长方形的问题。场相对于某个行星是有规定的,在另一个星球上有另一个规定。但不存在相对于任何参考系都成立的绝对的规定。

基本上可以这么说:所有物理量都是相对于空间参考系来规

定的。我们可以通过乘除等运算来构造新的物理量,因此将质量
23 和速度相乘便有了动量,将能量除以时间便得到马力①。我们可以用这种方式来构建立不变量的数学问题,也就是说,无论采用哪一种空间参考系,该量都有相同的值。在前相对论物理学中,我们已经确认的这样的不变量有一两个,"作用量"和"熵"是其中最著名的。相对论物理学对不变量特别感兴趣,它已经发现并命名了一些。普遍存在着这样一种误解,即认为爱因斯坦的相对论断言一切都是相对的。事实上它说的是:"世界上有绝对的东西,但你必须深入寻找到它们。大部分事情在你刚开始注意到时都是相对的。"

2 相对量和绝对量

我将尽量阐明绝对量与相对量之间的区别。(单个离散的)数字是绝对的。它是计数的结果,计数是一种绝对的操作。如果两个人计数这个房间里的人数,得出不同的结果,那么其中一个肯定是错的。

距离的测量不是一种绝对的操作。两个人测量同一个距离,有可能得出不同的结果,而且可能二者都不对。

我在黑板上画了两个小点,让两个学生准确地测量它们之间的距离。为了对我说的距离不产生任何可能的疑问,我给了他们经过精心校准过的标准量具,并告知他们做精确测量需要注意的

① 旧时所用的功率单位。——译者

事项。但他们给我的是不同的结果。我要求他们比较他们的笔记,找出错在哪里,为什么。不久他们回来说道:"这是你的错,因为你的指示在某方面不明确。你并没提到在使用量尺时尺子处于什么运动状态。"其中一个没有仔细考虑这个问题,就默认尺子是处在地球上的静止状态。而另一个人认为,教授以前说过,地球只是一颗微不足道的行星。他认为取更重要的天体来规定尺子的运动是唯一合理的选择,所以他取巨大的参宿四[①]作为参考系。自然,尺子的菲茨杰拉德收缩解释了结果的差异。 24

我不接受这个借口。我严肃地说道:"硬扯什么地球、参宿四或其他什么星球,这都是胡说八道。你不需要在问题之外找任何参考系。我要你测量的是黑板上两点的距离,你应当知道,尺子的运动与黑板的运动是一致的。当然,测量时需要移动你的量尺,这是常识。下次记住。"

几天后,我让他们测量钠光的波长——光波的两个波峰之间的距离。他们去测量了,然后凯旋归来道:"波长无穷大"。我向他们指出,这与书上给出的结果(0.000,059厘米)不符。"是的,"他们回答道:"我们注意到了,但书上的测得不对。你总是告诉我们,用量尺测量东西时要让量尺与被测对象一起运动。所以我们费了很大劲才让量尺以与光同样的速度飞过实验室。"在这样大的速度下,菲茨杰拉德收缩是无穷大,因此量尺收缩到零,所以需要无穷多个刻度才能填满两波峰之间的间距。 25

① 参宿四,猎户座中的一等星,其直径大于整个太阳系直径的四分之一。——译者

我的补充法则是一种很好的法则；它总是给出某种绝对的事情——他们一定会同意的事情。不幸的是，它给不出长度或距离。当我们问：距离是绝对的还是相对的？我们一定不要先打定主意它应该是绝对的，然后再改变这个术语的当前意义来应付。

我们也不能完全责怪我们的先人，说他们怎么这么蠢造了这么一个词“距离”。当它们被应用到本该是绝对的和明确的空间测量结果时，它们仅具有相对意义。所建议的补充法则有一个缺点。我们经常要处理一个包含许多个具有不同运动状态的物体的系统，对每一个物体都采用处于相应的不同运动状态的仪器来测量是不方便的。想将不同的测量撮合在一起只会让我们陷入一种可怕的混乱。我们的先人明智地将所有距离都置于一个空间参考系下，尽管他们的期望——这样的距离是绝对的——至今还没有实现。

至于由补充法则给出的绝对量，当我们要研究某个量时，我们可以将它设置为相对于地球而言的距离和相对于参宿四而言的距离等等。它被称为“本地距离”。也许你觉得最好是得到一些绝对的东西，并希望遵循它。想法很好！但是请记住，这将使你偏离已选定来形成相对距离概念的经典物理学理论。对绝对的探索将导向四维世界。

26

我们比较熟悉的**相对的**量的例子有物体的“取向”。剑桥校园相对于爱丁堡是一个方向，相对于伦敦则是另一个方向等等。我们从不会认为这里有矛盾，或认为剑桥的某个方向必然是绝对的（只是目前未发现）。其实两个点之间应该有绝对距离的观点包含着同样的谬误。当然，具体细节上它们有不同之处。上面提到的相对方向是相对于观察者的某个特定的位置而言的，而相对距离是相对于观察者的某个特定速度而言的。我们可以自由地改变位置，从而带来相对方向的巨大变化；但我们不能明显地改变速度，用最快的设备测得的 300 英里每小时的速度就已经快到使计数失去意义了。因此，距离的相对性不是日常经验就能感知的问题，而方向的相对性则是。这就是为什么我们的脑海中有一个根深蒂固的印象：距离应该是绝对的。

相对量的一个很朴实的例子是英镑。无论正确的理论观点是什么，至少直到最近，街上的人都把英镑看作是绝对的财富。但可怕的经验现在已经让我们所有人确信，它的价值是相对的。起初我们坚持这样的想法，英镑的价值应该是绝对的，并费力地用矛盾的陈述来表达这样一种情形——英镑真正只值 7 便士和 6 便士。但我们已经习惯于这样的情况，会继续像以前一样用英镑来计算财富，改变的仅仅是认识到英镑是相对的，因此肯定不会期望它像以前那样具有绝对的价值。

27

通过与经济理论上货币价值的相对性的比较，你会形成某种根本不同的概念来看待爱因斯坦提出相对性原理之前的物理与这之后的物理。我想，在经济稳定时期，货币的这种相对性的实际结果主要表现在外汇上的微小波动，它可以比之为对迈克耳孙-莫雷的精密实验中长度的微小变化的影响。有时这种变动可能更惊人——换个牌子能相差数万亿，β 粒子高速飞行时其半径会收缩到原先的三分之一。但这些偶然的表现不是主要结果。显然，一位认定英镑的绝对性的经济学家对自己的学科基础缺乏把握。同样，如果我们认为物质世界本质上就是由这些距离、力和质量构成的，那么我们还远远谈不上对事物的本质的真正了解，因为现在我们知道，这些量都只是相对于我们自己这个特定参考系而言的。

3 大自然的结构

现在让我们回到急于选择“正确的”空间参考系的观察者上来。我想他心里想的是要找到一种大自然自身的参考系——一种当大自然按照万有引力定律来排列行星时，她进行计算所依据的参考系；或者当她将电子放在车床上做切削时，计算电子的对称性所用到的参考系。但是对他来说大自然是太精妙了，她没有留下任何东西来暴露她所用的参考系。也许这种隐瞒还不是特别的精妙；她可以不采用空间参考系来做她的工作。让我告诉你一个寓言。

28

曾有这样一位考古学家，他经常根据古代神庙的方位来计算它的建造年代。他发现它们的朝向是按照与某颗恒星的升起成一直线来定的。由于岁差的关系，这颗恒星不再在原来的成一直线的位置上升起，但恒星升起何时与神庙的朝向成一直线是可以算出来的，因此神庙建造的年代可以由此推定。但是这种方法对于某个部落就行不通，因为他们只建造圆形的庙宇。对考古学家来说，这似乎显得异乎寻常的微妙；他们想出了一种将建造神庙的年代完全掩盖的方法。然而评论家提出了一种下作的看法，认为这个部落对天文学不热衷。

像这个批评家一样，我也不认为大自然有什么隐瞒她喜爱的参考系的精妙方法，她只是对空间参考系不热心罢了。空间参考系是一种我们发现在计算时很有用的划分方法，但它们在宇宙结构中不起什么作用。假设宇宙以某种方式隐藏它的计划无疑是荒谬的。它就像白骑士的计划[①]一样荒谬：

> 但我正在考虑一个计划，
> 把胡子染成绿色，
> 我总是用这把大扇子把自己遮，
> 好让别人看不见我。

如果是这样的话，那么我们将不得不扫除空间参考系，然后才能在其真正意义上看清大自然的计划。她自己对它们不是很在意，它们只能使她的计划的简单性变得模糊。我不是说我们应该完全重写物理学，剔除所有的空间参考系或与此有关的物理量。科学除了认识宇宙结构的最终计划外，还有许多任务要完成。但是，如果我们希望对后面一点有所了解，那么第一步就是要将不相关的空间参考系撇开。 29

这将涉及扬弃经典概念的巨大变化，而重要发展的前提是我们的态度的转变。例如，众所周知，万有引力和静电力基本上都遵循与距离的平方成反比的定律。这条定律以其简单性强烈地吸引着我们；它不仅在数学上是简单的，而且很自然地对应于一个物理量随三维空间的向外扩展而衰减的效应。因此，我们认为它可能

① 白骑士是英国作家路易斯·卡罗尔的著名童话故事《爱丽丝镜中奇遇记》里的人物。——译者

就是引力场和电场遵循的精确定律。虽然对我们来说它很简单，但对于大自然来说远非那么简单。距离与空间参考系有关，它随所选取的参考系的不同而不同。除非我们首先确定一个空间参考系，否则我们无法理解距离的平方反比律。但大自然并不是固定在某个参考系上。即使通过某种自我补偿，这条定律对于我们可能会选择的无论什么空间参考系都能给出同样的可观察量的结果（与选择无关），但我们依然误解了这条定律的真正的运行模式。在第六章中，我们将试着给出对这条定律的一种新的看法（但对于大多数实际应用而言，它非常接近于平方反比律），并得到一种其作用机制不依赖于任何空间参考系的物理图像。对相对性的认识促使我们去寻求一种新的揭示自然现象的复杂性的方式。

4 通过以太的速度

相对论显然与不可能检测绝对速度这一判断息息相关。如果在我们与星云物理学家的争论中，双方中有一方能够称得上是处于绝对静止，那么就将有充分的理由选择相应的参考系。这在某种程度上与这样的人所尽知的哲学信念——运动必然是相对的——有共同之处。运动是相对于**某物**的位置的改变。如果我们试图给出相对于“无”的位置改变，那么整个运动概念都将消失。但这并没有完全解决物理问题。在物理学里，我们不应对“绝对”一词的使用过于谨慎。相对于以太的运动，或相对于任何具有普遍意义的参考系的运动，都可称为是绝对的。

但以太参考系一直没有被发现。我们只能找出相对于随意散布在世界各处的物质性参照物的运动。相对于普适的以太海洋的运动则躲着我们。我们说："令 V 为一个物体相对于以太的速度，"而且在各种电磁方程中所给出的 V 正是这种意义上的物体速度。然后，我们代之以观测值，并试着消去除 V 以外的一切未知量。方程的解很出名，而且如同我们消去的其他未知量，看到了吧——V 也消失了，剩下的是无可争议但令人恼怒的结论：

$0 = 0$。

当我们提出愚蠢的问题时，这是数学方程最喜欢糊弄我们的手段。如果我们试图给出北极的东北方向上某个点的纬度和经度，我们可能会得到相同的数学答案。"相对于以太的速度"就如同"北极的东北方向"是没有意义的。

31

这并不意味着以太被废除了。我们需要以太。物理世界不是被分解成孤立的物质粒子或毫无特征间隙的电性的。我们必须像赋予粒子各种属性那样赋予空间以属性。在当今的物理学里，需要庞大的符号体系来描述空间里所发生的一切。我们假设以太担负着空间的特征，正像我们假设物质或电性承担着粒子的特性一样。也许哲学家会问：是否就不可能承认没有任何物质基础的性质单独存在——因此必须将以太和物质一笔勾销？但这个问题严重偏离了我们的要点。

在上个世纪，普遍认为以太是一种物质，如同普通物质一样具有质量、刚性和运动等属性。很难说这一观点是何时消失的。在英国这种观点可能比在（欧洲）大陆留存得久些。但我认为，即使在这里，这种观点作为正统观点也已经在相对论出现的几年前就已不再存续了。逻辑上看，它是被 19 世纪的众多研究者抛弃的。

这些人曾将物质看成是以太中的旋涡、纽结和喷射等表现。显然，他们不可能认为以太由以太中的旋涡组成。但是，认定这些权威合乎逻辑也未必就可靠。

目前认同的是，以太不是一种物质。作为非物质形态，其性质自成一格。我们必须通过实验来确定其属性；因为任何先入之见都没有根据，唯有实验的结论能够得到毫无惊奇或误导的接受。像我们在讨论物质时遇到的质量和刚性等属性自然是以太所不具有的。但以太会有其自身的新的明确的特性。在物质海洋里我们可以说，片刻之前还在这里的某个水粒子团现在跑到那边去了；但对于以太我们就不能作此断言。如果你曾想当然地认为以太应具有粒子那样的永久性属性，那么现在你得按照当代的最新证据来修正你的这种概念了。我们不能通过以太来确认我们的速度；我们不能说现在在这个房间里的以太是不是从北墙流入又从南墙流出去的。这个问题对物质海洋有意义，但没有理由指望它对非物质的以太海洋也有意义。

在我们目前的世界构成方案里，我们对以太本身的认识与以前一样。但通过以太的速度被发现类似于难以捉摸的哈里斯夫人；爱因斯坦用大胆的怀疑启发我们：“我不相信没有这样的人”。

5 菲茨杰拉德收缩是真的吗？

我经常被问到菲茨杰拉德收缩是否真的会发生。在谈论相对性的想法之前，我们在第一章里引入了这个概念。现在，相对论已经给了我们一个关于世界运转的新概念，但我们还不太清楚菲茨杰拉德收缩这个概念现在有什么变化。自然，我在第一章里是根据经典物理学的观点来描述现象的，目的是要表明有必要有一个新的理论，它所包含的许多陈述在我们的相对论性物理学里应该有不同的表达。

运动棒在运动方向上真的会缩短吗？给出一个简单的答案并不容易。我想我们经常会在“什么是真的”与“什么确实是真的”之间做出区分。所谓真的，是指一个只陈述现象而不对其做任何处理的表述；所谓确实为真的表述，是指不仅陈述的现象是真实的，而且通过对现象背后的实在的分析表明该现象确实是**真实存在**的。

你收到一家上市公司寄来的资产负债表，瞅着表中各种资产数额，你会心里问道：这个表是真的吗？当然是啦，这是经过注册会计师认证的。但这些数字确实是真的吗？许多问题就出现了，各项名目下资产的实际价值往往与资产负债表中给出的数字有很大的出入。我不是专门指欺诈公司。有一个吉祥短语叫“秘密盈余”。一般来说，公司越有声望，其资产负债表就越偏离实际价值。这就是所谓的健全的金融。但是，除非故意使用资产负债表来隐瞒实际情况，它并不适于显示实际状况，因为资产负债表的主要功能是平衡，其他一切都必须服从这一目的。

运用空间参考系的物理学家必须考虑每一毫米空间——实际上就是编制空间平衡表[①]，使对象各就其位。通常这没有太大的

① Balance-sheet 一词在经济学里称资产负债表，但在这里我们用其字面意义“平衡表”可能更合适。——译者

困难。但假设他碰巧关注的是一个在以161,000英里每秒旅行的人,问题就来了。假设这是一个身高6英尺的普通人。就真实而言,平衡表中相应的款项就填6英尺。但这样的话表就不平衡了。考虑到剩余的空间,他的头顶到靴底之间的距离就只有3英尺了。因此他在平衡表的长度栏“记下”3英尺。

平衡表记下的长度就是菲茨杰拉德收缩。运动棒的缩短是真的,但不是确真。它不是对实在(绝对量)的陈述,而是对事物在我们的参考系中的表现的真实陈述。[1]一个物体在不同的空间参考系下有不同的长度,任何6英尺高的人都可能在某个参考系下变得只有3英尺高。飞快旅行者的身长只有3英尺的陈述是真的,但这并不表示这个人很怪。它只表明在我们采用的参考系里他的身长是3英尺。如果不在我们的参考系里,那就是另一回事了。

也许你认为我们应该改变我们的记录方法,让所记参数直接代表物体。但为这种毕竟相当罕见的转换另起炉灶会非常麻烦。事实上,我们已经尽力满足了你的要求了。这多亏了闵可夫斯基发现了一种既能反映实在(绝对量)又能取得平衡的记账方式。但我们平时用不到它,因为它是一张四维的平衡表。

35

在讨论四维情形之前,让我们回顾一下。我们遇到了一些超出经典物理学范围的事情——多种空间参考系。而且每一个都像其他的一样好。根据经典物理学的观点,距离、磁力和加速度等物理量必须是明确的和唯一的,但我们面临着对于不同的参考系有

① 固有长度是不变的,但相对长度缩短了。我们已经看到,“长度”一词在目前的使用中指的是相对长度,在确认运动棒的长度改变的陈述中,我们自然假定这个词是在其目前意义下使用的。

不同的距离的窘境。没有标准能告诉我们应如何在它们之间作出选择。我们采取的简单的解决办法就是放弃“其中必有一个是正确的，其他都是虚假的模仿”的想法，全部接纳它们。这样，距离、磁力和加速度等物理量就都是相对的量，它们与其他已知的量如方向或速度等一样都是可比较的。大体上，这并未导致我们的物理知识结构发生重大变化；只是我们必须放弃对这些物理量的性态的某种期望和基于相信它们是绝对量的某些心照不宣的假设。特别是，那些看似简单且适用于绝对量的大自然规律似乎并不适用于相对量，因此需要做一些修补。虽然我们的物理知识结构没受到太大影响，但基本概念的内涵发生了剧烈的变化。我们已经走得背离旧的观点——要求大自然的一切都适用于力学模型——很远了，因为我们甚至不承认两点之间有明确、唯一的距离。当前物理学体系的相对性要求我们去做更深入的探索，找出其基础性的绝对架构，以便我们可以从一个更真实的视角来看世界。

第三章　时间

1　皇家天文学家的时间

36

我有时认为，听皇家天文学家与柏格森教授讨论时间的本性会很有趣。众所周知，柏格森教授是这方面的权威，但我也要提醒你，皇家天文学家被授权负责掌管我们日常生活的时间，因此他大概对自己所要寻找的东西有所了解。我得说这场讨论发生在20年前，是在爱因斯坦的理念的传播带来和解之前的事。当时可能争得非常激烈，我宁愿认为哲学家在语言交锋上会占尽优势。在指出皇家天文学家的时间观念十分荒谬之后，柏格森教授看了一下他的手表可能想结束这场讨论，以便赶紧去赶火车。而这趟火车的发车时间是按皇家天文学家的时间定的。

无论在法理上时间意味着什么，皇家天文学家的时间是事实上的时间。他的时间渗透在物理学的每一个角落。它不需要通过逻辑辩护来建立，它处于既得利益者的强大地位。它已被编织到经典物理学的框架结构中。物理学里的“时间”就是在皇家天文学家的时间。你可能知道，爱因斯坦的理论告诉我们，时间和空间是以一种相当奇特的方式混合在一起的。这对于初学者是一大绊脚

[37] 石。他倾向于认为:“那是不可能的。我确信时间和空间必然是性质完全不同的。他们不可能搞混了。”皇家天文学家得意地反驳道,“这不是不可能的。我已经把它们混在一起了。”好吧,暂且到此。如果天文学家把它们混在了一起,那么他的这种混合就将是当今物理学的基础。

我们必须区分两类不是必然等价的问题。首先,时间的真正本质是什么?其次,那些在时间的名义下成为经典物理学结构的基本部分的物理量的本质是什么?经过实验和理论两方面的长期发展,物理研究的结果已被编织成一套方案,从总体上看它是非常成功的。时间——皇家天文学家的时间——从下述事实看是很重要的:它是该方案的组成部分,是它的粘合材料或砂浆。即使它被证明并不完全代表我们的意识所熟悉的时间,这个重要性也不会减损。因此,我们优先考虑第二个问题。

但我要补充一点:爱因斯坦的理论不仅澄清了第二个问题,而且发现物理时间被不协调地与空间结合在一起,因此能够用于处理第一个问题。有一种量是相对论以前的物理学未曾认识到的,它能更直接代表我们意识到的时间。这个时间叫作固有时或**间隔**。它与固有空间是明确分开的,而且二者没有相似之处。你假借常识的名义反对时间和空间的混合,这种感觉是值得鼓励的。时间和空间是应该区分开来。目前我们将世界的持续表示成三维空间从一个瞬间跳到另一个瞬间,这种将空间与时间分开的表达方式是一种不成功的尝试。[38] 我们还是回到原初的四维世界。我们将对它做重新划分,并保证它们能够明确区分开来。接下来我们可以将几乎被遗忘的意识时间复活,并发现它在大自然的绝对方案中具有令人欣喜的重要性。

但是首先我们得试着去理解为什么物理时间会偏离我们日常即时感受到的时间。我们已经有了一些关于时间的结论，并将它们看作是不言自明的，虽然它们并没有真正得到我们关于时间的直接经验的证实。这里就有其中的一个事例。

如果两个人两次相遇，那么他们在两次相遇期间一定是生活在同一段时间里，即使其中一人在此期间曾到宇宙遥远的另一处走了一遭又转回到这里。

一个荒谬的不可能的实验，你会说。的确如此；这超出了我们的所有经验。因此，我是不是可以这么问一句，当你反对一个否定上述陈述的理论时，你就不诉诸你的时间经验？然而，如果硬要回答这个问题，大多数人会不耐烦地回答说，这个说法当然是正确的。他们已经形成了这样一个观念，时间是以一种不可避免且与我们无关的方式滚滚向前的。他们不会问自己这一结论是否能在他们实际的时间经验中得到确认。

虽然我们无法尝试把人送到宇宙的另一端，但我们有足够的科学知识来分别计算一个物体在静止状态下和在高速运动状态下原子过程和其他物理过程的快慢。我们可以肯定地说，在乘飞船旅行的旅行者的身体内发生的过程的速率要比静止状态下的人的相应过程慢（即按照皇家天文学家的时间要更长）。这并不是特别神秘，理论和实验都已指出，当速度增加时，物体的质量或惯性会增加。迟缓是惯性变大的自然结果。因此，就身体过程而言，快速运动的旅行者的生命节律变得较慢。他的消化和疲劳周期，他的肌肉对刺激的反应速率，他的身体的衰老过程，他的大脑在进行思想和情感活动时的物质过程,他兜里的怀表的滴答声等等,所有这些都必然要比平时慢。如果旅行的速度很大,我们可能会发现,在家里的人已过了 70 年,可旅行者才过 1 年。他只吃了 365 顿早餐和午餐等,他的心智,因为受大脑思维过程缓慢的阻滞,只相当于地面上过了 1 年的生活积累。他的表——能给出更准确和更科学的时间估计——证实了这一点。用意识根据自身经历粗略感知的时间来判断——我再说一遍,这是我们唯一有理由期待区别于空间的时间推算——这两个人在前后两次会面期间并没有生活在相同的时间内。

根据意识来估计的时间还由于这种推算的非常不稳定而变得复杂。"我可以告诉你时间对于谁是走慢步的,对于谁是跨着细步走的,对于谁是奔着走的,对于谁是立定不动的。"[①]我并没有提到这些主观的变化。我不太愿意跟在这么令人不满的计时器后面拖沓。只是当我在对应那些评论家告诉我他对时间"坚信彻骨"时,我才会向他指出,他的这种感觉的基础是"体验性时间",就是我们刚才看到的那种两人两次会面之间的时间间隔对一个人来说可能是 70 年,而对另一个人来说仅仅是 1 年的时间。我们可以相当科学地来计量"体验性时间",例如用一只跟随某个人一起旅行的表来计时,这只表和他一样都存在速度引起的惯性变化。但普遍采用这种"体验性时间"有着明显的缺点。对每个个人,这种与他的私人时间完全成正比的时间可能是有用的,但用它来定约会将是 40

① 本段引文源自莎士比亚的《皆大欢喜》第三幕第二场。本句的翻译摘自朱生豪的译本。——译者

极其不方便的。因此,皇家天文学家采用的是一种普适的时间计量法。这种时间完全不是严格遵循体验性时间来计时。根据这种普适的时间,时间的步调不依赖于所考虑对象的运动状态。我承认,这一点对于从太空返回的旅行者有点困难,虽然他的面貌还是一个十几岁的少年,但我们得将他认作年届八十的老者。为了公共利益,他必须做出这点牺牲。实际上,我们还没有遇到过以极快的速度旅行的人,但我们必须处理以惊人的速度飞行的原子和电子。因此,个体时间计量与普适时间的计量之间的问题是一个有着非常大的实际意义的问题。

因此,在物理时间(或皇家天文学家的时间)上,两人在两次会面之间被认为有着相同的时间,不论这个时间是否与自己的实际体验相符。这种时间体验所造成的后果就是时间和空间的混叠。当然,如果我们严格遵守直接体验的时间,就不可能引起这种问题。和空间一样,物理时间是一种我们用于定位外部世界事件的参考系。现在我们来考虑外部事件在空间和时间的框架内实际上是如何确定的。我们已经看到,对参考系的选择有无穷多种可能,因此,为明确起见,我来告诉你我是如何在我的参考系里定位事件的。

41

2 事件的定位

在图1中,你看到一系列由圆圈表示的事件。它们不在正确的位置上,这就是我面临的工作:将它们置于我的空间-时间参考系的适当位置上。其中我可以立即识别和标记的事件位于"此处/

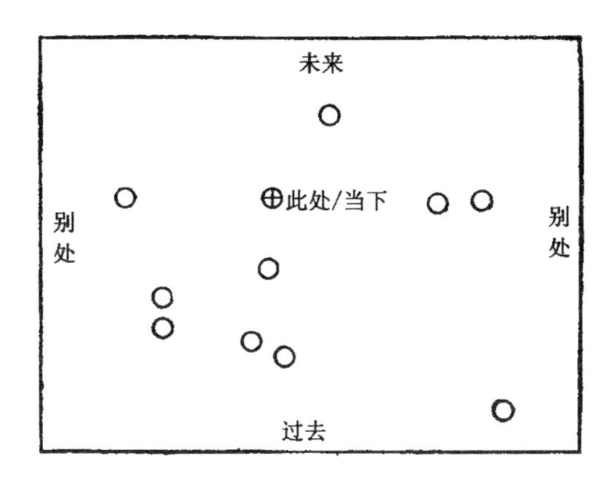

图 1

当下”，即此刻发生的在这个房间里事情搜构成的事件。其他事件都在不同程度上远离“此处/当下”。很明显，这种远离不仅是程度上的，而且是性质上的。有些事件散布到我通常称为“过去”的地方，另一些则在遥远的未来，还有一些以另一种方式远至中国或秘鲁，或位于一般意义上的别处。在这张图中，“别处”只有一个维度；另一个维度垂直于纸面伸出，你必须尽可能地想象第三个维度。 42

现在我们必须将这个定位模糊的方案转化为精确的方案。首要的也是最重要的是把“自己”放进这个框架里。这听起来很自负，但是你看，这就是我要用的空间参考系，所以它都是围着我布置。在这里我是一条四维蠕虫（图 2）。这是一个正确的图像。我向“过去”有了相当大的延伸，假定向“未来”也有相当大的延伸，只是向“别处”的延伸较一般。“当下我”，即此刻的我，恰与事件“此

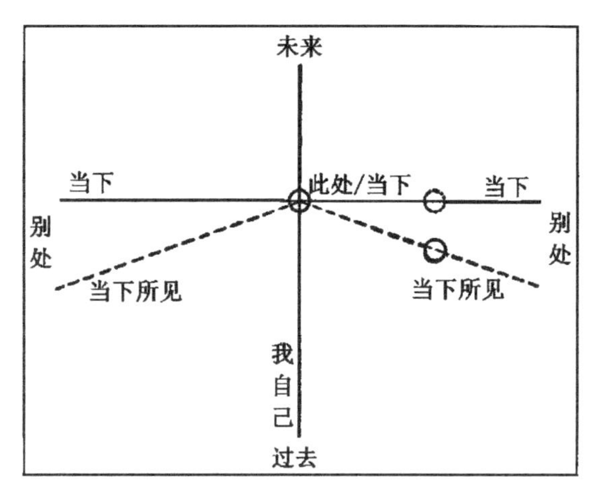

图 2

处/当下”重合。从“此处/当下”来观察世界,我可以看到许多正在发生的其他事件。我知道,我在“此处”所意识到的这一瞬间必然被扩展到将它们包括在内。我马上得出结论:“当下”并不局限于“此处/当下”。为此我拉上“即时当下”,像拖着一部清洁车在事件世界里穿行,以便容纳遥远的别处现在正在发生的所有事件。我择出我看到的现在正发生的事件,并将它们放进清洁箱。我称这个清洁箱为时间的瞬间或“世界的瞬时状态”。我之所以将它们定位为“当下”,是因为它们看起来就像发生在“当下”。

这种定位事件的方法一直持续到 1667 年。在这一年,人们发现这个概念用起来已无法自洽。这一点是当时的天文学家罗默发现的。他发现那些现在所看到的东西不可能放入“即时当下”这个篮筐里。(按普通的说法,就是光在天际中行走需要花时间。)这对

43

于世界各地的“瞬间”这整个系统是一个重大打击，这个系统原本是专门发明用来容纳这些事件的。我们过去一直混淆了两类截然不同的事件。一类是外部世界的某个地方实际发生的事件，第二类是我们看到前一类事件的事件。这个第二类事件位于我们的“此处/当下”事件集里，而第一类事件则既不是发生在“此处”也不是发生在“当下”。相应的经验也给不出不在“这里”的“当下”的解释。我们还不得不放弃这样的观念：我们对“当下”而不是“此处/当下”是建立在直观的认识基础上的。这个观念曾是我们假定世界各地的“即时当下”的最初理由。 44

然而，由于习惯了这个世界各地的“即时当下”，物理学家们不准备放弃它们。而且事实上，如果我们不是过分严肃地看待它们，它们还是相当有用的。它们作为上述示意图的一个特征被保留下来。这就是图上的两条“当下所见”虚线，它们从“当下”线向下倾斜，“当下所见”事件置于这两条线上就变得很一致了。“当下所见”线与“当下”线之间的夹角的余切被解释为光速。

因此，当我看到宇宙遥远的深空出现的一个事件时，例如一颗新星的爆发，我就可以将它（相当正确地）定位在“当下所见”线上。然后，我利用测得的这颗星的视差进行一定的计算，并在该事件之前（比如说 300 年）画一条“当下”线。我的这条 300 年前的“当下”线通过该事件。通过这种方法，我便可以跟踪所有事件的我的“当下”线或世界上任意一个瞬间的轨迹，得到从时间上定位所有外部事件的框架。这个辅助的“当下所见”线在达到目的后便被从图上擦去。

这就是“我”定位事件的方法，“你”怎么做呢？我们必须先把

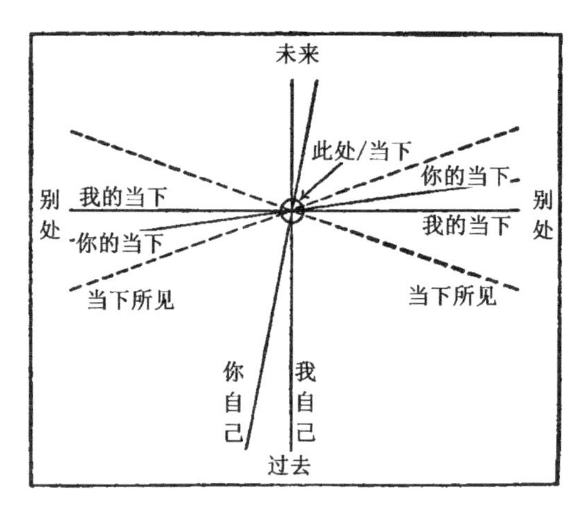

图 3

“你”放进图像(图 3)。我们假设你在另一颗星球上,它的运动速度不同,但此刻离地球很近。你和我在过去相隔遥远,而且在未来会再次变得相距遥远,但此刻我们都在“此处/当下”。这已在图中显示出。我们就从“此处/当下”出发调查世界,当然我们双方同时看同一组事件。我们得到的对它们的印象可能是相当不同的,因为我们不同的运动将产生不同的多普勒效应、菲茨杰拉德收缩等效应。开始时我们会有些许误解,但最终我们会意识到,原来你所描述的红色正方形就是我所描述的绿色长方形等等。但对于这种描述上的差异,事情很快就会明了,我们正在看同一组事件,对于“当下所见”线相对于这些事件的设置我们也将达成完全的一致。现在我们共同从“当下所见”线出发,下一步你做计算在这些事件中绘出你的“当下”线,并如图 3 所示跟踪它。

怎么回事,从相同的“当下所见”路线出发,你不复制我的“当下"线？这是因为计算中必须用到一个测量的量，即光速。当然，你相信你的测量，正如我相信我的测量。由于我们的仪器会受到不同的菲茨杰拉德收缩等影响，因此它们之间差异很大。最令人惊讶的是，我们都发现测得的光速值是一样的，都是299,796公里每秒。但这种表观的一致实际上是有区别的。因为你测得的是相对于你的星球的速度，我测得的是相对于我的星球的速度[①]。因此，我们的计算不是一致的，你的"当下"线不同于我的"当下"线。

如果我们相信我们的世界各地的瞬间或"当下"线是外部世界所固有的，那么我们恐怕还会激烈争吵。在我看来，你把图中右边的那些尚未发生的事件和左边的那些已经过去的事件拿来合在一起称作宇宙某个瞬时的状态，这是荒谬的。你也同样会笑话我的分组。我们永远都不可能认同对方。当然，从图上看，好像我的瞬间比你的更自然，但那是因为这是我画的图。当然，如果是你画，你自然会将你的"当下"线画成与"你自己"线相垂直。

47 但如果"当下"线仅仅只是为了方便定位事件起见而画出的划分世界的参考线（就像地球上的经线和纬线）的话，那么我们就不必争执了。画线根本就不存在正确还是错误的问题，我们只求方便就好。世界各地的瞬间不是时间的自然解理面。在世界的绝对架构上没有与其等价的概念。它们只是我们为方便起见所采取的一种对时间的想象的分割。

---

① 测得的光速是来回往返速度的平均值。在"当下"线确定之前，单方向的速度无法测量，（而没有光速）我们也无法画出"当下"线。因此，这是一个僵局，破解的办法唯有设立一个任意的假设或约定。实际采用的约定是（相对于观察者）光速在往返两个方向上的速度相等。因此，"当下"线必须被视为同样是约定的。

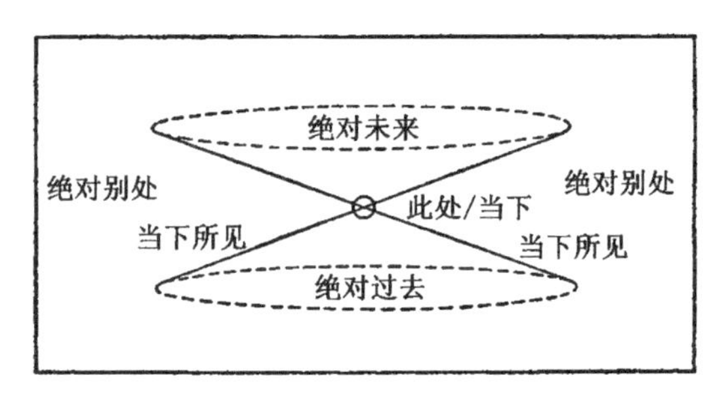

图 4

我们已经习惯于把世界——时间上恒久持续的世界——分割成一系列瞬时状态。但是另一颗恒星上的观察者会以与我们相反的方向安排事物走向。如果我们能够摆脱我们头脑中这种分割错觉,我们就能够更清楚地看到物理世界的真正运行机制。于是显露出来的世界,虽然奇特陌生,实际上要简单得多。简单与熟悉之间是有区别的。我们最熟悉的猪肉形式可能是薄熏肉片,但在希望了解动物功能的生物学家看来,未肢解的整猪则是一个更简单的对象。

3 绝对的过去和绝对的未来

现在让我们试着得到这种绝对的观点。我们擦去所有的"当下"线。我们擦去"你自己"和"我自己",因为我们不再是这个世界里必不可少的一部分。但"当下所见"线得留着。它们是绝对的,因为所有"此处/当下"的观察者对它们的认识都保持一致。平面图是一个片段,你必须想象它在旋转(实际上是二重旋转,因为它在图之外有两个维度)。因此"当下所见"的轨迹实际上是一个圆锥体;或者考虑到线的延伸,将它看成一个双锥或沙漏(图 4)。就空间和时间而言,这些沙漏(通过将世界的每一个点依次视为"此处/当下"即可得到)体现了我们所知道的世界的绝对结构。它们展示了世界上的"沙粒"是如何运行的。 48

时间老人被描绘成一个带着一柄镰刀和一个沙漏的老人。我们不再允许他用镰刀割去世界的瞬间;但我们允许他留下沙漏。

由于沙漏是绝对的,它的两个圆锥分别为"此处/当下"的事件提供了"绝对未来"和"绝对过去"。它们被一个(绝对)既不是过去也不是未来的中性楔形区域分开。那种认为相对性将过去和未来完全颠倒的通常印象是非常错误的。但是,与相对的过去和相对的未来不同的是,绝对的过去和绝对的未来并没有被一个无限窄的现在所分离。我们可将这个中性的楔形区称为"绝对的现在", 49 但我不认为这是一个很好的命名。用"绝对别处"来描述会更恰当。我们已经废除了"当下"线,在绝对世界里,现在("当下")被限定在"此处/当下"。

也许我可以用一个假想的例子来说明由中性楔形区所产生的特殊条件。假如你爱上了海王星上的一位女士,她对你也抱有好感。如果你可以在某个(预定)时刻对自己说"此刻她正在想我",这对由此带来的郁闷会是一些安慰。不幸的是,这会有困难,因为我们现在不得不废除"当下"。没有"绝对的当下",只有各种根据不同的观察者所推算出的、覆盖整个中性楔形区的相对的"当下"。对于海王星的距离,这个中性区的跨度大约是 8 小时。为了证明"当下"的属实,她将不得不连续 8 小时不停地想你。

在地球上，中性楔形区带来的这种最大可能的分离不会超过十分之一秒，因此在地面上，同时性不会受到严重干扰。这表明我们先前将绝对的现在限定在“此处/当下”的结论是站得住脚的。这对于那些瞬时事件(点事件)也是成立的。但在实践中，我们所关注的事件的持续时间往往都远远超过无穷小。因此，如果持续时间足以覆盖中性区的宽度，那么从整体上看，这个事件就可以被认为绝对是“当下”的。从这种观点看，一个事件的“当下”就像该事件在空间投下的阴影，事件的持续时间越长，影子就拖得越长。

50 随着物质的速度趋近光速，它的质量也将增加到无穷大，因此使物质运动得比光速还快是不可能的。这个结论是从经典物理学的定律推导出来的，高速运动下质量的增加已通过实验得到验证。在绝对世界中，这意味着一个物质粒子只能从“此处/当下”进入绝对未来，你会同意，这是一个合理和恰当的限定条件。物质粒子不能进入中性区，限制锥的锥面是光或任何以光速运动的粒子的轨迹。我们自身属于物质实体，因此我们只能进入绝对的未来。

“绝对未来”里的事件不处于“绝对别处”。一个观察者有可能从“此处/当下”出发及时走到待观察的事件处去体验它，因为所需的速度小于光速。相对于这个观察者的参考系，这个事件可看成在“此处”。没有观察者可以够到中性区里的事件，因为所需的速度太大。这种事件不存在于任何观察者的“此处”(从“此处/当下”看)，因此它处于“绝对别处”。

4 空间和时间的绝对区别

由于我们一方面将世界划分为“绝对过去”和“绝对未来”，另一方面又将它划分为“绝对别处”，因此我们的沙漏恢复了时间与空间之间的基本区分。时间和空间的这种区别不同于它们出现在时空参考系中的那种区别，而是时间关系和空间关系上的区别。我们面前出现的事件可以是时间关系（绝对过去或绝对未来）或空间关系（绝对别处），但不能同时具有这两种关系。时间关系辐射到过去锥和未来锥，空间关系属于中性楔形区；它们被“当下所见”线隔开，保持绝对分离。我们将“当下所见”线等同于世界的绝对结构里的沙粒。我们已将皇家天文学家在将时间联系到纯属人为的“当下”线时弄乱的关系重新恢复过来。 51

我想请你在理解时间延伸和空间扩展时注意一个重要的区别。正如已经解释的那样，我们穿越世界的路径是进入绝对未来，即沿着一系列时间关系前进。但对于空间关系序列我们从没有类似经验，因为这将涉及大于光速的旅行。因此，我们对时间关系有直接的经验，对空间关系则没有。我们关于空间关系的知识都是间接的，就像我们关于外部世界的几乎所有知识，那都是我们对我们的感官所获得的印象做出的推断和解释。类似地，对于外部世界里各种事件之间所存在的时间关系，我们的知识也是间接的。但除此之外，我们还有对时间关系的直接经验，这是我们亲身经历的——一种不是来自外部感官，而是取捷径直接进入我们的意识的时间体验。当我闭上眼睛回溯内心时，我感到自己超脱凡尘进入**永生**，我不觉得自己在**扩张**。正是这种时间体验影响着我们自己，它不仅仅表现为一种特有的外部事件之间关系的存在。另一方面，空间则总给人感觉是外在的东西。

这就是为什么在我们看来时间要比空间显得神秘得多。我们对空间的内在本质一无所知，所以很容易发挥对它的想象。而我们自觉对时间的本质有着十分亲切的相知，但正是这一点妨碍了我们对它的理解。这同样是一个悖论，就像我们相信自己对普通桌子的性质很了解，但对人的个性的本质感到很神秘一样。我们从没有与空间和桌子有过如此亲密的接触，以至于使我们感到它们是那么神秘。我们对时间和人的精神有直接的体验，这种体验使我们产生一种抗拒，即认为这个世界仅有符号概念来表达是不充分的。而正是这种抗拒使我们经常对其本质的认识产生误判。

5 四维世界

我不知道你是否已敏锐地意识到，现在我们已经沉浸在一个四维世界中。第四个维度不需要介绍，一旦我们开始考虑各种事件，它就已经在那里了。事件显然有四维，我们可以将其分解为左右、前后、上下和早迟——或许多其他四维规定的集合。第四个维度不是一个困难的概念。想象一系列事件在第四维上排序并不困难。否则我们无法对它们展开想象。但当我们沿着这一思路继续下去时麻烦就开始出现了。由于长久的习惯，我们一直都是将事件世界划分成三维的片段或瞬间，并将这些瞬间堆垒起来作为一个有别于维度的某种东西。由此形成了我们通常的时空概念：一个漂浮在时间流里的三维世界。这种对某个特定维度予以特别观照不是完全没有道理。它是我们用沙漏来对空间关系和时间关系做绝对区分的粗略写照。但是这种粗略的区分必须被更精确的区分所取代。由"当下"线所表示的结构的假想平面将一维与其他三维分开。但是由沙漏形给出的结构锥仍将四个维度牢牢钉在一起。[①] 53

我们习惯于将一个人与他的岁月留痕分开来对待。当我在图2中描绘"我自己"时，你或许会一时惊讶我为什么一定要将我的童年和我的老年包括在内。但是，想到一个人而不考虑他的年龄，就如同想到一个人而不考虑其内心一样，都是抽象的。抽象是有用的。众所周知，不考虑其内心来谈论一个人(即仅考虑其表观)，那么这个人只是一个几何概念。但是我们应该意识到什么是抽象，什么不是。本章引入的四维蠕虫在很多人看来似乎很抽象，其实一点也不。它们只算是不熟悉的概念，但不是抽象的概念。而蠕虫的一部分("当下"的人)才是一个抽象。由于这个部分可以从不同的方向来取，因此对于观察者这个抽象是不同的，他们看到的是不同的菲茨杰拉德收缩。一个经历时间的非抽象的人是我们能够从中做出不同抽象的共同源泉。

这个主题里所谈的四维世界的面貌是由闵可夫斯基给出的。爱因斯坦将其用于证明我们熟悉的物理量之间的相对性。闵可夫

---

① 在图4中，比例尺是这样的：1秒钟的时间对应于空间上70,000英里。如果我们用更普通的比例尺，比如说1秒钟相当于1码，那么"当下所见"线就变得几乎是水平的了。这样我们很容易理解为什么连在一起的四维光锥通常会被误认为是分开的断面。

斯基展示了如何通过回溯其四维的起源和更深入的研究来恢复这种绝对性。

6 光速

54 哲学家对相对论特别感兴趣的一个方面是光速的绝对性。一般来说，速度是相对的。如果我说速度是40公里每秒，严格说来，我应该加上“相对于地球”或是“相对于大角星”，或者相对于我心中的某个参照物才对。除非我加上这种定语或暗示，否则没人知道我说的这个速度是什么意思。但是一个蹊跷的事实是，如果我说299,796公里每秒的速度，我就不必添加说明性短语。那么它相对于什么呢？它相对于宇宙间任何一颗星星或物质粒子。

试图超越一束闪光是徒劳的，不管你运动得有多快，光总是以186,000英里每秒的速度离开你。从某种观点来看，这是大自然加给我们的一个相当不值得的欺骗。让我们找一个我们最喜欢的观察者，让他以每秒161,000英里的速度飞行去追赶闪光。光的速度比他快25,000英里每秒，他报告的却不是这样。由于他的标准尺有收缩，他的1英里实际只有半英里，再者他的时钟也变慢了，他的1秒钟实际上是我们的2秒钟。因此，他的测得的速度为100,000英里每秒(实际上是每两秒钟走半个100,000英里)。他在同步记录这个速度用的时钟时进一步犯错。(你会记得他采用的是一条与我们不同的“当下”线。)这使得速度高达186,000英里每秒。从他自己的角度来看，旅行者被光绝望地拉在后面;他没有意识到他正在做一场毫无希望的比赛，因为他的测量设备已经被

打乱了。你会注意到闪光的逃遁远不是彩虹的逃遁可比拟。 55

尽管这个解释可能有助于让我们对最初看起来完全不可能的事情有了些许理解，但并不是真正的彻底。你还记得吧，“当下所见”线，或一个闪光的轨迹，代表着世界结构的纹理。因此，速度299,796公里每秒的特征与世界的纹理是一致的。代表物质体的四维蠕虫必须穿过这层纹理才能进入到未来的锥，我们必须引入某种参考系来描述其过程。但是闪光正好沿着纹理，且不需要任何人造的分割系统来描述这个事实。

可以说，299,796（公里每秒）是这个木质纹理的代码。其他代码对应于不同的虫洞，它们可能偶然地与我们的纹理交叉。对应于不同的空间和时间参考系，我们有不同的代码。木质纹理的代码具有唯一性，这对于所有代码都是一样的。这不是偶然的，但除了我们的测量代码已经被合理地做成可以揭示世界结构的本质的而非偶然的特征这一点之外，我不知道我们是否可从中得出更深刻的推论。

299,796公里每秒的速度在每个测量系统中都占有独特的位置，它通常被称为光速。但它远不止于此。正是在这个速度上，物质的质量变为无穷大，长度收缩到零，时钟变得静止不动。因此各种各样的问题，无论是否与光有关，都会牵扯到这个速度。

科学家对这个速度的绝对性质非常感兴趣。但我认为，哲学 56 家在这个问题上的兴趣很大程度上是一种误解。在科学家看来，主张这种绝对性意味着他们已经做了这样一种安排：在每个测量系统中用到它时都取相同的数值。但这只是他们自己的私下安排——对其普适的重要性的一种无意识的恭维。[①]从测量数字转到它所描述的事情,"纹理"肯定是木材的绝对特征,而且"虫洞"(物质粒子)也是木材的绝对特征。所不同的是,纹理是必不可少的、普遍的,虫洞则是偶然的。科学与哲学在讨论绝对性时经常是话不投机,鸡同鸭讲。但我认为,在这个问题上,误解恐怕主要是科学家的过错。在科学上,我们主要关心的是我们所采用的描述性术语的绝对性或相对性。但当"绝对"这个词被用来指称那些被描述的对象时,它就差不多有了与"偶然"相对的"普适"的意义。

时常被误解的另一点是认为速度存在一个优越的极限值。不能说没有任何速度能大于299,796公里每秒。例如,想象一个搜索探照灯能够将精确的平行光束发送到远至海王星。如果探照灯的搜索是一分钟扫描一次,那么照在海王星上的光点扫过地表的57 速度将远远高于上述速度极限。这是我们习惯于将那些自身并没有直接的因果关系的状态联系在一起的心理活动所构想的速度的一个例子。相对论做的断言要更为严格,它是说——

不论是物质,还是能量,没有任何东西可以用作信号以超过299,796公里每秒的速度传播,只要这个速度是指相对于本章所讨论的时间和空间参考系。[②]

在某些情况下,物质中的光速可以超过这个值(反常色散现

① 在广义相对论(第六章)里,测量系统中的光速不再被分配相同的恒定值,但它继续对应于绝对世界结构的纹理。

② 这种限定性条件显然是必要的。我们经常采用随地球旋转的特殊参考系,在这种参考系中,恒星每天都会绕一圈,因此被认为具有巨大的速度。

象)。但这种较高的速度只有在光经过物质片刻之后致使分子处于交感振荡时才能达到。一种毫无征兆的闪光行进速度会更慢。可以这么说,超过 299,796 公里每秒的速度都是通过预先安排得到的,它们并不适用于信号传递。

我们一定要坚持这个信号速度的限定条件。它有这样一个效应:它是唯一可能传递到"绝对未来"的信号。能够将"此处/当下"事件的信息传递到中性楔形区的断言都属于奇谈怪论,无需理会。同样,能通过信号送达中性楔形区的说法必须受到这样的限制性裁定:这一断言违反相对性原理。这种断言无异于是说我们能做出这样一种安排:我们今天就能收到对方在明天收到我们发给他的信息后所回复的信息。信号传递速度的极限是我们对付过去与未来颠倒的法宝,而人们时常就拿这一点来错误地指责爱因斯坦理论。 58

以传统方式来表达 299,796 公里每秒这一信号传递的速度极限值似乎是大自然的一项相当武断的法令。我们几乎觉得这是一个让我们去寻找更快的东西的挑战。但如果我们以这样一种绝对的形式来陈述——信号只能沿着时间关系的轨迹而不是沿着空间关系的轨迹传递——那么这个限定性条件可能显得更合理些。我们至今还不曾发现违反这一极限的速度,哪怕仅仅是多出 1 公里每秒。但有些事情可能造成区分时间和空间的困难——对此我们有信心认为,它们应该是任何明智的理论允许存在的。

7 实际应用

在本讲座中，比起新理论对推进科学的实用上的重要性，我更关心的是其思想。但是仅仅停留在基本概念上的缺点是，它可能给人这样一种的印象：新物理是非常“空洞的”。事实绝非如此。相对论完全能够以一种十分有效的方式应用于实际问题。在此我只能考虑一些基本问题，这些问题几乎无法显示出新理论在解决高深的科学研究中所具有的力量。举两个例子足矣。

1.经常有人认为，恒星会被自身辐射的后坐力所阻滞。这个想法具体来说是，由于恒星向前运动，所发射的辐射会在前方堆积而在其后方变稀疏。由于辐射具有压力，因此前方表面上受到的压力将比后方的强。因此，会存在一种使恒星的运动逐渐变缓直至其静止的力。这种效应可能对恒星运动的研究具有十分重要的意义；它意味着平均来看，年老的恒星一定比年轻的恒星运动速度慢。但观察给出的结果恰恰相反。

59

但根据相对论，“逐渐静止”没有意义。速度相对于某个参考系的变慢意味着它相对于另一参考系增加。恒星没有绝对的速度，也没有绝对的静止。因此，这项建议可立即判定是错的。

2.放射性物质射出的β粒子是电子，其运动速度并不比光速低多少。实验表明，这些高速电子的质量远大于电子静止时的质量。相对论预言了质量的这种增大，并给出了质量对速度的函数关系公式。这一增大仅仅源于这样一个事实：质量是一个相对的量，它取决于相对量长度和时间的定义。

让我们从其自身的角度来看β粒子。它是一个普通的电子，与其他电子并无二致。但它的飞行速度非常大?“不,”电子说，“那是你的看法。我正惊奇地注视着你,你以100,000英里每秒的非凡速度打我身边经过。我正诧异以这么快的速度飞行那是一种什么样的感觉。然而,这并不关我的事。”β粒子正是如此,它正停在那儿自己琢磨事儿呢,全然没有注意到我们的举动,其质量、半径和电荷与平常并无区别。它有标准的电子质量9×10^{-28}克。但质量和半径都是相对的量,在此情形下,它们所参照的显然就是适合电子在其中自我观照的参考系,即它们在其中静止的参考系。60 但是当我们谈论质量时,我们是从我们在其中静止的参考系出发来看待它们的。借助于四维世界的几何关系,我们可以有计算质量在两个不同参考系之间变换的公式,它是对长度和时间做变换的结果。事实上,我们发现,质量增大与长度缩短具有相同的比例因子(菲茨杰拉德因子)。我们观察到的质量的增加源自于电子自身参考系与我们的参考系之间的变化。

所有电子从其自身的角度看都是一样的。表观的差异源自将它们纳入我们的参考系,而与其结构无关。我们计算出的它们的质量高于它们自己计算的结果,高出的这个增量来自我们各自的参考系之间的差异,即我们之间的相对速度。

我们提出这些结果并非要证明或确认这个理论的真理性,而是要展示该理论的应用。这些结果都可以从麦克斯韦的经典电磁理论加上某些合理的假设(对于第二个问题,即电子处在界面的条件)推导出来。但是要想看清这一新理论的优势所在,我们必须考虑的不是能够从经典理论推出什么,而是要考虑从经典理论推出的是什么。历史事实是,对第一个问题,经典理论给出的结论是错误的,一个重要的补偿因子逃过了我们的注意。对第二个问题,(尽管始于某种错误)其结论从数值上看是完全正确的,但由于这 61 个结果是从电子的电磁方程导出的,因此被认为它取决于这样一个事实:电子是一种电的结构。而且由于与观察一致,因此这一结果被认为证实了这样一个假设:电子除了纯电性没有别的。我们上面的处理没有提及电子的电学性能,所述现象被发现仅与质量的相对性有关。因此,尽管我们有许多其他好的理由相信电子完全由负电荷组成,但它们都不能提供其质量随速度的增加的证据。

小　　结

在这一章里,我们将关于空间参考系的多样性的想法扩展到空间-时间参考系的多样性。确定物体在空间中位置的系统称为空间参考系,而空间参考系只是更完备的定位事件在空间-时间中位置的系统的一部分。大自然没有提供任何迹象表明这些参考系中哪一个具有特殊性。我们在其中静止的这个特定参考系具有一种相对于我们的对称性,而这种对称性是其他参考系所不具备的。为此,我们曾做出一个具有普遍意义的假设:它是唯一合理的本征参考系。但这种自大的看法现在必须抛弃,我们懂得了所有参考系都具有相同的基础。通过考虑将时间和空间结合在一起,我们已经能够理解参考系为什么会出现多样性。它们对应于四维事件世界的某个断面的不同取向,这些断面构成"世界的瞬间"。同时性(当下)是相对的。对绝对同时性的否定与对绝对速度的否定是紧密相连的。绝对速度的知识曾使我们能够断言，某些过去的或 62 未来的事件发生在“此处”但不是在“当下”；绝对同时性的知识则告诉我们，发生在“当下的”某些事件却不是发生在“此处”。在去除了这些人为的片段后，我们便瞥见纹理发散而交错的绝对的世界结构。这个结构很像沙漏的工作原理。参考这个结构，我们识别出类空事件与类时事件之间的绝对区别。这种区别让我们的本能的感觉——空间和时间是根本不同的——获得了正当性和解释。新概念在物理学实际问题上的许多重要应用因太过专业化而无法在本书中反映出来。一个较简单的应用是确定物体的物理性质因快速运动而引起的变化。由于这种运动既可以被描述为我们自身相对于物体的运动，也可以描述成物体相对于我们自身的运动，因此它不可能影响到物体的绝对行为。长度、质量、电场和磁场、振动周期等方面的表观变化，只是由于从观察对象处于静止的参考系变换到观察者处于静止的参考系而带来的计算结果的变化。定量确定这些物理量在参考系变换时的变化的计算公式现在已很容易从参考系之间的几何关系来给出。

第四章　宇宙的运行

1　洗牌

63　物理世界的现代观点并不是专由过去25年里新出现的概念组成的。现在我们要讨论的是一组可追溯到19世纪的想法。这些思想自玻耳兹曼时代以来基本上就没怎么改变，在当前却表现出巨大的活力和发展。这是因为它们所涉及的主题与目前阶段我们关于时间问题的深层考虑有关。这个主题在物理理论中是如此重要，以致在任何全面的调查中我们迟早都要涉及。

如果你拿过一副全新的纸牌洗上若干次，那么最初的系统有序的痕迹就全消失了。无论你洗牌多少次，原先的顺序也绝不会重现。事情已经做了，就无法挽回，就是说，随机因素一经引入便取代了原先的安排。

通过举例来说明道理，即使不完美也是有用的。因此就上述例子我在此简单说两点。这两点仅与这个例子有关而与我们将要进行的应用无关。先说第一点，洗牌不能撤销很难说是正确的。如果你愿意，你尽可以将牌整理成原来的顺序。但在考虑物理世界中出现的无序情形时，我们不必麻烦你用这样的主观办法来解围。我不想说我们在得出结论时应将人的意识撇开得有多远，但

我得将你排除在外——起码是在你理牌时将你的心理活动排除在外。我只允许你心不在焉地洗牌。 64

其次,原初的顺序永远不可复原这句断言就更不正确了。经过充分的洗牌,总有一天我们会发现这副牌已恢复到原先的顺序。这是因为一副牌的张数相对较少。而在我们的应用过程中,事件发生的可能性是如此之多,以致这种偶然性可以忽略不计。

我们将提出这样的论点:

无论何时发生了所谓不可逆的事情,我们总可以将其归因于随机因素的引入,这与洗牌过程类似。

洗牌是大自然唯一不可逆的事情。

当汉普迪·邓普蒂重重摔下来后——

国王聚齐所有兵马,
也拿这事儿没办法。[①]

---

① 这是英国民间童谣集《鹅妈妈》(作者 Charles Perrault)里的一首短诗(有点像我们的绕口令)。诗名就叫《汉普迪·邓普蒂》(*Humpty Dumpty*)。汉普迪·邓普蒂是一个小胖墩儿。全诗如下:

Humpty Dumpty sat on a wall.
Humpty Dumpty had a great fall.
All the king's horses,
and all the king's men,
couldn't put Humpty back together again.

汉普迪·邓普蒂坐墙头,
摔了一个大跟斗。
国王聚齐所有兵马,
也拿这事儿没办法。——译者

有些事一旦发生就无法挽回。但从墙上摔下来这事儿是可以挽回的。这都没有必要动用国王的兵马,只要在墙根底下铺一块理想的弹簧垫足矣。在他落地的一刹那,只要方向合适,汉普迪·邓普蒂的动能就足以将他弹回到墙上。但是,如果没有这种弹簧垫,那么在他落地的一刹那必将发生不可挽回的事件——也就是说,一种随机因素被引入到小胖墩儿身上。

但为什么我们要假定洗牌是唯一的不可逆过程呢?

> 移指走笔书成诗,
> 纵有急智似曹植
> 难裁纸上一个字。[①]

65 那么如果没有写错,是不是移动的手指就会停下呢?物理学毫不犹豫地给出答案:"是。"为了判断这一点,我们必须审视大自

---

① 这是《鲁拜集》中第71首四行诗的前三句。《鲁拜集》是波斯大诗人奥马尔·海亚姆(Omar Khayyam)的四行诗(类似于中国的绝句,一、二、四句押韵)诗集。很多文学大家都翻译过这首诗。现将原文和梁实秋的译文引述如下,供欣赏:

> The Moving Finger writes; and, having writ,
> Moves on: nor all thy Piety nor Wit
> Shall lure it back to cancel half a Line,
> Nor all thy Tears wash out a Word of it.

> 主动的手指在写;一旦写完了,
> 就向前移:你所有的虔诚与机巧
> 不能引它回来删去半行,
> 你所有的泪也不能把一个字洗掉。——译者

然的那样一些运作——随机因素不再增加的运作。这些运作可分成两组。首先，我们来研究大自然的那些支配单个物体行为的定律。显然，在这些问题里不会出现洗牌这样的事情。你不可能从一副牌里抽出一张黑桃 K 来洗。其次，我们要研究一群已经足够混乱，再洗也不能增加随机因素的粒子的自然过程。如果我们的上述论点是正确的，那么在这两种情形下发生的一切都是可以被撤销（可逆）的。我们先来考虑第一种情形，第二种情形必须推迟到本书第 73 页才能考虑。

发生在可看成单个系统的个体上任何改变都可以被撤销。自然定律允许这种逆过程就像允许其正过程一样容易。地球受描述其轨道的运动定律和引力定律支配，这些定律既允许地球按实际运行，也允许地球做完全相反的运动。在相同的力场下，地球可以回溯其脚步。是正是反仅仅取决于它是如何开始的。也许有人会反对说我们无权将这个初始条件降格为问题的一个无关紧要的部分。这个初始条件就像决定物体随后运动的定律一样，都是大自然自洽计划的一部分。确实，天文学家有一套理论来解释为什么八颗行星初始时都以同样的方式绕着太阳转。但这是一个涉及八颗行星的问题，而不是单独一个个体的问题——不是孤立的一张牌。只要地球的运动被认为是一个孤立的问题，那么就没有人会梦想把自然定律纳入一则条款，要求它必须**这样**做而不是相反。 66

电场和磁力场的运动也有类似的可逆性。我们可以从原子物理学给出另一个例子。量子定律允许原子发射一定种类和数量的光；同时这些定律也容许原子吸收相同种类和数量的光，即允许存在发射的逆过程。我很抱歉不能列举太多的例子。但必须记住的是:物体的许多性质(例如温度)都起因于大量单个原子的行为,因此支配温度的定律不可能用来描述单个粒子的行为。

我们可以将支配单个物体的定律所具有的共性更清楚地表述为一种时间关系。一个事件的过程构成从过去到未来的一个状态序列,同一个序列颠倒过来从未来到过去则是该事件的逆过程——因为后者的情形是我们将习惯的从过去到未来的观察模式倒过来看。所以,如果对于一个事件,同一条自然定律既可以描述其过程也可以描述其逆过程,那么这些定律必然与从过去到未来的时间方向性无关。这就是它们的共性。当我们用数学公式来表述这些定律时(通常我们都是这么做的),这种共性就会变得一目了然。(在数学上)过去和未来之间的区别其实就是左和右的区别。用代数符号来表示,左是 $-x$,右是 $+x$;过去是 $-t$,未来是 $+t$。对于支配非复合个体的行为的所有自然定律——我们称其为"基本定律"——这一点都适用。唯有一条自然定律——热力学第二定律——让我们认识到过去和未来的区别要远比正和负之间的区别更深刻。它与所有其他定律都格格不入。但这条定律不适用于描述单个个体的行为。一会儿我们将看到,它的本质就在于系综里的随机性。

67

不论物理学的这些基本定律讲的是什么,从普通经验看,有一点是显而易见的:过去和未来之间的区别与左与右的区别还是截然不同的。在《普拉特纳的故事》里,H. G. 威尔斯讲述了一个人如何误入第四维空间,结果回来后发生了左右互换。但我们注意到,这种变换并不是这个故事的主题。它只是从具体细节上证明了普拉特纳确实出去兜了一圈。这种变换本身在情节上是如此微不足道，以致连威尔斯先生都没想从中编织出一段浪漫故事来。但如果这个人回来后的结果是过去和未来的互换，那么情节就要鲜活得多。在威尔斯先生的《时间机器》里，以及在路易斯·卡罗尔的作品《瑟尔维与布鲁诺》里，作者都给我们描绘了一幅时光倒流所带来的荒谬画面。如果说空间变换只是“戴着眼镜看”世界的结果，还有道理可讲；那么“戴着眼镜看”时间，看到的就只能是一出内在荒诞的闹剧。

现在，物理学的基本定律已经一个接一个地宣布，它们完全不关心你取哪个方向作为时间的前进方向，就像它们不关心你是从右边还是从左边来看世界一样。这对于几乎所有经典物理学定律、相对论的定律，甚至量子力学的定律，都是对的。可逆性不是偶然的属性，而是这些定律有用武之地的整个概念体系所固有的。因此，这个世界是否“有意义”的问题不在这些定律的范围之内。要使世界有意义，我们还得求助于一条高山仰止的定律——热力学第二定律。它开辟了一个新的知识领域，即组织性[①]的研究。68
正是在与组织性的联系中，时间流动的方向性和事物过程的可反演性才第一次出现。

2 时间之箭

时间最重要的特点就是它的持续性。但这只是其一个方面，

① 原文为“Organisation”，在后文里这个词与有序性是等价的，因此翻译中为了明了起见，有时候直接译为有序性。——译者

物理学家有时似乎倾向于忽略。在上一章考虑的四维世界里，过去和未来的事件就像地图一样展现在我们面前。这些事件以其适当的时间和空间关系显示其存在，但没有迹象显示它们所经历的所谓“发生方式”，也没有提出它们的过程是否可逆的问题。我们在地图上可以看到从过去到未来的路径，或是从未来到过去的路径；但没有任何路标表明这是一条单行道。我们必须将某些东西加到这个闵可夫斯基世界的几何概念中，才能使它构成一幅完整的世界图景。为此我们必须让意识全方位介入——从存在转变到发生，从“在”(being)转变到“变成”(becoming)。但首先我们注意到，正如前述，我们关于自然的基本定律的图像并不在乎时间取什么方向。反对者有时将这一点归咎于相对论，认为它的四维世界图景忽略了时间的方向性。这些反对意见很少合乎逻辑，因为在这方面相对论既不比其前任好也不比其前任更糟。经典物理学家一直都是毫无顾虑地使用着不辨时间方向的定律系统。令他震惊的倒是，新图像居然如此明显地揭示出这一点。

无需借助任何神秘的意识概念，通过研究组织性我们就可以在四维地图上找到时间的方向。让我们随意画一个箭头。如果我们按照箭头方向走下去，结果发现世界状态里的随机因素变得越来越多，那么这个箭头是指向未来的；如果发现随机因素在减少，那么箭头是指向过去的。这是物理学已知的唯一区别。如果我们的基本论点成立，即承认随机性的引入是唯一不可逆的事情的话，那么我们立刻就明白这个区别。

我将用“时间之箭”这个词来表达时间的这种单向性。这个概念在空间上没有可类比的概念。从哲学的观点来看，这是一种非常有趣的性质。我们必须注意的是：

(1)我们能够通过意识生动地看清这种性质；

(2)我们通过推理同样可以认识到这一点，推理告诉我们，时间之箭的反转会使外部世界变得荒谬；

(3)除非我们研究的是由大量个体构成的系综，否则它不会出现在物理学里。这里箭头指向随机因素递增的方向。

现在我们来详细考察随机因素是如何将不可改变的事物带进这个世界的。当一块石头落下时，它获得了动能，而这个动能的量正好等于将这块石头提升到原来高度所需的能量。通过适当安排，这个动能可以执行这项提升任务。例如，如果将这块石头绑在一根另一端固定的弦上落下，那么它就会像钟摆一样交替地荡下荡起。但是如果石头在此过程中碰到了障碍物，那么它的动能就会转化成热能。能量还是那么多，但即使我们能够将它收集起来输入一部引擎，我们也无法将石头提升到原来的高度。发生了什么事使得这个能量不再可用了呢？ 70

如果我们在显微镜下来看这块下落的石头，我们将看到大量的分子在以相等且平行的速度向下运动。这是一种有组织的运动，就像一个军团迈着整齐的步伐行进。我们必须注意两件事：能量和能量的组织性。要回到原来的高度，石块就必须同时保有这两点。

当石头落在一张有足够弹性的表面上时，运动可以在不破坏组织性的情形下反向。每个分子都是背过身去，整个阵列将以良好的队形撤退到出发点——

著名的约克公爵
带着两万人马，
他让他们齐步登上山顶，
又让他们齐步撤回原处。①

历史不是这样演进的，而是通常都存在碰撞。其结果是分子或多或少都受到随机碰撞的影响，向所有方向反弹。它们不再合谋沿一个方向前进；它们失去了原有的组织性。接着它们继续相互碰撞，不断改变自己的运动方向，但它们再也不能找到一个共同的目标。组织性不可能由重复洗牌来实现。因此，尽管能量在量上仍然保持足够多(除了不可避免的泄漏，在此我们认为不存在泄漏)，但它们再也不能将石头推回到原来的高度。要恢复石头的原初状态，我们必须提供额外的能量，它们具有所需的有序性。

71 这里出现了一点，不幸的是，这一点没法用洗牌来类比。没有人(除了魔术师)能够将两沓混乱的牌投进帽子，然后取出的是一沓已按原顺序排列的牌和另一沓仍是充分混乱的牌。但我们可以将部分混乱的能量投入到蒸汽机里，将它们部分转化为大量物体运动所产生的充分有序的能量，和部分以更加无序状态出现的热能。能量的有序性是可变的，无序性或随机性同样是可变的。无序性并不永远固着于特定的从一开始就被败坏的能量上，它可以传导到其他地方。这里我们不可能深入到下述问题：为什么能量

① 作者编自英国童谣集《鹅妈妈》里的一首儿歌《高高在上的约克老公爵》(*The grand old Duke of York*)。——译者

的失序与实物物体的失序应该有所区别。但有必要指出，运用类比来解释这种差异需要十分谨慎。至于热能，温度是其混乱程度的量度。温度越低，混乱度越低[①]。

3　巧合

很多事情都是机缘凑巧。也就是说，机会会以看起来非常不像偶然的样子来欺骗我们。特别是偶然性会模仿有序性，而我们往往则将这种有序性视为偶然性（或我们所称的“随机性”）的对立面。但这对我们的结论的威胁并不十分严重。我们有**数量提供安全保障**。

假设你有一个被隔板分成两半的容器，一半充有空气另一半抽成真空。然后你撤去隔板。此刻，所有的空气分子都处在容器的一半体积里，但不到一秒钟，它们就扩散到整个容器，并且永远保持下去。分子不会再返回到半个容器里；这种扩散是不可逆的——除非你引入其他材料作为这种混乱的替罪羊，将随机因素挪走。这种情形可以作为区分过去和未来时间的标准。如果你先观察到分子在容器中扩散，然后又看到所有分子都跑到容器的一半空间里，那么很可能是你的意识发生了倒向，你最好去看医生。

72

现在每个分子都在容器里游荡，没有哪部分比其他部分特殊。平均来看，每个分子有一半的时间待在容器的每个半边。所有分子都同时往容器的半边运动的可能性极低。你很容易计算出，如

① 原文误为“混乱度越高”。——译者

果分子的数量是 n(大约为 10^{24} 个),那么这种事情发生的机会为 $(1/2)^n$,我们之所以忽略掉这种偶然性可以从一个经典例子中看出来。如果我让手指漫无目的地在打字机的键盘上乱摁,结果恰好打出一行可理解的句子来的机会,以及如果让一群猴子在打字机上乱摁,结果打出了大英博物馆里所有图书的机会,都要比所有分子同时跑到容器一半体积里的机会大得多。

当数字很大时,机会就成为确定性的最佳保证。有幸的是,在分子、能量和辐射等研究中,我们必须面对的都是一个极为庞大的粒子群,我们取得了一种确定性,尽管这种确定性并不总是符合那些想讨好喜怒无常的女神的人们的期望。

73 尽管在某种意义上,分子回到容器半边的机会小到根本不用考虑,但在科学上,我们认为讨论这种可能性是一个很重要的问题,因为它提供了一种对不可逆程度的量度。即使我们有充足的理由让气体充满容器,那也不必浪费这种有序性。正如前述,这种有序性是可以改变的,而且可以传递到有用的地方去。[①]当气体被释放,并开始在容器中扩散(譬如说从左到右)时,随机因素不会立即增加。为了从左到右的扩散,分子从左到右的速度必占主导,也就是说此时运动是部分有序的。只是位置的有序性被运动的有序性取代。过了一会儿,分子撞击到容器远处的器壁,随机性开始增加。但是,在这种有序性被摧毁之前,分子速度的这种从左到右的有序性在数值上精确等价于空间丢失的有序性。这话的意思是,偶然出现这种从左到右的速度优势的机会与偶然出现分子都处在

① 如果将气体膨胀用于推动活塞,这种有序性就能转化为活塞的运动。

容器半边的机会是相同的。

这里提到的不利机会是一个大到荒谬的数。如果用通常的十进制记数法将它写下来的话，它将填满世界上所有的书很多遍。从实际发生的偶然性考虑，我们对它不感兴趣，但我们感兴趣的是它在数值上是确定的。它将“有序性”从一个模糊的描述性形容词提升为一个科学上严格可测量的量。我们面临着各种各样的有序性。军团的齐步前进并不是有序运动的唯一形式；舞台合唱队的有序的声部演进在声波上有其自然的相似性。一个共同的量度现在可以用来衡量所有形式的有序性。有序性的任何丧失都可等价地由对经偶然巧合来恢复的机会的量度来给出。尽管这种机会被荒谬地当作一种偶然性，但它是一个精确可测的量。 74

对随机性进行实际量度的量称为熵。熵在宇宙中只会增加而永远不会减少。用熵来测度与上一段所解释的用机会来衡量效果是一样的，所不同的只是将大数（通过简单的公式）转化成较方便的运算范围。熵持续增大。我们可以通过将世界的一部分隔离开来并对我们要解决的问题设定理想条件来阻止其增大。但是我们不能让它变得减少，那将带来比违反一条普通的自然法则更严重的后果，即不可能的巧合。我认为，熵总是增加的定律——热力学第二定律——具有自然法则的最高地位。如果有人向你指出你所珍爱的宇宙理论与麦克斯韦方程组相冲突，这可能对麦克斯韦方程很不利。如果你的这一理论与实验观察相矛盾，那也可能是这些实验者偶尔出了问题。但是如果你的理论与热力学第二定律相抵触，那我认为你肯定没希望了，除了深怀羞辱丢弃它别无他法。热力学第二定律地位的提升不是没有道理的。我们有很强的理由

相信其他定律,我们觉得一个违背这些定律的假说有极大可能是
75 不成立的。但这种不可能性是模糊的,不会大到在我们面前排成数字阵列。而如果这个假说违反了第二定律(即认为随机因素会自动减少),那么它成立的机会可以说小到完全可忽略。

我希望我能向你传递熵的这一概念在科学研究中的惊人力量。利用熵总是增加的属性,人们已经找到了实用的测量熵的方法。从这一简单定律导出的推理链条几乎可以延伸到无限远。无论是关于理论物理学的最深奥的问题,还是工程师遇到的实际问题,这条定律都同样取得了成功。它的特点是,结论与所发生的微观过程的性质无关。它不关心个体的性质,它只对群体感兴趣。因此,这一方法对于那些我们刚开始进入的研究领域是适用的。我们毫不犹豫地将它应用到量子理论的问题上,虽然单个量子过程的机制尚不清楚,而且目前也无法想象。

4 基本定律和二级定律

我将那些支配单个物体行为的定律称为"基本定律",这意味着热力学第二定律,虽然也是公认的自然定律,但在某种意义上则属于二级定律。这种区别现在可以置于正规的基础上。有些事情在物理世界永远不会发生,因为它们是**不可能的**;另一些事情不可能发生则是因为它们发生的概率太低。禁止第一类事件发生的定律就是基本定律,禁止第二类事件发生的定律则属于二级定律。
76 几乎所有物理学家都持有这样的信念[①]:在每一件事情的根上都

① 但除我之外,最近还有其他物理学家也开始怀疑这一信念。

有一个完整的基本定律体系，它们决定着每个粒子的生涯，或以铁一般的决定论决定着世界的构成。这个基本定律体系是完全自足的，因为它决定了世界的每一个组分的历史，从而也决定了整个世界的历史。

但就其完备性而言，基本定律并不能回答我们能够合理提出的关于大自然的每一个问题。宇宙会向后演化吗，也就是说，会沿着与我们自己的星系相反的方向发展吗？基本定律，因为与时间的方向无关，对此的回答是："不会，这是不可能的"。二级定律则回答说："不可能，这样的概率太小了"。两个答案不存在真正的冲突。第一个回答虽然是真的，但没触及要害。我们不妨来看看更常见的典型问题。如果我将这锅水放在这个火上，水能烧开吗？基本定律的回答是肯定的，如果有这机会的话。但是我们必须明白，"这"字翻译成数学语言意味着对这亿亿亿个粒子和能量元的位置、运动等参数的规定。因此实际上，我们要回答的问题并不是问的那个问题，而是：如果我将其主要特征类似于这锅水的一锅水放在一个火上，水能烧开吗？对这个问题，基本定律的回答是："它可能烧开；也可能冻结；它可能是任何结果。因为给出的细节条件不足以排除任何不可能的结果。"[①]二级定律则回答得很干脆："它

① 基本定律对这两种提问的回答为什么会有这么大的区别，我们似可从英文文法的角度来理解。在英语里，"this"（这）是定冠词，有限定意义；"a"（一个）是不定冠词，缺乏限定性。因此前一个问题（提法）具有确定性，故能够给出排他性的回答；后一个问题不具限定性，属条件不完备，故给不出排他性答案。例如我们可以这么来理解："类似于这锅水的一锅水放在一个火上"，"类似"一词未限定比例，所以这锅水到底有多少是不确定的，同样，"一个火"是多大的火也没限定，也是不确定的，故基本定律给不出答案。但总的说来，作者在此给出的例子对厘清两种定律之间区别的作用有限，反倒有狡辩之嫌。——译者

会烧开,因为它除了烧开之外成为其他结果的可能性都太小太小。"这里二级定律不与基本定律冲突,但我们也不能拿它作为完善一套定律的必要条件,尽管它自身是完备的。这种不一致源自于我们的目的与大自然的秘密分属不同的概念。

77

热力学第二定律和其他统计规律是不是能够从基本定律的数学推导中得出,它们是不是基本定律的一种便于使用的形式,这是很难回答的问题。但我认为有一点是公认的,那就是二者之间有一条不可逾越的鸿沟。在由第二定律解决的所有问题的底部都存在一个难以捉摸的概念:"世界状态的先验概率"。它包含着我们对基本定律架构所预设的知识的基本不同的态度。

5 热力学平衡

时间的进程将越来越多的随机因素引入世界的构造。今天的物理宇宙的不确定性要比明天的少。奇怪的是,在物理学的这个非常讲求事实的分支——其发展主要是工程师做出的贡献——里,我们几乎无法不用目的论的语言来表述。我们得承认,这个世界既包含机遇也包含设计,或者至少是偶然性和必然性均在其中。这种对立因我们测量熵的方法而得到强调。我们给组织性或非偶然性分配一种量度,可以这么说,这个量正比于我们不相信其机会来源的强度。"原子的一种偶然的集合"——神学家的妖怪——在正统的物理学里处于基本无害的位置。物理学家是将它作为一种珍贵的稀有物来看待的。它的属性非常独特,不像物理世界里一般遇到的状态。我们给"原子的一种偶然的集合"一个科学名称叫

78

“热力学平衡”。

热力学平衡态就是我们承诺要考虑的其他情形。在这种情形下出现的是随机因素不再增加的局面，即牌已经洗得尽可能的乱了。我们必须从宇宙中隔离出一块区域，使之没有能量能够出入，或至少是任何边界效应都得到了精确补偿。这些条件都是理想化的，但它们都能够以足够的近似度再现，以便我们将相关的实际实验抽象为理想化问题。恒星的内部区域就是一种几近完美的热力学平衡态的例子。在这些孤立的条件下，能量在物质和以太之间的重新分布几经倒腾很快就完成了。

能够完全弄乱很重要。如果洗牌后你将每一张牌撕成两半，就有可能将撕成一半的牌进一步弄乱。不断地撕牌，每一次都使随机因素比前一次进一步增加。这种无限可分性使得洗牌可以无穷尽地进行下去。但平衡状态能够迅速达到的实验事实表明，能量不是无限可分的，或者至少自然的洗牌过程不是可以无限持续的。从历史上看，这个结果首先是在量子理论中产生的。关于这一点我们在后面的章节里再讨论。

在这个隔绝的区域里，我们失去了时间的方向。你应该记得，时间箭头的方向是指向随机因素增加的方向。当随机因素达到极限并趋于稳定时，箭头就不知道该指向哪个方向了。说这个区域里没有时间未必正确，因为原子仍像个通常的小时钟那样在振动，我们依然可以借此测量速度和持续时间。时间依然存在，并保持着其通常的特性，但它失去了它的方向；像空间一样，它在延伸，但它不再“朝前走”。 79

这就提出了一个重要问题：随机因素（由已经讨论过的概率标

准来衡量)是物理世界能够给时间提供方向的唯一特征吗?到目前为止,我们得出的结论是,从孤立个体的行为中找不到这种方向,但还存在进一步搜索的范围,只是在这个范围内,群体的属性超出了熵所表示的属性。举一个例子,它也许不像听上去那么美妙:系综有没有可能随着时间的推移变得越来越美丽(根据一些公认的审美标准)?①这个问题是由另一条重要的自然法则来回答的:

在系综的统计中,如果熵不能区分时间的方向性,那么就没有任何东西能够区分它。

我认为,虽然这条法则在最近几年才被发现,但对它的真实性毋庸置疑。在原子和辐射等所有现代研究中,它被公认为是基础,并被证明是这些研究中最有力的武器之一。当然,它是一条二级定律。它似乎不是可以严格从热力学第二定律推导出来的,因此可能必须看成是另一条二级定律。②

80 由此得出的结论是:虽然除了熵以外的其他统计特性也可以被用作来区分时间的方向,但它们只有在熵能起作用时才能起作用,当熵不起作用了,它们也就不起作用了。因此,它们不可能作为一种独立的判别手段。就物理学而言,时间的箭头是熵的一个

① 在万花筒的情形里,“洗牌”很快即告完成。所有模式的出现,如同随机因素一样,机会都是均等的。但它们的花色在优美的程度上有很大的区别。

② 在上述陈述中,这条定律被掩盖得非常深,为此我必须对那些有高深知识的读者做些解释。我这里指的是“细致平衡原理”。这条原理是说,每一种类型的(细微)过程,都存在一个相反的过程。并且在热力学平衡态下,正、逆过程的发生频率相同。因此,考虑到时间方向的反转,即正逆过程的交换,过程的每一步统计计算的结果是不变的。因此,对于时间的方向,当系统处于热力学平衡态时,即当熵处于定值时,没有统计指标能够显示时间之箭。

特性。

6　空间和时间是无限的吗？

我想每个人都会用一段时间发挥想象力来思考这样的问题：空间有没有尽头？如果空间有尽头，那么尽头之外是什么？另一方面，如果空间没尽头，那么空间之外的空间又是不可想象的。因此，想象力总是在这个困境中来回折腾。在相对论出现之前，正统观点认为空间是无限的。但没有人能够想象无限的空间，因此我们不得不承认：在物理世界中，存在一个不可想象的概念——它令人不安但未必不合逻辑。现在，爱因斯坦理论提供了一种摆脱这个困境的路径。空间是无限的，还是有尽头？都不是。空间是有限的但无尽头。这就是我们平常说的"有限而无界"。

任何人都无法想象无限空间。而想象有限而无界的空间虽然困难但不是不可能。我不指望你能想象它，但你可以试试。先想象一个圆，或者说不是圆，而是一道构成圆周的线。这条线有有限的长度但无终点。接下来想象一个球——球体的表面，它的区域 81 也是有限而无界的。地球的表面就从来无法达到边界，在你到达的点之外总是有其他国家接壤，地球上同样也没有无限的空间。现在我们去往更高维。圆、球体，下一个该是什么样的呢？现在遇到了真正的困难。但你不妨紧紧抓住这个超球的表皮，想象里面什么都没有——没有内部的表面。它就是有限的而无界的空间。

不，我不认为你已经完全掌握了这个概念。你恰好在最后栽了跟头。真正困难的不是增加更多的维度，而是最后去掉一个维度。我告诉你是什么阻碍了你。你所用的一定是起源于数百万年前、已牢固地根植于人类思想的那种空间概念。但物理学的空间概念不应是富有进取心的类人猿心里想出来的那种。空间不必是这种概念所设想的那样,而是像我们从实验中所发现的那样。现在,我们通过实验发现的空间特征就是广延,即长度和距离。所以空间就像一张由距离织成的网络。距离就是链路,其内在本质是很难捉摸的。当我们将测量的数值——2 码、5 英里,等等——作为一种代码的区分运用到这些距离上时,我们便不会否认这种不可捉摸性。我们无法通过我们的内在意识来预言运用于这种网络的法则,即代码编号是如何在网络的不同链路中分布的法则,就像82 我们不能预言电磁力的代码编号是如何分布的一样。二者都得由实验决定。

如果我们在宇宙中沿一个方向走了很长的路来到 A 点,又沿相反方向走很长的路到 B 点,由此我们会认为,A 和 B 之间存在一个由非常小的代码编号所表示的链路;换句话说,尽管沿正反两个方向走过很长的距离,但所到的这两点之间的距离,在实验上可以发现其实离得很近。为什么不呢?当我们在地球上向东走一段路之后再掉头向西走,可不就是这种情况?确实,我们传统僵化的空间概念拒绝接受这一点。但传统观念还曾经拒绝接受地球是圆的呢。在我们处理球形空间概念时,难点在于去掉超球的内部而只保留其三维表面。当我们把空间想象成一个距离网络时,我认为就没这么困难了。覆盖表面的网络构成了一种自持的链路系统,它可以不考虑外部链路。我们可以撤去曾帮助我们接近这种距离网络概念的脚手架而不危及这一概念。

我们必须意识到，将各点链接起来的这种不可捉摸的关系的分布系统不是注定要按照任何预先制定的计划，因此接受由实验指明的方案不存在任何障碍。

我们还不知道这个球面空间的半径是多少。显然，与通常的标准比起来，它必定是极其巨大的。根据不太确凿的证据，估计应比已知最远的星云的距离大不了多少倍。但无界与大小并无多少关联。空间是以凹陷的形式而不是以巨大的延展的形式来体现无界的。“肯定”是漂浮在“否定”的无限海洋中的一只小船。就跟哈姆雷特说的那样：“我可以躲在果壳里，封我自己为无限空间的国王。” 83

但谈到时间，无限的噩梦仍然会出现。世界可以像一个球体那样，其空间维度是封闭的。但在时间维度上，它的两端是开放的。空间可以弯曲成一个圆，使得“东”最终成为“西”，但我们总不能将“从前”最终弯曲成“往后”。

我不确定我是否合乎逻辑，但我感到时间上存在无限的未来困难不是很大。只要我们没达到公元 ∞，公元 ∞ 的困难就不会发生。而且为了达到公元 ∞，我们恐怕首先必须解决公元 ∞ 的困难。还应当指出，根据热力学第二定律，整个宇宙不必到未来无穷远的日子才能达到热力学平衡。那时时间的方向将完全消失，因而朝着未来前进的整个概念也将逐渐消失。

但是无限过去的困难依然令人可怕。很难想象，我们是无限时间的传承者，同样不可想象的是会存在这样一个瞬间，在它之前没有瞬间。

时间开端的这个困境，如果不是被横在我们与无限过去之间的巨大困难挡在门外，会更让我们担心。我们一直在研究宇宙的运行，如果我们的观点是正确的，那么在时间开始与现在之间的某个时刻，我们必须给宇宙上紧发条。

84 我们发现，越是回到过去，世界就越有组织性。如果不存在阻止我们回到更早以前的障碍，我们必将回到这样一个时刻，此刻世界的能量是完全有序的，其中没有一点随机性。在目前的自然法则体系下要回到更远的昨天是不可能的。我不认为借助于"完全有序"这个词我们就能够回避这个问题。对于组织性，我们通常关心的是它可准确定义的方面，因此认为它存在一个极限，在这个极限点上，它变得完美。但我认为，既不存在一个组织性越来越高的无限状态序列，也不存在一个我们可以一步一步慢慢趋近的极限。完备的组织性并不比不完备的组织性更能抵御组织性的丧失。

在过去四分之三世纪里挺立的物理学理论毫不怀疑地认为，存在这样一个时间点，要么宇宙的实体在此刻以高度有序的状态诞生，要么是这些预先存在的实体在此刻被赋予了这样的有序性，而在此前它们一直处于混沌状态。此外，这种有序性被认为是偶然性的对立面。它不可能偶然地发生。

长期以来，这种观点一直被用来反对过激的唯物主义。它也一直被引述作为反对造物主在离现今不远的某时刻出手干预的科学证明。但我不主张我们从中得出草率的结论。科学家和神学家肯定都会觉得下述看法有些粗率：天真的(经过适当伪装的)神学教义可以在目前使用的每一本热力学教科书中找到，即上帝在数十亿年前创造了物质宇宙，然后便任其自生自灭。这种观点应该85 被视为热力学的有用的假设，而不是信仰的宣示。如果说由此我们可以得出一些结论,那么从这些结论中我们看不出有什么逻辑上的退路——因为它存在令人难以置信的缺陷。作为科学家,我根本不相信事物目前的有序性始于一声爆炸。从非科学的方面说,我同样不愿意接受神性中所隐含的这种不连续性。但我提不出能够避开这种僵局的建议。

我们转到时间的另一端。有一种思想流派认为,世界正在败坏下去的想法很令人讨厌。这一流派被各种宇宙重生(凤凰涅槃)的理论所吸引。恒星逐渐冷却直至消亡。那么两颗已死的恒星会不会通过碰撞将能量转化为炽热的蒸汽,使新的太阳与行星和生命一起诞生?这种在上个世纪非常流行的学说现在已不再为天文学家认真考虑。有证据表明,至少目前的恒星是一个渐进演化过程的产物,这一过程席卷原始物质并使其聚集,恒星并不是通过彼此间没有任何时间关联的偶然碰撞形成的。但凤凰涅槃的情结依然活跃。我们相信,物质正在逐渐变坏,其能量在辐射中被释放。空间中就没有什么逆过程将辐射收集起来演变成电子和质子,并重新开始演化出恒星吗?这纯属猜测,对其真实性没有什么太多的话要说。但我想温和地批评一下那种希望它是真的论调。无论我们如何消除掉大自然的这种微不足道的挥霍,我们都不能借助于这些理论来阻止世界因为有序性的丧失和随机性的增加而带来 86 的不可逆转的演化。无论是谁,只要他希望宇宙在活动中无限期地持续下去,他都必然会对热力学第二定律进行讨伐。物质是否有可能从辐射中再生并不重要,我们可以某种冷静的态度等待结论。

目前我们看到,对热力学第二定律的任何攻击都没有可能获得成功。我承认，我个人并没有强烈愿望希望宇宙能够成功避免走向热寂。我没有凤凰涅槃的情结。这是一个缺少科学界声音的话题，个人所言都只能是偏见。但由于关于物质世界无限循环的偏见经常发声，因此我也就时不时发出一些反对的声音。相比于宇宙的目的被不断的重复所打断的想法来，我更满意于这样的观点：宇宙应当去实现某种伟大的进化设计，去实现能够实现的任何可能，最后回到混沌不变的状态。我是一个进化论者，不是一个循环论者。一次又一次地做同一件事似乎很愚蠢。

第五章 “转变”

1 熵与“转变”之间的联系

87

当你对自己说:“我每天都变得越来越好”,科学会粗鲁地回答道:

“我看不出这个迹象。我看到你像一条四维蠕虫一样在时空中伸展。尽管严格说来善不在我的范围内,但我会同意你的一个结局会比其他人的好。但你成长得越来越好还是越来越糟取决于我以什么方式支持你。在你的意识中有一种成长或‘转变’(becoming)的想法,如果它不是虚幻的,那么就是你给它贴了‘这一面向上’的标签。我搜遍物理世界也没找到这样的标签,所以我非常怀疑这个标签在现实世界中是否存在。”

这便是基本定律所包含的科学回答。下面考虑二级定律,回答稍做了修改,但它仍然谈不上优雅:

“在研究所谓熵的特性的过程中,我又考虑了这个问题。我发现物理世界标有箭头,可能是为了表示应将什么方向当作向上的方向。有了这个方向,我发现你确实成长得更好。或者确切地说,你的好的结局是最大熵的世界的一部分,而你的坏的结局则是最小熵的世界的一部分。为什么这种安排就一定比你邻居的安排——他有另一种好的和坏的结局的安排——更可信,我说不上来。”

这里出现了一个问题,就是物理学的符号世界与我们熟悉的经验世界之间的联系。正如在本书引言中所解释的那样,即使经过严格的物理学研究,这个二者间联系的问题仍然存在。我们目前的问题是如何理解熵与“成长”(或“转变”)之间联系的问题。熵为符号世界提供了时间的方向,成长或转变的经历则为我们提供了熟悉世界里时间方向的解释。我们已经在上一章里详尽说明了前者是后者唯一的科学对应物。

但是,在处理熵的变化时(这里熵是我们头脑中所熟悉的时间流逝概念在符号世界里的等价物),我们遇到了双重困难。首先,这个符号似乎有一种不恰当的性质;它有复杂的数学结构,而我们认为像“转变”这样的基本概念应当是基本到无需定义的概念才对——物理学里的ABC。其次,符号似乎并不是十分需要的东西;我们要的是意义,它几乎无法用我们习惯的测量符号——对外部大自然的动态性质的识别方法——来传达。仅仅通过认识到其一端比另一端更随机并不能让我们不“把意识带入世界”。我们必须将“转变”的真正意义带给世界,而不是一种人为的符号替代品。

熵变到“转变”的联系所呈现出的特点不同于科学世界与日常世界平行看待时所遇到的所有其他问题。对于通常的联系,我们不妨用平常熟悉的概念“颜色”与其科学上的等价概念“电磁波长”来作为例子。这里,物理学的基本原因与其引起的心理感受之间的相似性没有任何问题。我们对颜色的对应符号的唯一要求就是它有能力扣动(符号)神经的扳机。生理学家可以追溯神经活动机制直到大脑;但最终总存在一个没人能填补的缝隙。从符号运用上说,我们能够将物理世界的影响一直追踪到心灵之门,但它叩响门铃后便离开了。 89

但是,“转变”与熵变之间的联系并不能按同样的方式来理解。世界的随机因素的变化在神经末梢上给一个脉冲,然后就让大脑自己去创建一个图景以响应这个刺激,这种像放电影一样的构想显然是不充分的。除非我们一直完全误读了外在于我们的世界的意义——用演化和进步的观点而不是静态延伸的观点来解释它——否则我们就必须把对“转变”的感觉(至少在某些方面)当作心灵对决定它的物理条件的真正洞察。有一点是千真万确的,那就是无论我们处理的是“转变”的经验,还是对光、声音、气味等的感官体验,总存在某个点,我们在此不再能看见物理实体,它们改头换面上升到我们的精神层面出现。但如果说有什么经验使得这种神秘的心理认同能够被理解为洞察力而不是想象建构,那么这种经验也应该是“转变”的经验,因为在这种情形下,复杂的神经机制已不再起作用。在意识感到逝去的那一瞬间所读到的东西恰好处在意识的门外。然而,即使我们有理由将我们对色彩的生动印象视为洞察力,这种能力也无法洞察电磁波,因为这些印象只停留在视网膜处,离意识还很远。

恐怕一般读者会对这种冗长烧脑的讨论感到不耐烦了,我本打算通过这种讨论来阐明关于外部世界的动力学性质。“绕来绕去烦不烦人?为什么不干脆点,直接假设‘转变’是一种从根本上包含大自然结构的单行道?大脑就是认知这条单行道的主体(正 90

像它也是认识物理世界的其他特性的主体一样），并将它理解成时间的进程——一种对其实际本质的相当正确的判断。由于这种单向性，随机因素将沿事物的发展方向不断增加，从而为物理学家确定事物发展方向提供了方便的实验判据。但正是事物，而非事物发展的特定结果，直接构成了'转变'在物理上的对应物。要找出这一假设的严格证明可能比较困难，但不管怎么说，我们对这种仅依靠合理性就成立的假设还是感到满意的。"

这其实就是我想提倡的一种想法。但"普通读者"可能不认同这一点：不论物理学家是否认可，我们都必须面对这样一种微妙的局面，就是承认科学方法和物理学定律的基础是有局限性的。提出一项合理的假设来解释观测到的现象是一回事，而提出一项假设用以赋予外部世界以重大的或目的性的意义，不论我们的意识对坚持这种意义的意愿是否强烈，则是另一回事。从科学研究的角度看，我们只能认识到随机因素从世界的随机性最小的一端到最大的一端的渐进式变化。这本身并不能给出对任何一种动力学意义加以怀疑的理由。这里提倡的观点等于承认：通过隐秘之门向外看的意识，能够通过直接洞察世界的基本特征来认识世界，而这种认识是物理测量无法揭示的。

91

对于任何试图在属于我们精神层面的经验与我们的物理本性之间架起一座桥梁的尝试，时间都占据十分重要的位置。我已经提到时间进入我们意识的两种途径——通过感官，它将意识与物质世界的其他实体联系在一起；直接通过隐秘的心灵之门进入。物理学家的研究方法依赖于精密仪器，仪器提高了我们的感官灵敏度，因此很自然，物理学家不会去窥视隐秘之门，因为这扇门允许各种形式的迷信幻想都可以不受限制地进入。但他准备好了放弃这样的时间持续的知识——这种知识正是通过这扇门进入到我们的意识，满足于仅凭那种已被各种动力学性质弄得非常孱弱的感官印象所推断的时间吗？

毫无疑问，有些人会回答说他们知足了。对这些人，我要说——那么请通过逆转时间的动力学性质（既然它在自然界中没有意义，你可以随便做）来展示你的虔诚的信念，哪怕仅仅通过一点变化，给我们一个随机性从大到小的自发转变的宇宙图景也好，其中每一步都呈现出必然战胜偶然的渐变式胜利。如果你是一位生物学家，请给我们讲讲大自然在时间的进程中是如何实现从人和其他无数的原始生命形式演化到结构简单的阿米巴虫的。如果你是天文学家，就请告诉我们光波是如何从深空中奔驰而来，并聚焦到恒星表面的；复杂的太阳系是如何展开成分布均匀的星云的。这就是你希望取代《创世记》第一章的美好前景吗？如果你真的相信反进化论与进化论一样是真实的而且有意义，那么能够反驳目前教授的完全是一边倒的知识的，无疑正是时间。 92

2 外部世界的动力学性质

但就我们对时间的动力学性质的难以捉摸的信念而言，我们也可能会认为：“转变”纯粹是主观的——外部世界并不存在如闵可夫斯基所描绘的在时间维度上被动扩散的“转变”。对于不同视角看到的外部世界所形成的感官印象，我的意识自己创造出一套排序。这个外部世界被四维蠕虫占据着，这种四维蠕虫就是以某种神秘方式显现的“我自己”。通过将各感官对某个具体事物所得到的印象集中起来，我便得到了对“正在发生”的外部事件的相应的知觉。我想这足以解释所观察到的现象。有人反对这种解释，其理由是它使外部世界不带有任何内在的动力学性质。

认识到这一点是有益的：我们最基本的推理能力默认存在这种动力学性质或趋势。根除这一假定将使我们的推理能力陷于瘫痪。就洗牌而言，这一点似乎是不言自明的：牌必然在洗过**以后**更加紊乱。你能设想大自然如果也是如此就显然不是真的了吗？但 93 我们这里所说的“以后”是指什么呢？就结论的公理特征（不是对它的实验验证）而言，我们不能说这个“以后”是由意识做出的判断；它的自明性不受任何猜测（意识的行为）的约束。那么我们是否可以认为这个“以后”是由时间之箭的物理判据——相应于更大比例的随机因素——来判断的呢？这有点像同义反复——当随机性更多时牌更凌乱。我们过去并不认为这就是同义反复；我们在不知不觉中就将时空中从过去到未来的明确的趋势接受为我们思考问题的基础。洗牌正是这种时空中的一项操作。

问题的关键在于，虽然理牌所描述的变化与洗牌所描述的变化完全相反，但我们不能想象理牌的原因也正好与洗牌的原因相反。因此，将洗牌倒变为理牌所伴随的时间转向不会使它们的原因发生相应的转变。洗牌可以不需要理由，但理牌就只能是出于心灵或本能的天性。我们不能相信，将我们与无机物区分开的仅仅是时间的方向。洗牌与理牌（仅就配置的变化而言）的关系好比加法与减法的关系。但要说洗牌的原因与理牌的原因之间的关系也同此，那就好比说物质活动与意识活动的关系也可以用加减法的关系来比拟一样，这肯定是胡说。因此如果我们从未来到过去地看世界，就相当于洗牌和理牌的互换，但它们的原因则不能互换，这里理性的链条已经断开。为了恢复自洽性，我们必须假定，通过这种方向的转变，有些东西已经发生逆转，即前述的世界发展的趋势发生了反转。“转变”已经变成了“不转变”。如果我们愿意，我们现在要解释的不是事情“变得不混乱”，而是事情“不变得混乱”——就是说，如果我们想在这方面进一步追问，我们要讨论的不是原因而是“无因”。但是，如果我们不拘泥于辞藻的话，那么我们的意思显然是：“转变”给了世界一个结构，将它反向是非法的。 94

3 “转变”的客观性

总的来说，我们将熟悉的世界看成是主观的，将科学的世界看成是客观的。还是举前述的平行概念的例子，即我们熟悉世界里的颜色与科学世界里的对应概念电磁波波长。这里，我们毫不犹豫地将波看成是客观的，而将颜色看成是主观的。电磁波是实在——或者说是离我们最近的能够描述的实在。而颜色仅仅是心理活动的产物。在波的刺激下，涌入我们意识的美丽色调与客观实在并无关系。对于色盲的人来说，色调是不同的；虽然视觉正常的普通人辨别颜色的能力是相同的，但我们不能确定他们对红、蓝等的意识是否与我们自己一样。此外，我们还认识到，那些没有视觉效果的、其波长更长和更短的电磁波与可见光一样是真实的。在这个例子和其他例子里，我们都能找出这种科学世界的客观性和熟悉世界的主观性。

但在熵的梯度与“转变”之间的平行关系里，主观性和客观性 95 似乎都指向了错误的一面。当然，“转变”是实在的——或者说是离我们最近的能够描述的实在。我们相信，动力学特征必定归因于外部世界，至于心理印象，我没看出“转变”的本质与它呈现在我们面前的有多大的不同。另一方面，坦率地说，熵比大多数普通的物理性质要显得主观得多。熵是一种对安排和有序性的评估，其主观性与我们对猎户座的认识的主观性具有同样的意义。排列的是客观的，组成星座的星星也是客观的，但由此产生的联想则是致力于观察的心灵的贡献。如果颜色是心灵的活动，那么熵也是心灵的活动——统计学家的心灵活动。它与棒球的击球率一样都具有客观性。

虽然物理学家通常会说，构成这张熟悉的桌子的物质*其实*是空间的曲率，它的颜色*其实*是电磁波长，但我不认为他会说我们熟悉的时间推移*其实*是熵的梯度。我随便举了几个例子，它们都揭示出这样一点：我们对最后这个平行关系的态度与此前的有明显的不同。既然我们确信这两件事情之间有联系，那么我们必然断定：在熵这个概念的背后一定还有我们没搞清的东西——如果你愿意，你可以称其为神秘的解释——这些东西在我们向物理学引入熵时没有明显反映在其定义里。总之，我们要努力看清熵的梯度是否真的可能是时间的推移(而不是相反)。

在继续讨论之前，我要指出，主观性和客观性明显处在其错误世界里的这种反常表现，为思考提供了食粮。它可能为我们准备 96 了一种在后面章节里要用到的科学世界观。这种世界观比科学通常所持的世界观更主观。

我们对熵与“转变”的关系研究得越深入,出现的障碍就越大。如果熵是物理学里一种不可定义的基本量,那反倒没有困难了。或者,如果时间的推移只是我们通过感官感觉到的东西,也不会有困难。但我们必须面对的是这二者的实际结合,这种结合所带来的困难似乎很独特。

假设我们必须在“转变”与电势梯度而不是熵变之间画等号。我们通过电压表读数获知电势。数值读数代表世界状态里的某种东西,但我们对这种东西是什么形成不了任何图像。在科学研究中,我们只利用数值——贴附于所有概念之外的背景的代码编号。如果我们能将这种神秘的电势与所熟悉的概念联系起来,那将是非常有趣的。显然,如果我们能够将这种电势变化与所熟悉的时间推移等同起来,那么我们在把握其内在本质的道路上将迈出一大步。但是要想从假设转到事实,我们必须将电势梯度与力等同起来。现在,我们确实有一种熟悉的力的概念——肌肉紧张的感觉。但这并没有给我们任何关于电势梯度的内在本质的概念;这种感觉仅仅是神经冲动引起的心智活动。这种神经冲动从施力点发出要走过很长的距离才能传导到大脑。这就是所有物理实体通过感官来影响心智的方式。从中干预的神经机制可以阻止意识想象与物理原因之间的密切联系,尽管在这种心理洞察力有机会直接起作用时我们有信心予以充分信任。 97

或者假设我们不得不在力与熵的梯度之间画等号。但这只是意味着熵的梯度是刺激神经的一个条件,神经随即发送一个脉冲给大脑,然后大脑便由此编织出它自己特有的对力的印象。没有人会本能地反对这样的假设:肌肉对力的感觉是与肌肉分子的组织变化有关的。

我们的问题是,我们必须将我们多少都了解一点的两件事情联系起来,而且据我们目前对它们的了解,它们是完全不同的。装作我们对外部世界的有序性一无所知,就像装作对电势的内在本质一无所知一样,是荒谬的。同样,假装我们对外部世界的“转变”没有任何合理的观念也是荒谬的。时间的动力学性质——使从过去到未来的发展合理化,使从未来到过去的发展显得荒唐的因果意义——必然远不止扣动触发神经的扳机那么简单。时间推移的概念是如此深入地融入我们的意识中,以至于成为一种意识状态。我们具有直接洞察“转变”的能力,这种能力将所有的符号知识扫到一边。如果说我能把握存在的概念是因为我自己存在,那么我能把握转变的概念正是因为我自己在转变。这里存在和转变的全都是内在的“自我”。

用世界的微观组分的排列性质来表征这种基本直觉显然是不合适的。这种困难预示着什么还不清楚。但这与变化的特定取向不相关。我们可以借助于关于基本定律和二级定律问题的可靠的科学观点来看清楚这种变化。我认为,基本定律的不可动摇的决定论性质仍受到广泛认可,但不再是无可置疑。现在看来很清楚,我们还没有掌握任何基本定律——所有这些在一段时间内被认为是基本的定律实际上都是统计性的。这些定律可以说无疑都只是预期成立的。在我们能够建立起最终的基础之前,我们必须有长期探索的准备,不因新发现揭示了未曾预料的深层次基本性质而感到失望。但有人可能会说,我们发现大自然一直在使用不公正的手段来阻止我们发现基本定律，这种伎俩与挫败我们努力发现相对于以太速度时所采用的伎俩如出一辙。[①]我相信大自然内心是诚实的，她只是在我们寻找原本就不存在的东西时才诉诸这些明显的隐匿手段。除了思考的必要性，现在还很难看出我们有什么理由非要抱着根深蒂固的信念去重建决定论的法则体系。近年来人们的思考已经习惯于在不设众多“必然性”的条件下去进行。

如果说，在当前量子理论迫使我们重建物理学大厦的过程中，二级定律成为基础而基本定律被抛弃，我们不应感到惊讶。在重建世界的过程中，没有什么是不可能的，虽然许多事情的可能性不大。有些事，虽然效果大致相同，但所采用的机制完全不同。对这个问题我们还将作进一步讨论，但在这里我就不做展开了。可以这么说，熵，作为与二级定律相关联而引入的物理量，现在将凭其自身本性而不是作为对已遗弃理论中的各种量的排序的表示来表明其存在。在这种方式下，它作为世界的动力学性质的符号可能更容易被接受。我不可能把我的意思说得更透彻了，因为我所说的仍然只是一个没人能实现的假设性的观念。

99

4 我们对时间的双重认识

让我们惊奇的另一个蹊跷是物理学里时间与时间方向的分野。来自另一个世界的人如果希望了解这个世界上两个事件之间的时间关系，就必须读取两个不同的指标。为了搞清一个事件比

① 见后面第十章有关不确定性原理的论述。

另一个事件时间上迟多少，他必须去看时钟；而要知道哪一个事件后发生，他必须去看测量能量混乱程度的某种安排（如温度计）。[①] 我们还记得，最好的时钟是那些所有像摩擦这样的带来能量混乱的过程都被尽可能地消除干净了的计时仪器。这里劳动分工特别重要。作为测量时间的仪器越完善，它隐藏时间方向的能力也就越完备。

100 这个悖论似乎可用我们在第三章给出的时间取道两条途径进入我们的意识这个事实来解释。我们的大脑就像一个身处密室的编辑，它通过神经系统接收来自外面世界的零碎信息，然后用一大套编辑手段将它们编辑成一个故事。像其他物理量一样，时间是以外部世界里两个事件之间的一种特定的可测量的关系引入的，但是这种引入并没有带进来方向性。除此之外，我们的编辑自身在其意识中也经历了一段时间——沿着它自己的世界线给出的时间关系。这种体验是即时的，并非源自外部信息，但这个编辑意识到，它所经历的相当于信息中所描述时间。现在意识宣布，这个私人时间拥有一个箭头，并给出如何在讯息中进一步搜索丢失箭头的提示。奇怪的是，虽然这个箭头最终从外部输入的信息中找到，但它不是从时钟给出的信息中找到的，而是从像温度计这样的平常不是专门用来测量时间的仪器中找到的。

---

① 为了从另一个世界的角度进行严格检测，他必须不假定钟面上的数字标记一定要顺时针排列；他还不能假定他的意识过程与我们这个世界的时间流动有任何关联。因此，对两个事件，他只有两个表盘读数而不知道其差值是应该记作正的还是负的。如果我们用温度计来测量冷、热两个物体，将测温看作是一个事件。在两个物体接触前测得一个温差，接触后又测得一个温差。那么立刻可知，温差较小的事件是后发生的事件。

意识,除了检测时间方向外,还能够大致衡量时间的推移。它具备时间测量的正确想法,但执行起来有点吃力。我们的意识设法与物质世界保持密切联系,我们必须假设它对时间飞逝的记录是对大脑物质中某种时钟的读取,尽管这个时钟可能是个很不靠谱的计时器。以前我一般都在心里将这一联系类比为设计用来精确计时的物理时钟;但现在我倾向于认为将它类比为一个熵钟更合适,即一种主要用于测量能量的混乱速率的装置,它只能与时间保持大致的同步。 101

一个典型的熵钟可以设计成这样:由两种不同的金属条两端搭接组成电路,然后两端接触点分别嵌入冷、热两个物体保持接触。电路串联一个电流计即构成熵钟,电流计表盘即钟面。电路中的热电电流大小与两端的温差成正比。因此,随着过程持续,电流不断地将温差电势能转变成无序的热能,两端的温差将减小,电流计读数逐渐降低。这种钟能准确无误地告诉另一个世界的观察者两个事件的前后顺序。我们已经看到,寻常的时钟都做不到这一点。至于其计时性能,我们只能说,电流计指针的运动与时间节律存在某种联系,这种时间节律很大程度上也许可以说就是意识的计时特性。

因此在我看来,能够保持时间方向性并具有颇为怪诞的时间测量思想的意识或许就是受到大脑的某种熵钟的引导。这就避免了一种不自然的假设,即我们得分别求助于两种不同的脑细胞物质来分别形成我们的时间持续观念和人生成长观念。在这两方面,熵梯度都直接等效于意识时间。而由物理时钟测量的时间间隔(类时间隔)则仅是一种非常间接的联系。

让我们通过归纳我们现在所取得的立场来理清我们对时间的看法。首先,物理时间是四维世界的一种分区系统(世界时)。这些时间的划分都是人为的和相对的,与意识时间所指示的事物不存在任何对应关系。其次,我们在相对论中认识到一种叫作时间关系的概念,它与空间关系有着绝对明确的区别。这种区别的一项结果是依附于肉体的心智只能穿越时间关系;因此,尽管没有更密切的联系,但至少心智的状态序列与时间序列点之间存在一一对应的关系。由于心智将其自身的序列解释为意识时间,因此我们至少可以说,物理中的时间关系与意识的时间关系有联系。而对于空间关系,意识就不具有这种相应关系。我怀疑这种联系是否更近。我不认为心理序列是对物理上的时间关系的“读出”,因为物理学的时间关系是没有方向的。我认为它是对物理上的熵梯度的读出,因为这个熵梯度有必要的方向性。时间关系和熵梯度,虽然二者在物理上都具有严格的定义,但二者是完全不同的,而且一般也不存在数值上的相关性。但是,除了计时仪器之外,其他东西当然也可以用作“计时”,并且没有理由认为大脑中某个特殊部位的随机因素的产生为什么不应该是十分均匀的。在这种情况下,意识时间的流逝速率和物理世界中相应的时间关系的步长不会有太大的差异。

5 来自微观分析的科学反应

我认为,从科学哲学的角度看,与熵有关的概念必定会被列为19世纪对科学思想的一项伟大贡献。它标志着对下述观点的反动:科学所关注的一切都是通过对物体的微观分析发现的。它提供了另一种立场,从这种立场出发,研究兴趣的中心从通常分析(原子、电位等)所达到的实体转移到系统所拥有的整体性质上,这个整体不能被拆解,也不能局域化——这里有一点,那里有一点。艺术家想要表达的意义就不可能通过微观细节的分析来实现,因此他求助于印象派绘画来表达。奇怪的是,物理学家也发现同样有此必要,但他诉诸的是精密科学,甚至应用上比他的微观分析方法更实用。

因此,在研究落下的石头时,微观分析方法揭示了无数独立的分子。石头的能量被分布到各分子之间,这些分子的能量之和构成了石头的能量。但我们无法将这种方法运用到运动的有序性和随机因素上。说多大比例的有序性落到了某个特定分子上是毫无意义的。

有一种理想的调查方法,它轮流检查每一个空间微元,看看其中都可能包含什么,以便将它们编制成一个完整的世界资源目录清单。但这种做法无法检测出那种不局限于空间微元的自然属性。我们经常认为,当我们完成了对“一”的研究,我们便知道了“二”的一切,因为“二”等于“一加一”。我们忘记了仍然需要研究“+”。二级物理就是对这个“+”的研究,即对“组织性”的研究。 104

要感谢上世纪卓有远见的先驱们,科学方才意识到,仅按照物理学基本理论的编目方法去研究,将会遗漏掉一些实际应用中重要的东西。由此熵的概念开始被接受,虽然我们在任何空间微元里都找不到它的影子。人们发现并推崇熵,是因为它是物理学获得实际应用的基本要素,而不是出于满足哲学上的需要。科学借助于这个概念已经从一种致命的狭隘中解脱出来。如果我们完全遵循库存编目的方法,那将没有什么能够代表物理世界里“转变”的概念。在对高和低的状态进行研究之后,科学无疑会给出这样的报告:“转变”是一种未曾发现的精神表象——如同美、生命和灵魂一样,都是无法进行编目的事物。

我认为,人们或许会质疑,这个新概念是否严格符合科学性。熵不属于科学上公认的那一类物理量,其广延性——正如我们将要看到的——指向一个非常危险的方向。一旦你接受了排列属性属于物理学的范畴,就很难再划清界线。但是在发现熵是对排列中的随机因素的一种量度之前,这个概念已经在物理学中占据了稳固的地位。工程师们非常喜欢这个概念。他们的支持便是对其良好属性的最好证明,因为在当时人们通常认为“创造”是工程师的工作(而不是像时下所认为的那样,是数学家的工作)。

105 假设我们需要将下述概念分成两类:

距离、**质量**、**电性力**、**熵**、**美**、**旋律**。

我认为我们有很强的理由将熵与美和旋律归为一类,而不是与前三种概念做一类。熵只有在将各部分联系起来看待时才能显现出来,就像美和旋律只有在视觉和听觉各要素联成一个整体后才能被感知一样。所有这三者都具有排列的属性。一种富有成果的想法是,这个三者联合体中的一个应可以作为一个普适的科学量。但为什么是这个陌生量能够顺利进入物理世界的原住民行列,其理由是它能够读懂它们的语言,即算术语言。它有与其相关的测量值,因此在物理学里如鱼得水。而美和旋律就没有这种算术口令,因此被拒之门外。这告诉我们,精密科学所寻求的不是某个特定类别的实体，而是具有度量属性的实体。在后面的章节中我们将看到，当科学接纳对象时，它真正接纳的只是它们的度量属性。也只有这种度量性质才能在科学中占有一席之地。对于美，比如说，捏造一些数字属性（例如表示成对称的理想比例）就想以此获得科学领地的入场券，并在科学领域进行一场美学上的讨伐，是不顶用的。我们会发现，这种数值特征会得到科学的正式采纳，但其美学意义则被挡在门外。所以熵得到认可的也是其数值方面。如果它有某种以故意（而非偶然）的方式触及我们意识的更深层次的意义，就像我们隐约怀疑的那样，那么这种意义也必然会被挡在门外。这种境遇并不比质量、距离等概念遇到的更糟糕，后者 106 肯定也具有纯粹数量之外的其他意义。即使真是这样的话，那么这种意义在这些概念纳入科学理论时也将失去。

你可能认为，我坚持“熵是世界的微观可分析对象目录之外的概念”的主张是一种咬文嚼字。如果你将所有的个体排列在你面前，他们之间的关联、排列和组织性就会自动呈现在你面前。如果这些是星星，那么你就有了星座。但是如果你有了星星，你也可以不将它们当作星座认真对待。很久以来，星座不被重视已成为科学看待问题的常规视角，而且与其唯物主义倾向密切相关，直到熵的星座成为孤独的例外。当我们将一幅油画分析成大量的颜料颗粒后，这幅油画便失去了其美学意义。我们将颜料颗粒列入科学目录，并声称这幅画中的一切都得以保存。但这种保存事物的方式可能和失去它没两样。画（区别于颜料）的本质是它的有序性。那这种有序性是保存下来了还是丢失了呢？目前的答案似乎不一致。就有序性代表一幅画这点而言，是丢失了，科学处理的是颜料而不是画。就有序性代表一种组织方式这一点而言,它是保留下来了,科学与有序性有很大关系。我们为什么要(现在以哲学家而不是科学家的立场说话)对有序性的这两个方面做出区分呢?这是因为画对科学家来说是无用的——他不可能对它做进一步处理。作为公正的法官,我们有责任指出,同样,熵对于艺术家也是无用的——他无法通过它来表达他要表达的东西。

107 我还想指出一点,在外部世界里,存在这样的客观实体,它们以有别于作为科学分析对象的无数颗粒的画的形式存在。我怀疑这句话是否有意义,即使这句话说得对,那样就能明显增强我对这幅画的尊敬吗?其实我想说的是:我们的个性存在这样的一面,它驱使我们去关注大自然和人类工作中的美和其他的审美意义,从而使我们认识到,我们的环境远不是只有被科学所发现并进入科学目录的那些东西。一种压倒性的情感告诉我们,就我们存在的目的性而言,这种认识不仅是正确的,而且是不可或缺的。但它合理吗?理性如何才能将它与下述反常的虚假陈述——环境就是一堆各自起作用的原子、以太波等的集合——区别开来呢?如果倡导理性的物理学家采取这种态度,那么我们只需多向他提及"熵"这个词。

6 基本定律的不充分性

我敢说,我的许多物理学同事都愿意加入对我前面提出的熵是不同于微观分析对象的异类,但却是物理世界的核心概念等问题的讨论。他们会认为它是一种节省劳力的工具,有用但并非必不可少。以通常引入熵的概念来解决的实际问题为例，同样的结果我们也可以不(显性或隐性地)借助熵的概念，仅运用基本微观定律来求解物质的每个粒子或能量量子的运动方程来取得(只是较辛苦而已)。很好，那我们就来试一试。这里有这样一个问题：

一截粉笔被扔到讲台上，在那里断成两截。

你有了这两截粉笔中和桌子和与你有关的周围空气中每个分子的瞬时位置和速度，或如果你喜欢——每个质子和电子的瞬时位置和速度[①]。每个能量元的瞬时状态的详细信息也同时给定。借助于微观(基本)运动定律，你可以跟踪状态的每一个瞬间。你可以跟踪原子，看它如何在两截粉笔里漫无目的地运动，并逐渐形成一个合谋，于是这两团粒子开始作整体移动。两个团块在桌子上轻轻弹跳了一下并在桌子上滚动，它们聚到一起，并连成一体，然后整个粉笔优雅地上升到空中，划过一个抛物线，然后静止在我手指之间。我承认，你不需要熵或微观物理限定条件以外的任何东西就可以做到这一切。你已经给出了这个问题的解。但是，你真的把握住了这个解的意义？你从你的计算结果得出的东西是不是一个未发生的事件，这一点是不是根本不重要？你不必改动你到现在为止所陈述的每一个字，只是这里似乎需要一个附录，用来区分马斯基林先生的高超魔术与日常生活中不会发生的事件。

108

① 速度是相对于空间-时间坐标系而言的。你可以选取你喜欢的坐标系，选定后你便得到了相对于该坐标系的速度。(你可以任意选取坐标轴的方向——左、右、过去、未来等。)

物理学家会说，你所要求的这个附录与意义有关，而他对意义不感兴趣。他只关心他的计算是否与观察一致。他不可能告诉我109这种现象在发生与否的问题上的意义。但如果我们将一个时钟包含到这个过程里，那么他便可以在每个阶段都读到时钟的读数。要将有关意义的整个领域都从物理学中排除掉，我们可以有很多东西要讨论。反对将我们的计算结果与我们一无所知的神秘概念混淆在一起，这是一种健康的反应。我非常羡慕纯物理学家所具有的毫不动摇的地位。但如果他要将意义完全驱逐出他的研究范围，那么就得有人去从事发现原子、以太和电子等的物理世界是否有意义的工作。对我来说，不幸的是，我希望在这些讲座中我能够谈谈一个普通人在面对我们周围有其他观点竞争时该如何看待科学世界。我的一些听众可能对一个发明出来仅仅用作计算工具的世界不感兴趣。当永恒的问题——这些到底都是为了什么？——涌上心头时，难道我就告诉他们科学世界不考虑为什么的问题？我相信，我的物理学同事都希望我在这个问题上为科学界提出辩护。我已准备这样做，但我唯一坚持必须作为先决条件的是，我们应该解决好什么样的道路才是正确的。当求知途径还是颠倒的时候，就像前段所说的，我无法给物理世界赋予任何意义。正是出于这个考虑，因此我对熵感兴趣不仅是因为它能够简化计算（其他方法也能做到），更是因为它决定着方向，而这个方向是无法用其他方法给出的。

就像我经常重申的，科学世界是一个影子世界，是我们的意识所熟悉的世界的投影。那么我们期望它能反映到何种程度呢？我们并不期望它将我们头脑、情绪、记忆等方面的所有东西都反映出来,我们主要是希望它能将外部感觉器官能够跟踪的那些印象反映出来。但时间构造了一个二重入口,从而在内部和外部之间形成了一个中间环节。这部分是初级物理的科学世界(不包括时间箭头)的投影,但当我们将熵的概念包含进来后,这个世界便扩大到包括全部。因此,由于19世纪的重大变革,科学世界不再局限于静态的扩张,心灵围绕这一扩张可以尽情演绎活动和演化的浪漫;这种扩张反映的是那个熟悉世界的动力学性质,这些性质不可能在剥离时不对其意义构成灾难。

110

在整理我们经验的混乱数据时,通常都假设探索的目标是找出所有真实存在的客体。但还有另一种探索,它不太适合我们的经验的性质——找出所有真正的转变。

第六章　引力定律

你有时说到重力是物质的一种本质和内在的属性。请不要将这个概念归到我的名下。因为对于重力的原因是什么，我不能不懂装懂，因此我还需要花更多的时间来思考……

重力一定是由某个按照一定规律执行的动因引起的，但是这个动因是物质的还是非物质的，我得留给读者自己去考虑。

——牛顿，致本特利的信。

1　电梯里的人

111

大约在1915年，爱因斯坦将他的相对论做了进一步发展：扩展到非匀速运动。切入这个问题的最简单的方法就是考虑电梯里的人。

假设这个房间是一部电梯。支架断了，电梯直降，我们的速度在不断加快，自由下落。

让我们通过这个物理实验演示来经历时间。电梯就是我们的实验室，我们将从头开始，设法发现所有的自然定律——也就是说，从电梯里的人的角度来解释大自然。这在很大的程度上是对有关地面实验室发现的科学历史的重复。但二者间存在一个显著的差异。

我手里拿个苹果做落体实验。现在苹果不可能像以往实验中那样掉下去。你记住了，我们的电梯和它里面的一切都在自由地坠落。因此，苹果仍然在我手边。科学史上有一件事无法在眼下的电梯里重现，这就是牛顿和苹果树的故事。一个重大信念——引导星星做轨道运动的动因与导致苹果落地的动因是相同的——现在失效了，因为按照我们*在电梯里*习得的共同经验，苹果不下落。

我认为我们现在有充分的证据证明，在所有其他方面，电梯里所确定的科学定律，都与更正规条件下所确定的科学定律一致。要不是有这一点遗漏，电梯里的人将推导出我们所熟悉的所有自然法则，并用我们过去推导它们的相同形式将它们推导出来。唯有这个使苹果落地的力在新的方案里不见了。

我相信，电梯里的观察者怀有通常的以自我为中心的态度，即我面前所呈现的世界是其自然的一面。生活在下落电梯里人并不觉得他们的生活有什么奇怪，他们反倒认为生活在地球表面的人的行为很奇怪。因此，虽然他们也许已经计算过，对以这种奇特方式生活的人而言，苹果似乎有一种令人困惑的下落习惯，但他们不会认真看待我们从苹果运动方式上所吸取的经验，就如同我们不会认真看待他们的经验一样。

我们是否应该认真对待他们的经验呢？或者换句话说，下落电梯里的观察者所得到的自然定律体系与地面观察者得到的自然定律体系之间是否具有相对的重要性？一个就比另一个优越吗？显然，如果说存在差异的话，这种差异也是来自这样一个事实：各自的定律都是针对各自不同的时空参考系而言的。我们的参考系是一个地面静止的参考系；同样，他们的参考系是一个电梯静止的参考系，我们之前列举过观察者处于不同参考系的情形，但那些参考系彼此间相差的是一个均匀速度。而电梯的速度在不断加快——处在加速运动状态。我们能否将在与时-空参考系无关情形下得到的自然定律推广到加速参考系下，从而表明没有任何参考系比其他参考系优越？我想我们能够做到。唯一的疑问就是我们是否不应将电梯里的人所在的参考系看成是优越于——而不是仅仅等同于——我们通常的参考系。

113

当我们站在地面上时，地面的分子通过不断撞击我们的靴底来支撑我们。这种撞击力相当于 10 石[①]的重量。否则我们还不得沉入地缝。我们就是这样在受到不断的大力打击。现在，这种状况已经很少被视为一种对我们的自然环境做公正考察的理想条件。因此，我们在这种条件下形成的感官给出的是有偏见的世界观就不足为奇了。我们的身体被看作用来观察世界的科学仪器。当电流计被用作观察工具时，我们不愿意让任何人砸了它；同样，当我们的身体被用作了解科学知识的渠道时，我们也希望它最好免受冲击。当我们不再需要支撑时，我们就摆脱了这种冲击。

接下来让我们从悬崖上跃下，以便能在不受干扰情况下思考

① Stone，英制重量单位，1 石约等于 14 磅(6.35 千克)。——译者

自然。或者，如果你觉得这种让自己相信身体不是在往下落[1]的方式太过奇怪，那就让我们再次进入失控的电梯。这里不需要任何支撑。我们的身体、我们的电流计，所有的测量仪器都摆脱了撞击，它们的示数可以毫无疑虑地接收。下落电梯的空间和时间参考系对失重状态下的观察者来说是最自然的参考系；在这些有利情形下确定的自然定律至少应该不劣于其他参考系下所建立的自然定律。 114

我再做另一个实验。这次我拿两个苹果，分别在电梯的相对两端让它们下落。这时会发生什么？起初没什么反常，苹果在它们被释放处保持静止。接着我们走到电梯外一会儿再来看这个实验。这两个苹果被重力拉向地心。随着它们接近地心，它们的路径开始汇聚，它们将在地心碰面。现在我们再回到电梯里。在一阶近似下，苹果仍保持在电梯地板的上方，但现在我们注意到，它们彼此都在向对方漂移，（根据外部观察者的观察）在电梯穿过地心的一刹那它们彼此走到了一起。即使苹果（在电梯里）不落向地板，这种横向运动的行为仍然是个谜。电梯里的牛顿可能还发现，引导星星做轨道运动的动因与驱动苹果彼此靠拢的动因是一样的。

我来告诉你这一点。重力具有相对性和绝对性二重特性。给我们印象最深的是其相对性特性——相对于参考系的特性。除了我们常用的称量物重的特性外没有特殊的重要性。对于电梯里的

[1] 我可以告诉你（不用实验测试），跳下悬崖的人不久就会完全失去下落的意识，他只是注意到周围的物体以不断增大的速度在离他而去。

人来说，这项特性完全消失，因此在下面考虑引力的绝对特性时我115们不再考虑它。凡事总有绝对的一面，我们得设法给出它的一种适当的图像。由于我现在将要解释的原因，我们发现这种绝对性可以描绘成空间和时间的曲率。

2　重力的新图像

牛顿的重力图像是一种**牵引力**。它作用在其轨迹受到干扰的物体上。我想解释一下为什么这种图像必须被取代。我得再次提到有关牛顿和苹果树的著名事件。重力的经典概念就是基于牛顿对这件事情的解释，但现在是时候听听苹果的说法了。持有观察者通常认为的自我中心观的苹果认为自己处于静止状态；它低头往下看，看到地面的各种物体，包括牛顿，都在迎着它加速往上冲。它会发明某种神秘的动因或牵引力来解释它们的行为吗？不会。它指出，它们加速的原因是显而易见的。牛顿正受到他身下地面分子的冲击。这个冲击是绝对的——与参考系无关。如果有足够强大的放大镜，任何人都可以看到这些分子的工作并计数它们的冲击次数。根据牛顿自己的运动定律，这必然造成他加速，这正是苹果所观察到的。既然牛顿不得不假设一种神秘的无形力量将苹果拉下来，那么苹果也可以指出一种明显将牛顿向上推动的原因。

鉴于苹果的观点是如此难以反驳，我必须修改场景让牛顿也有一个公平的机会，因为我认为苹果正在利用一种太过偶然的优116势。我将牛顿置于地球重力消失的中心，这样他无须支撑（不受冲击）就可以保持静止。他抬头看见苹果正从地面落下。和以前一样，他将这种运动归因于神秘的牵引力，即他所称的重力。苹果向下看，看到牛顿正接近它，但是这次它不能再将牛顿的加速度归因于任何明显的冲击。它还得发明一种神秘的牵引力来作用于牛顿。

我们有两个参考系。其中一个是牛顿静止，苹果在加速；另一个是苹果静止，牛顿在加速。在这两种情况下，加速度都没有明显的原因，也没有物体受到外来冲击的扰动。双方的地位、条件都十分完美对称，我们没有理由偏爱其中一个参考系而不屑于另一个。我们必须想出一种对两个参考系都公平的干扰性机制。在这个不偏不倚的幽默里，牵引力的想法不适合，因为如果我们将它赋予苹果，这样便有利于牛顿所在的参考系；如果我们将它附着于牛顿，它便有利于苹果所在的参考系。[①]重力绝对性的本质不可能是作用在物体上的力，因为我们对受力的物体完全是不清楚的。我们必须另辟蹊径。

古人认为地球是平的。他们探索的那一小块土地可以在没有严重失真的平面地图上表示出来。当新的国家被发现时，人们很自然地认为它们可以添加到平面地图上。这种平面地图的一个熟悉的例子是墨卡托投影。你还记得吧，在这种地图上，格陵兰岛的 117

① 可能会有人反对说，因为这里讨论的现象显然与存在一个大质量物体（地球）有关，还因为牛顿的牵引力对相互作用的两个物体来说是对称的，而苹果的牵引力是不对称的（在苹果所在的地方为零，在对径点（直径上关于中心对称的两点的互称——译者）处则很强），因此牛顿的参考系显然较优。我们需要深入理论才能进一步解释为什么我们不把这种对称性看作是最重要的。在此我们只能说，对称性准则被证明不足以挑选出一个独特的参考系，也不能在各参考系之间画出一条清晰的分界线，告诉我们哪个合适哪个不合适。但不管怎么说，我们能够鉴别出某些参考系就是比别的参考系更对称，尽管这里用不着坚持声称对称的参考系就是“好的”，不对称的就是“坏的”。

大小被明显夸大到荒谬的地步。(在其他投影方向上也存在严重扭曲。)现在那些坚持平面地球理论的人必须假设,地图给出的是格陵兰岛的真实大小,显示在地图上的距离就是真正的距离。那么他们如何解释那个国家的旅行者的报告中所说的距离似乎比地图上“真实”的距离要短得多?我想,他们会发明一种理论,认为是住在格陵兰岛上的恶魔帮助了旅行者。当然,没有科学家会用这种粗俗的词汇,他会发明一种希腊-拉丁复音词来表示这种造成旅程大为缩短的神秘力量。但这只是伪装。假设现在格陵兰岛的居民已经发展了他们自己的地理学。他们发现,地球表面最重要的部分(格陵兰岛)可以在平面地图上没有严重扭曲的情况下表示出来。但当他们标示遥远的国家(如希腊)的大小时就不得不予以夸大,或者按他们的说法:有一个魔鬼活跃在希腊,它使得旅行的距离与平面地图上清楚标明的距离变得不同。恶魔从不在你身边,它总是纠缠其他人。现在我们明白了,真正的原因是地球是弯曲的,而恶魔的表观作用就是将弯曲的表面变成地图上的平面,从而歪曲了事物的简单性。

118 地球理论上所发生的事情也发生在时空世界的理论中。我们用静止在地球中心的观察者来代表一件在时空参考系中正在发生的事情,这个参考系是按照通常的传统原则构建的,即所谓的*平直*时空。他能够对他周围的事件做不走样的定位。静止的物体保持静止;匀速运动的物体仍保持匀速运动,除非受到像冲击这样的明显扰动;光走直线。他将这种平直参考系延伸到地球表面,在那里他遇到了苹果坠落的现象。这种新现象得用一种称之为*引力*的无形的动因或恶魔来解释。引力劝说苹果偏离正确的匀速运动状态。但是我们也可以从坠落的苹果或电梯里的人的参考系出发来看世界。在电梯参考系下，静止的物体保持静止；匀速运动的物体保持匀速运动。但是，正如我们已经看到的，甚至在电梯的角落，这种简单性也开始失效；而如果看得更远，譬如说延伸到地球中心，就必然要假定一个恶魔在为物体的上升（相对于电梯系）提供支持。只要我们从一个观察者变到另一个——从一个平直时空参考系变到另一个平直时空参考系，恶魔总会转换其活动场所，而且从不与我们的观察者共处一个地儿，总是走到另一边。问题的结症现在不是很显然了吗？这个恶魔的出现就是源于我们试图将弯曲的世界变成平直的世界。在将世界放到平直的时空参考系中来考察时，我们扭曲了它，使得各种现象不能以其最初的简单形态呈现。一旦承认世界的曲率，这种神秘的动因就消失了。爱因斯坦已经驱除了这个恶魔。

119

别以为这种概念上的初步转变就能够让我们得到对引力的**解释**。我们不是要寻求一个解释，而是要寻找一幅图像。这幅世界曲率的图像（尽管它可能很难想象）要比一个物体对另一个物体的牵引力这种既定观点更难琢磨。

3　新的引力定律

发现了一种新的引力图像，我们就需要一个新的引力定律。牛顿引力定律告诉了我们牵引力的大小，现在没有牵引力要考虑了。由于引力现象现在改用曲率来描述了，因此新定律谈的必然是关于曲率的概念。显然，它必定是一条关于如何支配和限定时空曲率的定律。

对于曲率，其实没有多少东西要说——没有多少一般特性。因此，当爱因斯坦觉得迫切需要谈到关于曲率的事情时，他几乎不经意间就一语中的。我的意思是，如果说只有一种限定条件或法则能够认为自己是合理的，那么在该法则通过观察检验后就已经被证明是正确的了。

一些人可能会觉得自己从来没有想过空间曲率这样的概念，更不用说时空了；而另一些人则可能觉得自己熟悉二维表面的弯曲，因此想象三维甚至四维的类似概念并不存在难以克服的困难。我宁愿认为前者最适合学习这些概念，因为他们至少可以避免被已有的偏见所误导。我前面谈到过一种“图像”，但那是一种必须用解析方法而不是用生动想象来描述的图像。我们关于曲率的普通概念得自曲面，即镶嵌于三维空间的二维流形。任意一点上的绝对曲率由一个称为球面曲率半径的量来量度。但时空是一个四维流形，它内嵌于高维流形，其维数与我们能够发现的新的扭曲方式一样多。实际上，一个四维流形在发现新的扭曲种类方面是非常巧妙的，除非能为它提供额外的 6 个维度，达到总共 10 个维度，否则它的发明是无穷尽的。此外，为了规定每个点上扭曲的形态和程度，我们需要对每个点进行 20 种不同的测量。这些测量称为曲率系数。其中有 10 个系数比另外 10 个系数更重要。

爱因斯坦的引力定律断言，在虚空空间内，10 个主曲率系数为零。

如果没有曲率，也就是说，如果所有的曲率系数都为零，就不会有引力。物体将做匀速直线运动。如果曲率不受限制，即如果所有的系数都具有不可预测的值，那么引力将可以任意操作，没有定律可言。物体将想怎么运动就怎么运动。爱因斯坦在这两种极端情形之间设定了一个条件：10 个系数为零，另 10 个系数任意取值。由此给出了一个包含受定律支配的万有引力的世界。这些系数自然被分为两组，每组 10 个，因此选择 10 个为零的系数并不困难。

对于外行人来说，这看起来可能很奇怪：一条精确的自然法则居然留有一些任意系数。但当我们要确定适用定律的具体问题时，我们必须保留一些东西。一条一般性法则涵盖了无数种具体 121 情形。不论是否存在一个还是多个引力体，真空空间里 10 个主系数处处为零。其他 10 个系数根据所讨论的具体情况而定。这也提醒我们，即使得到了爱因斯坦引力定律及其数学表达式，要将它应用到哪怕是最简单的实际问题上，都仍有很长的路要走。当然，到目前为止，很多读者想必都已仔细研究过这个数学公式，所以我们可以放心地认为它没错。这项工作完成后，我们就可以验证这条定律与观察结果是一致的。我们还发现，它在很高的近似程度上是与牛顿定律相一致的，因此检验爱因斯坦定律正确与否的主要证据与验证牛顿定律的证据是一样的。但有三项非常关键的天文学现象，二者给出的结果不同，而且其差异大到足以通过天文观察来判别。结果对所有这些现象，观测结果均支持爱因斯坦理论而否定了牛顿理论。[①]

---

① 其中一项检验——太阳和恒星的光谱线与地面光源的谱线相比存在红移——与其说是对爱因斯坦**理论**的检验，毋宁说是对他的这一**定律**的检验。

理论的预言是否与观察一致对于我们相信这个理论是至关重要的，除非对这种不一致能够提出合理的解释。因此爱因斯坦定律能够经受得住这些微妙的天文学现象的检验而牛顿定律则不能，是非常重要的。但是我们抛弃牛顿定律的主要原因并不是它在这些检验中所显示的精度不够，而是它不包含我们想知道的关于自然的信息。现在我们有了一个理想模型，而这个模型是牛顿不曾想到的。我们可以这样说：天文观测表明，在一定精度范围内，爱因斯坦定律和牛顿定律都是正确的。在确认（近似地）牛顿定律时，我们是在确认这样一个陈述，从一个特定的时空参考系去看会看到什么现象。我们没有理由给这个参考系附加任何根本的重要性。而在确认（近似地）爱因斯坦定律时，我们是在确认一个关于世界的绝对属性的陈述，这个属性对所有的时空参考系都是真实的。在那些试图获得现象背后的本质的人看来，爱因斯坦理论必然取代牛顿理论。他们从观测中提取的是一个具有物理意义的结果，而不是满足一种数学上的好奇心。爱因斯坦定律已经证明它是一种更好的近似，这一点增强了我们这样一种信念：探求绝对性是理解相对表象的最好方法。但即使这种方法不能很快获得成功，我们也几乎不可能回头了。

122

我不禁在想，牛顿本人看到这一点一定也会高兴：经过 200 年，“未发现真理的海洋”又翻滚到另一个阶段。我不认为他是在吹毛求疵，因为我们将不会不考虑已经积累下的，并且是他从未有机会考虑的知识就盲目地照搬他的公式。

我不打算在这里描述这三项检验，因为它们现在不仅众所周知，而且可以在众多的关于相对论的指南中找到。但我要提一下其中的引力对光的作用。光波在穿过如太阳这样的大质量天体时会有一个小角度偏转。这个额外的证据表明，牛顿的牵引力的引力图像是不充分的。你不可能通过牵引使波偏转，因此必定存在另一种能使它偏转的动因。 123

4　运动定律

现在我必须要求你让你的思想回到你的第一次接触力学的那种状态。那时你对真理的自然认知还没有被你的老师连根拔掉。你被教导的运动第一定律是：

“每个物体都保持其静止或匀速直线运动状态，除非它受到外力被迫改变这一状态。”

也许你以前认为，运动是一种自身耗尽力气的过程。自行车如果你不给它加力保持它前行就会停下来。老师正确地指出这是因为存在阻止自行车运动的阻力。他可能还会引用一个石头掠过冰面的例子，来说明当这些干扰力减小后运动会持续得久些。但即使是冰也有摩擦阻力。但老师为什么不做事做彻底完全去除阻力呢，因为他很容易将石头抛到空的空间中呀？不幸的是，如果是这样的话，石头的运动就不是匀速和直线的了——石头划过的是一条抛物线。如果你提出异议，那么老师会告诉你，这块石头是受到一种称为重力的看不见的力的作用被迫改变了它的匀速运动状态。我们如何知道存在这种无形的力？它为什么会存在？答案是：如果不存在这种力，抛物体就会做匀速直线运动。

老师不公平。他决心坚持他的匀速直线运动的想法。如果我

们向他指出，物体不会按照他的规则运动时，他或许会冷静地提出

124 了一种新的力量来解释偏差。我们可以修正一下他对他的运动第一定律的表达。他真正的意思是：

“每个物体都保持静止或匀速直线运动状态，除非它本来就不是这种状态。”

物质的摩擦作用和反作用是可以改变物体运动的看得见的、绝对的干扰。我对它们没有什么要说的。任何一个深入了解这种现象的人，不管他处在什么参考系，都能理解这种分子碰撞的作用。但是，当没有这些干扰时，整个过程就变得不确定了。我们无需特定的理由就可以将物体的运动分成两类：一类是由于被动的趋势，我们称其为惯性；另一类是受到了干扰力场的作用。我们可以提出这样一种意见：物体其实是想走直线的，但某种神秘的动因使它走者走着就走歪了。这种意见很形象，但不科学。它使一种性质变成了两种性质。这样我们不禁要问：为什么它们总是彼此成正比——为什么不同物体受到的引力正比于它们的惯性或质量？当我们承认所有的参考系都具有同等的地位时，这种分析便站不住脚了。相对于地面的观察者，抛出去的物体划过的是一道抛物线；而相对于电梯里的人，这个物体划过的是直线。我们的老师不太容易向电梯里的人解释清楚为什么他放手苹果后苹果会待在那里不动，说苹果实际上自身有一种自发向上的冲动，而这种冲动正好被隐形的牵引力完全抵消了，这种说法难有说服力。[①]

---

① 假如这位教师像个牧师一样去给电梯里的人传教，读者可以验证，这番话就是他要传授的道理。

爱因斯坦的运动定律不认可这种分析。他认为是因为存在特定的曲线的缘故。这些曲线可以无需借助任何参考系或分区系统 125 就定义在曲面上。这种曲线就是测地线，或称为从一点到另一点的最短路径。我们的弯曲时空的测地线为粒子运动提供了自然的轨道，如果它们不受干扰的话。

我们看到行星在椭圆轨道上绕太阳运行。稍作考虑即可证明，如果我们添上第四维（时间），那么在时间维上的连续移动就会将椭圆轨道拉成螺旋线。为什么行星采取这个螺旋轨道而不是走直线？这是因为它要沿着最短路径前行。在绕太阳运行的弯曲区域内的扭曲几何下，相同点之间的螺旋线要比其他任何线型都短。你看，我们的视角已经有了巨大变化。牛顿理论说行星倾向于直线运动，是太阳的引力把它们拉得偏离了直线。爱因斯坦则说，行星倾向于采取最短路径，**而且实际走的就是这种最短路径**。

这是一般的想法。为了准确，我必须做点相当细小的修正：行星取道**最长**路径。

你可能还记得，实物轨道上的点（一定以小于光速的速度运动）要么处于绝对的过去，要么处于绝对的未来；它们不处于绝对的“别处”。因此，四维下的路径长度是一种类时关系，必须用时间单位来测量。实际上，这种长度是物体所带的用以描述轨迹的时钟记录的秒数。[①]这可能与到同一终点但取道其他路径的时钟所 126

① 可能会有人反对说，你不可能让时钟沿着任意弯曲的路径行走而不受外力的影响（如分子撞击）。但这个困难完全类似于用直尺测量曲线长度时遇到的困难，而且也可以同样的方式克服。通常的“校正曲线”理论不仅适用于空间曲线轨迹，也适用于这些时间曲线的轨迹。

记录的时间不同。在第三章里我们考察过这样的两个人，他们的轨迹有相同的终点。其中一人就待在地球上的家里，另一个人乘高速飞船飞往宇宙的另一端然后返回。第一个人记录的时间是70年，第二个人记录的是1年。请注意，在地球上走着无干扰轨迹的这个人记录下的或度过的是最长的时间。而那个在外兜了一圈返回来的人的轨迹是完全无法估计的。其所花时间的减少是没有限制的，随着旅行者的速度接近光速，他所记录的时间也趋近于零。没有唯一的最短轨道，只有唯一的最长轨道。如果地球不按其实际轨道运行，而是以光速运行，那么地球无需时间就可以从1927年1月1日转到1928年1月1日。即在跟着运行的观察者或时钟的时间记录为零，虽然根据“皇家天文学家的时间”，转的这一圈还是会被看成是一年。地球不这样做，因为物质“工会”的规则规定，每一项工作都必须采取最长的时间来做。

因此，在计算天体轨道和类似的问题时，我们涉及两条定律。我们首先必须用爱因斯坦引力定律(即10个主曲率为零)来计算时空的弯曲形式，接下来用爱因斯坦的运动定律(即最长轨道定律)来计算行星如何通过这个弯曲的区域。到目前为止，这些过程都与用牛顿引力定律和牛顿运动定律进行的计算类似。但有一个127显著的补遗，它只适用于爱因斯坦定律：**爱因斯坦运动定律可以从他的引力定律推导出来**。对行星轨道的预测，虽然为方便起见被划分为两个阶段，但实际上只取决于一条定律。

我想用一般的方式告诉你，一条控制着真空空间曲率的定律是如何做到无需补充其他任何条件就能确定粒子轨道的。四维世界中的两个“粒子”如图5所示，即**你自己**和**我自己**。我们所处的不是真空空间，所以对于我们所处空间的曲率类型没有限制。事实上，我们不寻常的曲率使得我们有别于空的空间。可以这么说，我们是四维世界里的“山脊”，在所在的地方聚集成一个皱褶。用纯数学家的专业语言来描述，叫作“奇点”。这两个非空的脊是由真空空间连接而成的，后者必然与 10 个主系数所描述的曲率无关。现在，按我们日常的经验，如果一块布料上起了个褶子，那么其余部分也将很难展平。由此你会意识到，如果有了图 5 中的两道皱褶，那么要将它们用没有反常曲率的居间凹陷连接起来是不可能的。事实证明正是如此。如果世界上仅有这两道完全笔直的皱褶，那么它们是不可能由真空空间恰当地连接起来的，因此这种事情不可能孤立地发生。但是，如果它们有一定的弯曲彼此靠拢，那么连接区域就可以平滑地铺展并满足曲率定律。如果它们弯得太厉害，那么反常的起皱就将再现。引力定律是一个挑剔的裁缝，不能容忍在面料的主要区域出现皱纹（除了有限的可接受的形态外）。因此在缝制时接缝处都要求保持自然的挺括，不会造成皱褶。你我也都必须服从这一点，所以我们的轨道会弯向彼此。旁观者会这样评论道，这实际上就是对描述两个大质量物体相互吸引的定律的一种形象说明。

由此，我们得出了另一个但等价的关于地球螺旋轨道如何穿过四维世界的概念。安排两个脊（太阳轨道和地球的轨道）是有必要的，这样才能不包括世界真空部分的错误曲率。太阳为的脊明显是几乎笔直的轨道；但地球相对于太阳就只能是一个小脊，而且扭曲得厉害。

假设地球违抗裁缝的法则，坚持要取直线轨道。那么就会在

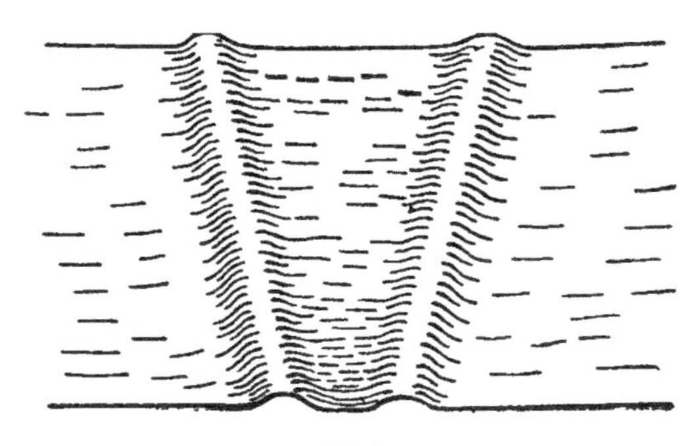

图 5

衣服上留下可怕的皱褶。由于皱褶与真空空间所遵循的定律不协调,因此在起皱的地方必然会出现某种东西。这种“东西”不一定是严格意义上的物质。凡是能占据空间,使得爱因斯坦定律中的空间不空的任何东西——质量(或其等效能量)、动量和压强(压力或张力)——都可以是这里所说的“东西”。在这种情况下,皱纹有可能对应于应力。这是完全合理的。如果仅剩独自一个,地球必然保持其适当弯曲的轨道,但如果在太阳和地球之间存在某种应力或压力,那么地球可能会取道另一轨迹。事实上,如果我们观察一个行星在做直线运动,那么牛顿和爱因斯坦都推断认为是存在的应力造成了这种行为。这里因果关系表观上被颠倒了。根据我们的理论,应力似乎是由于地球走错了轨道引起的,而我们通常认为是行星走着错误轨道,因为是它受到应力作用。但是这从足够普通的基础物理的角度看是个无害的疏忽。因果关系的判别依赖于时间的方向,只能用熵来解决。我们不必太在意在讨论基本定律时所引起的因果关系的暗示,因为这些定律(很可能)不考虑世界的颠倒。

虽然这里我们只谈了爱因斯坦广义相对论的入门知识，但我不必对这个主题做进一步非常专业的展开。本章的其余部分将致力于阐明更多的基本点。

4 加速度的相对性

本章讨论是建立在加速度的相对性这个基础上的。相对于普通的观察者，苹果具有 32 英尺每秒每秒[①]的加速度；但相对于电梯里的人来说，加速度是零。由此可见，加速与否取决于我们所采用的参考系，但我们不能给它贴上“真正的”或绝对加速度的标签。因此我们必须抛弃牛顿的将 32 英尺每秒每秒的加速度看作真实 130 加速度的观念。这个观念需要引入一种具有这种特殊力度的扰动动因。

我认为考虑最初由伦纳德提出的一种反对意见是有启发的。火车以每小时 60 英里的速度经过一个车站。由于速度是相对的，因此不管我们说是火车以每小时 60 英里的速度经过车站，还是车站以每小时 60 英里的速度经过火车，都没关系。现在假设，由于某个时刻铁路发生了事故，因此列车开行被迫停顿了几秒钟，于是速度有一个变化或者说产生了加速度——这个术语包括减速度。如果加速度也是相对的，就是说它可以描述列车的加速度(相对于车站)，也可以描述车站的加速度(相对于火车)，那么为什么受伤害的是火车上的人而不是车站的人呢？

① 即 9.8 米/秒^{2}的自由落体加速度。——译者

我的一个听众也向我提出了差不多同样的问题。“你一定觉得从剑桥和爱丁堡这段旅程很没劲。我可以理解这种疲劳,如果你去爱丁堡的话。但如果是爱丁堡来到你面前时,为什么你会感到疲劳呢?”答案是,这种疲劳是因为被关在车厢里颠簸了大约9小时造成的。在此期间到底是我去了爱丁堡还是爱丁堡来到我面前并无区别。运动不会让人疲倦。如果将地球看成是我们的汽车,那么这部车正以20英里每秒的速度绕着太阳旅行;太阳则以12英里每秒的速度带着我们在银河系里穿行;银河系则以250英里每秒的速度在涡旋星云中飞行……如果运动会带来疲劳,我们早就该累死了。

131 同样,运动的变化或加速度不会对人造成伤害,即使将它看成是绝对加速度(根据牛顿的观点)也是如此。当地球绕太阳旋转时,我们甚至没有感觉到运动的变化。当火车行驶在弯道上时,我们感觉到某种异样,但我们所感觉到的并不是运动的变化,也不是伴随着运动变化所带来的东西,而是火车的弯曲轨迹而不是地球的弯曲轨道。铁路事故致伤的原因很容易追查。有东西撞上了火车,也就是说,火车受到了一群分子的轰击,而且这种轰击沿着车厢一路传递到每一节。原因是显而易见的——这种作用具有整体性、物质性和绝对性——每个人都知道,无论他处在什么参考系:原因出在火车上而不是车站上。除了造成乘客受伤,这个原因还造成了火车与车站之间的相对加速度——一种也可以看成是由车站分子轰击产生的效应,虽然在此情形下并非如此。

爱批评的读者可能仍会坚持他的反对意见。“你说对火车的分子轰击能引起车站的加速,这不是狡辩吗?你咋不说地球和宇宙其余部分的加速呢？平心而论，相对加速度是两个端点之间的关系，我们可能从一开始有一个选择，我们该把握它哪一端。但在上述情形下，因果关系（分子轰击）清楚地表明，我们选择的是正确的一端。当你坚持你有自由去选择另一端时，你只是在狡辩而已。”

如果说选择关系错误的一端就是狡辩的话，那说明你已经正确把握了我们现在要表达的思想了。实际上你的建议比爱因斯坦所倡导的理论都更具革命性。让我们来考虑自由下落的石头。它有一个 32 英尺每秒每秒的相对加速度——石头相对于我们或我们相对于石头。我们必须选择这一关系的哪一端？由分子轰击所显示的那一端？嗯，石头没有受到轰击；它是真空中的自由落体。但我们受到我们站立位置的地面分子的轰击。所以我们有加速度；而石头的加速度为零，就像电梯里的人。你的建议表明电梯里的人所在的参考系是唯一合法的参考系；我只能承认它与我们自己所习惯的参考系是平等的。

132

按照你的建议，醉鬼的证言就是可接受的：“铺路石飞起来砸了他”。而警察对事件的解释不啻“只是在狡辩而已”被驳回。因此真正发生的事情是：铺路石以不断加快的速度穿过空间追赶着这人，于是这人便到了它面前，二者处于相同的相对位置。然后，这人的身体重心发生了不幸的前倾，他没能增加足够的速度，结果铺路石赶上了他并与他的头发生了接触。但请理解，这是你的解释；或者毋宁说是我冒昧地强加于你的解释，因为它是反对相对论的人很自然会得出的一个结果。而爱因斯坦的立场是，虽然这种看待事件的方式完全合法，但警察给出的更常见的解释也是合法的。他努力要做个能够调和二者的好法官。

5 时间几何学

133 爱因斯坦的引力定律支配的是几何量曲率,与之对照,牛顿定律支配的是力学量力。要理解相对论的这种世界几何化的起源,我们必须回顾一点历史。

处理空间性质的学科称为几何学。迄今为止,几何学一直没有将时间包括它的范围内。但现在,空间和时间的联系已变得如此紧密,以致必须存在这样一门学科——扩展的几何学——将二者做统一处理。三维空间仅仅是四维时空上切下来的一个截面,而且沿不同方向切下的截面构成了不同的观察者的空间。这样的观点可以说基本上是不成立的:沿某个特定方向切下的截面是几何学适当的研究对象,而对略有不同的截面的研究则属于另一个完全不同的学科。因此,现在人们认为关于世界的几何学包括时间及空间。让我们来考察这种时间的几何学。

你还记得吧,尽管空间和时间混杂在一起,但是两个事件的空间和时间关系有绝对的区别。三个事件将构成一个空间三角形,如果其三条边对应于空间关系的话(即如果这三个事件之间的彼此相对关系均为绝对"别处"的话)[①];如果其三条边对应于时间关系(即如果三个事件之间的彼此相对关系均为绝对的之前或之后

① 这构成的是一个瞬时的空间三角形。一个永久三角形是一种四维空间里的棱柱。

的话），那么这三个事件将构成一个时间三角形。（三个事件之间也可能构成混合三角形，如果有两条边是类时关系，一条边是类空关系的话，反之亦然。）一条著名的空间三角形法则是任意两边之和大于第三边。对于时间三角形，也有一条类似但显然不同的法 134 则，即两条边（不是**任意**两边）之和小于第三边。这种三角形很难想象，但却是事实。

我们十分确信我们掌握了这些几何命题的确切意思。先看空间三角形。该命题是关于各边长度之间的关系的，这不由得让我回忆起我与两个学生进行的一场关于如何测量长度的想象的讨论来（本书第23页）。好在现在不存在模糊性，因为三个事件构成的三角形决定了世界的一个平面截面，而且这个命题也只有在该三角形是纯粹的空间关系时才成立。这个命题可表述成：

"如果你用量尺测量从A到B、从B到C的距离，那么你测得的距离之和将**大于**测得的从A到C的读数。"

对于一个时间三角形，测量必须用一个可以测量时间的仪表来进行，而命题则表述为：

"如果你用一个时钟测量从A到B、从B到C的时间，那么你测得的读数之和将小于用该时钟测得的从A到C的读数。"

为了用时钟测量从事件A到事件B的时长，你必须对时钟做类似于将尺子沿AB线取向的调节。这种类似的调节是什么呢？无论这两种情形的哪一种，调节的目的都是让尺子或时钟靠近A和B。对于时钟，这意味着经历了事件A后它必须以适当的速度到达B所在的地方，此时正好事件B发生。因此，时钟的速度是有规定的。还有一点值得注意。用尺子从A到B测量后，你可以 135

把尺子倒过来从 B 到 A 进行测量，得到的是相同的结果。但你不能将时钟倒拨过来（即让它逆时针倒着转）。这很重要，因为它决定了哪两条边小于第三条边。如果你选择了错误的一对边，那么时间命题的陈述就将指向一种不可能的测量，从而变得毫无意义。

你还记得那个去了遥远的星球后返回来时依然是那么年轻的旅行者吧。他就是一个测量时间三角形的两条边的时钟。他记录的时间比在家待着的观察者的时间要少，后者作为时钟测量的就是时间三角形的第三边。我叫他时钟就不需要解释了吧？我们都是时钟，它的面容告诉我们逝去的岁月。这个比较就是关于时间三角形的几何命题的简单一例（它是爱因斯坦最长轨道的一个特例）。这个结果就是按普通力学的方式也是很好理解的。根据前面所讨论并已经过实验验证的定律，旅行者体内的所有粒子都在高速运动，因此其质量都会增加，这使得它们变得较为迟缓，因而旅行者的生命节律（按照地面上的时间来看）较慢。这个结果既合理又好就理解，但并不表明将它当作时间几何的一个命题就缺少真实性。

我们将几何学扩展到包含时间和空间并不像在欧氏几何学中添加一个额外的维度就得那么简单，因为关于时间的命题，虽然具有类似性，并不等同于仅考虑空间量的欧氏几何命题。其实时间几何与空间几何之间的差别并不是非常深刻，数学家很容易单独用一个$\sqrt{-1}$的符号就将它打发过去。我们仍然将这种几何（不严格地）称为扩展了的欧氏几何学。或者，如有必要强调区别时，我们称它为双曲几何。所谓非欧几里得几何是指一种更深刻的变化，即包含空间的和时间的曲率的几何学。我们现在要表示引力现象时就要用到这种几何学。我们从空间的欧氏几何学出发，然后当需要加入时间维时，就用一种相对简单的方式来修改它。但这样仍未将引力考虑进来。不管怎样，由于引力效应是可观察的，因此扩展的欧几里得几何是不太确切的，而真正的几何一定是一种非欧几何——能够像欧氏几何处理平直区域一样处理弯曲的区域。

6　几何学与力学

值得特别注意的一点是，关于时间三角形的命题是关于对不同运动速度的时钟的一种表述。我们通常是根据力学原理来看待时钟的行为的。我们发现，要将几何学仅局限于空间关系是不可能的，我们不得不让它扩张一点。但它一扩展就像要复仇似的从力学攫取了一大块地盘，而且一发不可收拾，一点一点地吞噬了整个力学。它也对电磁学展开了尝试性的蚕食。我们的面前闪现着一道虽遥远但不可抗拒的理想之光，那就是我们关于物理世界的整个知识体系可以统一成一门用几何或准几何概念来表述的学科。为什么不呢？所有知识都来自各种仪器的测量。不同领域中所使用的工具并没有根本的不同。我们没有理由认为在人类思想的早期阶段所进行科学划分是不可逾越的。137

但力学在成为几何学分支后仍不失为力学。力学与几何学之间的分界已被打破，它们二者的本质已经扩散到整个领域。几何学的明显优势实际上在于它拥有更丰富和更具适应性的词汇；而且合并之后，我们不必掌握两套词汇。但除了力学的几何化之外，几何也已经机械化。上面引用的关于空间三角形的命题就被认为对尺子的行为有严重的实质性影响。任何将这一命题仅看成纯数学命题的人是认识不到这一点的。

我们必须摆脱这样一种想法，即“空间”一词在科学中仅指虚空。正如前面解释的，它具有物理上可测量的距离、体积等其它意义，正如力被用来表达物理上的测量量一样。因此，爱因斯坦理论将引力约化为一种空间属性应该不至于引起担忧。不管怎么说，物理学家从不认为空间是空无一物的。在没有其他一切东西的地方也仍然还有以太。那些出于某些原因不喜欢以太一词的人可以自由地在真空中画着数学符号，我想他们在给出这些符号时，心中必定想象着这些符号的某种背景特征。我不认为有人能够从完全的虚无中提出像力这样的相对的、难以捉摸的概念来。

第七章　引力的解释

1　曲率定律

引力是可以解释的。爱因斯坦的理论主要不是关于引力的解释。当他告诉我们引力场对应于空间和时间的曲率时，他给了我们一幅图像。通过这一图像，我们获得了推断各种可观察量的结果所必需的洞察力。然而进一步来看，还存在这样一个问题：为什么这一图像所描述的状态应该存在，这是否应该有什么理由？当我们在任何深远的意义上谈到"解释"引力时，都意味着是对这个问题的进一步调查。 138

乍一看，新图像并没有留下太多的解释余地。它向我们展示了一个山峦起伏的世界，而一个无引力的世界将是平坦而均匀的。但可以肯定的是，一块平坦的草坪比一片起伏的原野更需要解释，无引力的世界比一个有引力的世界更难解释。如果对一种现象的说明陈述为，该现象不存在是因为我们（在构筑这个世界时）已经刻意将它除去了，那么我们很难称这种说明是一种解释。如果曲率完全是任意的，那么解释也就到此终结了。但存在一条曲率定律——爱因斯坦的引力定律——使得我们的进一步讨论可以围绕着这条定律来进行。对于规律性的东西我们需要解释，对于多样性则无此必要。我们的好奇心并不是被决定曲率的10个二级系数的多种取值所激发，它们给出的是一个不同于平坦世界的世界；而是被处处取零的10个主系数所激发。

139 牛顿理论对引力的所有解释都是要竭力表明某件事（我无礼地称其为恶魔）为什么会在世界上出现。而爱因斯坦理论对此的解释是必须说明为什么要将一些东西（我们称之为主曲率）排除在外。

在上一章中，引力定律是以这种方式陈述的——在真空空间中，曲率的10个主系数为零。现在我再以少许不同的方式将它陈述一遍：

对于真空空间，不论你从任意一点的什么方向去切，所得到的世界的每一个三维截面的球面[①]曲率半径都具有同样的恒定长度。

除了形式上的改变外，实际上这两种表述之间还有些内容上的差别。第二种表述对应于更新了的理论——爱因斯坦在他提出最初理论的一两年后给出的更精确的公式。当我们认识到空间是有限但无界的后，这种修正是必要的。如果我们将这里的“恒定长度”理解成“无限长”的话，那么第二种表述与第一种表述就是完全等价的。除了这种非常思辨的估计外，我们不知道这里的“恒定长

① 世界的柱面曲率与引力无关，就我们所知也与其他现象无关。画在柱面上的任何图形都不可能不变形地展开成平面图形。但我们在上一章所引入的曲率是为了对我们熟悉的平面地图上所出现的变形进行说明。因此，这种曲率只能是球面类型而非柱面类型。

度”还能指什么，但它一定大于到最远星云的距离（大约 10^{20} 英里）。在我们大多数论证和研究中，将这么远的距离与无限远区别开是不必要的，但在本章中是必要的。

我们必须努力找出这条定律的模糊表述背后的生动意义。假设你在订购望远镜用的凹面镜。为了购得你想要的物品，你必须提供两个长度：(1)孔径；(2)曲率半径。这两个指标都属于镜子——它们对描述你要购买的镜子是必需的——但它们是镜子的不同指标。也许你订购的是一个曲率半径为 100 英尺的镜子，并要求作为包裹邮寄过来。在某种意义上，这个 100 英尺的长度量与镜子一起旅行，但邮递员并不了解这一点。这个 100 英尺是镜面这个二维连续体的属性。时空是一个四维连续体，你从这个类比就可以看出，时空区域有长度的属性——这个长度与这个时空的大小没关系，但却是规定这个时空样本的不可或缺的指标。由于多了两个维度，因此时空比镜面有更多的这样的长度指标。特别是，它具有的球面曲率半径不像普通球面就一个，而是对应于你所选取的任意方向上的半径。为简明起见，我称这种半径为世界的“有向半径”。假设您现在要订购一个沿某个方向有向半径为 500 百万兆(10^{18})英里、在另一个方向上有向半径为 800 百万兆英里的时空。大自然的回答是：“没有，我们没有这种库存。对于其他规格参数，你可以任意选择，但对于有向半径，我们在不同方向上没有什么不同。事实上，我们所有产品都是一个标准半径：x 百万兆英里。”我不能告诉你这个 x 具体是多少，因为这仍然是大自然的秘密。 140

人们或许会认为，这个有向半径显然对不同的点、不同的方向 141

取不同的值。但实际上它只有一个标准值。这个事实称作爱因斯坦引力定律。通过这一定律,我们可以从数学上严格推导出各行星的运动并预测(例如)它未来几千年的日食。因为,正如所解释的,引力定律包括运动定律。从实用计算上说,牛顿的引力定律是对爱因斯坦引力定律的一种好的近似。从定律的高度看,一切都很明确,但在它之下是什么?为什么会有这种意想不到的标准?这就是我们现在所要探究的。

2 长度的相对性

没有绝对长度这种东西。我们只能根据某个事物的长度来衡量另一个事物的长度。[①]因此,当我们谈到有向半径的长度时,我们指的是它的可与标准米尺比较的长度。此外,为了进行这种比较,这两个长度必须平行。对遥远距离外的距离进行比较如同超距作用一样不可想象,因为这种比较与超距作用一样也是一个模糊的概念。我们要么用标准米尺对待测长度做现场比较测量,要么使用某种能够满意的装置,让它替代我们去移动米尺做测量,得到的是同样的结果。

现在,如果我们把米尺移到另一个空间和时间点上,它是否一定仍保持 1 米长?是的,当然是这样;只要它还是长度标准,那么除了 1 米的长度外它就不可能是其他东西。但它真的仍然是以前

① 当然,这种相对于标准单位的相对性,与第二章中讨论的观察者的运动的相对性是相加的关系,但独立于后者。

那个1米吗？我不知道你这个问题问的是什么意思。如果不存在 142 可以用来暴露标准量尺缺陷的对比物，那么也就不存在我们能够用以想象这种所谓缺陷的性质的东西。经过十分谨慎的选择，标准量尺仍是可用的；只是其材料必须满足一定的选择条件——尽可能不受诸如温度、变形或锈蚀等影响，使得其可能的伸缩仅取决于环境的最本质特征：过去和现在。[①]我们不能说选择它是为了保持相同的绝对长度，因为我们已经知道根本就不存在这种事。我们之所以选择它，是因为我们不可能不受保持相同的相对长度所 143 带来的偶然因素的影响——这里的相对长度是相对于什么呢？是相对于与身处其中的区域有不可分割的联系的某个长度。我想象不出还有什么其他答案。这种与一个区域有着不可分割的联系的长度的例子就是有向半径。

① 由于这些偶然的影响不可能由材料的选择和量尺使用过程中的预防措施来完全消除，因此我们必须予以适当的修正。但是，量尺不可能对待测空间的基本特征进行校正。我们可以对电压计因温度效应而带来的读数误差进行修正，但是要对外加电压的影响进行修正就显得荒谬了。偶然因素(可去除)与本质影响(不可去除)之间的区别取决于测量目的。量尺的作用是测量空间量，而空间的本质特征是“可度量性”。如果一个空间采用的是另一种度规(度量标准)，那么将用我们的米尺测得的读数修正到该空间应取的值，无疑是荒谬的。量具可用的某个世界区域也可能包含电场，这个电场即可看作偶然特征，因为量尺不用于测量电场。我不是说，从更广泛的角度来看，就该区域而言，电场相比于这种可度量性不那么重要。究竟在什么意义上，一个物理量的各种性质与它实际表现出不一样但却必须保留在同一区域，这很难说。但在这里，这一点并不能困扰我们，因为这个世界上的绝大部分区域，除了可度量性质外，实际上并不具有其他特征，而且在这些地方，万有引力定律不论在理论上还是实践上都是适用的。然而，人们似乎希望能够对本质特征与偶然特征之间的区别详加讨论，因为在那些认为我们免不了会在所有情况下对偶然因素进行修正的人看来，这种讨论相当于给采取任意修正系统授予合法性。这里所说的修正系统是指一种仅具有隐藏效应——将测量能告诉我们关于本质特征的东西影藏起来——的做法。

有向半径的长短可以这么来确定：当我们将标准米尺放到一个新的位置或方向上时，它用自身长度来丈量该区域的世界的有向半径和方向。由此得到一种广延性，它明确给出这一步长在有向半径中所占比例。除此之外我看不出它还能做什么。我们可以发挥点想象：这根米尺在新环境中有点迷惑，它不知道这个新环境该有多大——这块不熟悉的领土边界应该有多长。它觉得还应该按以前的做法去做。但回忆以前那种步量广袤空间的做法没有多大帮助，因为现在这里没有任何具有界碑性质的东西。它能够识别的唯一的东西就是该区域的定向长度，由此它发现了自己，因此像以前一样，它使自己成为这个定向长度的一个相同的部分。

如果标准米始终是有向半径的相同部分，那么有向半径将总是有相同的米数。因此对所有位置和方向，有向半径都具有相同的长度。因此我们有万有引力定律成立。

当我们发现曲率的有向半径在每个位置、每个方向上都相同这一点是一条自然规律并为此感到惊讶时，我们没有意识到，我们的长度单位已经使自身成为有向半径的一个恒定部分。整个事件变成了恶性循环。万有引力定律就是一个圈套。

144 这个解释没有引入任何新的假设。说一个标准规格的物质体系总是在其所在区域的有向半径里占据着恒定的比例，我们不过是在复述爱因斯坦的引力定律——只是陈述的形式相反而已。我们暂且将量尺的这种行为是否可预料这一点放在一边，引力定律确保了它只能是这种行为。然而，为了看到解释的力量，我们必须认识到广延的相对性。不相对于环境中某种存在物的广延是没有意义的。想象你独个儿处在虚无中，然后试着告诉我你有多大。

标准米尺的广延性的定义只能是通过它相对于另一个广延量的比例来确定。但是我们现在说的是放置在虚空空间中的一个尺子的广延性，这里每一种参考标准都已被除去，只剩下属于该区域的和该区域度规所隐含的广延性。因此，考虑到它与我们公认的长度单位之间的恒定关系，这样的一种广延性（从我们测量的角度看）必然是处处恒定的（均匀且各向同性）。

以前我们是根据这样的观点——有着10个零曲率系数（或各向同性的有向曲率）的实际世界有一个需要解释的规定——来处理这个问题；为此我们在心里将它与纯数学家给出的世界（有完全任意的曲率）进行了比较。但事实是，任意曲率的世界是完全不可能的。如果没有有向半径，那么由这种度规可推导出的其他一些有向长度就必然是均匀的和各向同性的。在应用纯数学家的这一思想时，我们忽略了这样一个事实：他所想象的世界是一个用外部标准来衡量的世界。而我们要处理的世界是一个用符合它的标准从内部来考察的世界。 145

因此引力定律的解释是基于这样一个事实：我们处理的是一个从内部展开调查的世界。从这个更广泛的角度来看，上述论点可以推广到不仅适用于用量尺进行的调查，而且适用于用光学方法进行的调查。在实践中这种替代通常被认为是等效的。我们还记得，测量装置本身可以没有广延性，只是在与世界的关系中才反映出广延性，因此对空间的研究实际上差不多是一个空间自我比较的过程。这种自我比较居然能够完全揭示出非均匀性，这或许令人惊讶。事实上我们可以证明，从内部进行调查的二维或三维世界的度量性质必然是均匀的。对于四维或更高维的世界，有可能出现非均匀性，但这是一种由定律限定的非均匀性，而这种定律实行的是一种均匀性的量度。

我相信，这一点与怀特海博士关于相对论的非正统观点有着密切联系。他不接受爱因斯坦理论，因为他不认可爱因斯坦理论中所包含的时空的非均匀性。“我推断，我们的经验需要并展示出一种均匀性的基础；而且就大自然的情形而言，这一基础将表现为时空关系的均匀性。这一结论完全消除了这些关系中偶然的非均匀性，而这些关系却是爱因斯坦后来的理论的核心。”[①]但我们现在看到，爱因斯坦理论主张，只有一组 10 个系数的偶然的非均匀性，另外 10 个系数具有完全的均匀性。因此，这一理论并没有忽视均匀性的基础。只不过怀特海按他自己的方式认识到了这个基础的必要性。不仅如此，这种均匀性不是随意强加给世界的某条定律的结果，它与从内部研究世界的概念是分不开的。我认为，这正是怀特海所要求的条件。如果时空世界有两个或三个维度，那么怀特海完全是正确的，但那样的话也就不存在爱因斯坦的引力理论供他批判了。既然时空是四维的，那么我们必然得出结论：怀特海发现了一个重要的真理但他误用了它。

在四维空间中，物体沿任意方向的广延取决于与该方向上的曲率半径的比较。这个结论有一个奇特的结果：只要四维空间在这个方向上是类空的，这没有困难；但当我们转到类时的方向（在绝对过去或未来的圆锥内）上后，有向半径为一个虚构的长度。除非物体忽略警示符号$\sqrt{-1}$，否则没有参考标准来确定它的时间延

① A. N. 怀特海，《相对性原理》，序言。

伸。时间没有标准间隔。电子通过量度自身相对于其空间方向上的世界半径的占比来决定自己有多大，但它无法决定自身应该存在多久，因为它在其时间方向上没有真正的世界半径。因此它将无限期地存在下去。这并非是对电子不朽的严格证明——贯穿于这些论证的主题总是从属于这样的条件：除了度量性质，没有任何动因能作用于广延性。但它表明，电子的简单行为方式至少是我们希望看到的。[①]

147

3　定律的预言

我想，当你发现一条原本控制恒星和行星的运动定律突然变成了详述测量尺的行为的定律时，你最初的反应一定是不知所措。但是，引力定律要想具有预言功能，就必须具有测量器具的行为，且这种行为在其中起着重要作用。由这条定律得出的一项经典预言是，终有一日，人们会发现，从地球到月球的距离是384,400,000米。我们可以用更婉转的语言来表达，但意思并没有什么不同。要检验这个预言，我们得依靠间接证据，不可能真的做把尺子去量，但这个事实无关紧要。这项预言是出于善意给出的，并非是故意利用我们检验时的疏忽。

我们谴责了将引力定律看成一个圈套。那么你一定想知道，既然这种圈套不可靠，为什么它仍然宣称能够预测日食月食和其

① 另一方面，量子（见第九章）具有一定的周期性，所以它必定能够通过与时间延续的比较来衡量自身。任何一个研究新量子理论的数学方程的人都会看到，这一理论的许多地方都存在对付符号$\sqrt{-1}$的证据。

他偶然发生的事情呢。

一位著名的哲学家这样说过：

> “恒星不是被机械力牵引着做这种或那种方式的运动，它们做的是自由运动。正如古人所说，它们像有上帝保佑一般走自己的路。”①

这种话即使是在哲学家听来也显得特别愚蠢。但是我相信，在一定意义上这是对的。

148 我们已经有三个版本的对地球绕太阳做椭圆轨道运行的说明：

(1)它试图做直线运动，但却被太阳发出的牵引力拖着走；

(2)它正在绕着太阳做最长的弯曲时空轨道运动；

(3)它在不断地调整其轨道，尽量避免造成其附近的真空空间发生非法弯曲。

现在我们添上第四种版本：

(4)地球随意运动。

从第三个版本到现在的第四个版本，跨步并不是很大，因为我们看到，包含“非法”曲率的真空空间的数学图像在一个从内部进行研究的世界里是完全不可能的。既然这种非法的弯曲是完全不可能的，因此地球也就不必采取任何特别的预防措施来避免造成这种弯曲，它可以做它想做的任何事情。然而，这种不可能的曲率

① 《黑格尔全集》(1842年版)，第7卷，第一部分，第97页。

之所以不出现，正在于我们用来计算地球轨道的引力定律！

这个悖论的关键在于，比起我们对物质世界客体的运动方式的关注，我们更关心我们自己——我们的习惯，以及引起我们兴趣的那种东西。因此一个物体，从我们习惯的参考系去看，其行为似乎表现得非常特别，但是从另一个参考系去看，就很平常，不值得大惊小怪。如果我们考虑一个实际例子，并且同时从版本(4)角度去看，这一点会变得更加清楚。

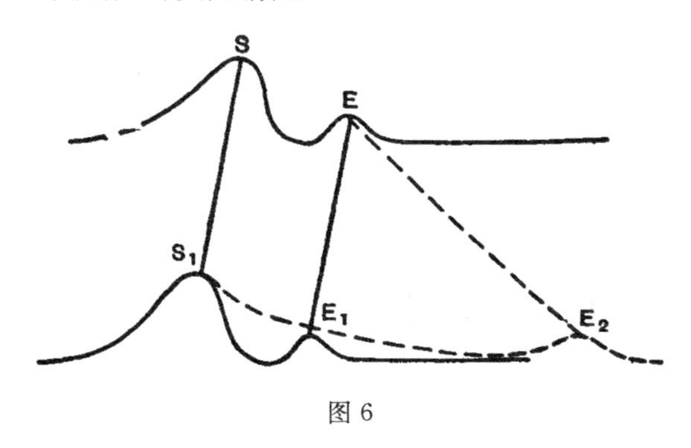

图 6

你会说，明年(1927 年)6 月，地球肯定会准时处在日食位置，149 因此它不可能随心所欲地去任何地方。但我认为它可以。我坚持认为地球可以去它想去的任何地方。接下来我们必须找出从什么位置上看它是随心所欲的。对我们来说，最重要的问题不是地球是否一定处在这一现象背后的某个神秘的绝对位置，而是它是否处在我们习惯的传统空间和时间背景下那个要找的位置上。我们必须测量它的位置(例如测量它离太阳的距离)。在图 6 中，SS_1是一道世界的皱褶，我们将它视为太阳；我又画了两道地球的皱褶

(EE_1, EE_2)，因为我将它想象为其位置尚未确定。如果它取 EE_1 为地球，那么我们可将测量尺的一端对准这道褶皱的脊，然后让尺子横跨山谷测量从 S_1 到 E_1 点的距离，并报出其读数，我们认为这就是地球到太阳的距离。你记得，测量尺需要将其单位长度按与世界的曲率半径成正比的方式做调整。沿着这个皱褶的曲率是相当大的，其曲率半径很小。因此测量尺较短，测得的 S_1E_1 的距离值要比你预想的值大。如果我们取 EE_2 为地球，那么相应的曲率就要小得多；曲率半径会很大。而曲率半径越大意味着所用的测量尺也越大。因此测得的 S_1E_2 的距离值就不会像第一眼看上去的那么大。它不会像图中所示的那样 S_1E_2 与 S_1E_1 成比例地增大。如果二者测得的度数相同，我们也不必吃惊。如果确属如此，那么测量者将报告：不论取 S_1E_2 与 S_1E_1 的哪一道皱褶，太阳到地球的距离都是相同的。于是在若干年前就发表了这个相同数据的主管航海历书的天文官会宣称，他正确地预言到地球会往哪儿走。

所以你看，地球可以的运动有很大的自由度，但我们的测量仍能给出它的位置，就像编纂航海历书的天文官报告的那样。这位官员在预言时不会注意到神仙般地球的古怪行为。这些预言是基于我们选定路径来测量时所出现的结果。我们用于测量的尺子已被调整到适合世界的曲率。表达这个事实的数学式就是用来预测的引力定律。

也许你会反对，天文学家并不是真的用量尺头顶头地测量星际空间来找出行星的位置。这个位置其实是用光线推导出来的。但是，当光前进时它必须找出一条路径以便走“直线”，这在很大程度上与用米尺来测量距离是一样的。度规或曲率对于光犹如标准尺之于米尺。光的路径实际上是由曲率控制的，所以通过光测量来揭示虚设的曲率定律是不可能的。因此，无论太阳、月亮和地球到达哪里，光都不可能给出其行踪。如果曲率定律预测会有日食发生，那么光就将采取有日食的轨道。引力定律不是一个严厉的控制天体运行的统治者，而是一个掩盖它们的行迹的善良的共犯。 151

我不建议你尝试通过图 6 去验证 S_1E_1（实线）和 S_1E_2（虚线）的长度是否相同。这是因为除了其时空必定弯曲的额外维之外，图中还有两维被省略了，而且这里用作长度标准的曲率是球形的而不是柱形的。有人可能认为，做这种直接验证虽然非常费劲，但富于启发性。但我们事先知道，测得的从地球到太阳的距离对于任一轨道必然是相同的。引力定律（数学表达式为 $G_{\mu\nu}=\lambda g_{\mu\nu}$）不过是说，各点上的长度单位均是该位置处世界的有向半径的一个恒定的分数。正如预测地球未来的位置的天文学家不会认为地球会选择有别于 $G_{\mu\nu}=\lambda g_{\mu\nu}$ 给出的路径一样，只要我们假定位置测量中所包含的长度单位是有向半径的恒定分数，我们必将发现地球处在同一个位置上。我们不必确定其轨道是取 EE_1 还是取 EE_2。只要我们知道了这个数学表示，那么它们就不再能传递出可观测现象的任何信息。

在其他地方我还得强调，我们的整个物理知识都是基于测量。 152
物理世界——可以这么说——是由建立在物理学范围之外背景不甚明确的各种测量结果组成的。因此，考虑到除了我们所进行的测量之外还存在一个世界，我已经突破到我们所称的物理实在的限制之外了。我对这样的观点不持异议：那些其性质不可测量的奇特想法无权主张物理存在。没有人知道这种奇思异想意味着什么。我说地球可以选择它想去的任何地方，却拿不出一个“地方”供它选择，因为我们的“地方”概念是基于空间测量，而这个测量在此阶段被排除在外。但我不认为我不合逻辑。我强调的是只要按照它的意愿去做，地球就不可能脱离引力定律所确定的轨道。为了证明这一点，我必须先假设地球尝试着偷偷地靠近太阳；接着我将证明，我们的测量会神不知鬼不觉地让它回到正常的轨道上来。最后我不得不承认，地球从来就没有偏离过其轨道。①我不介意这么做，因为在此期间我已经证明了我的观点。地球在空间和时间上有一条可预见的轨道这一事实对地球的运行并不构成真正的限制，而是我们为了对其行为进行说明强加给它的。

4　非空空间

153　有向半径恒定这一定律不适用于不完全空的空间。我们也不再有理由期待它成立。所谓该区域不空，意味着它除了有度量特性外还具有其他属性。就是说我们用米尺除了可测量曲率外，还可以测量其他长度。在这一定律早先的（足够近似的）表达式里，曲率的 10 个主系数在真空空间里是零，但在非空空间里取非零的值。因此，我们很自然用这些系数来作为空间的充实度的一种测度。

其中的一个系数对应于质量（或能量），并且在大多数的实际

① 因为对于一条非空间-时间上的轨道我可以不赋予它任何意义，即通过测量来定位。但是除非我做了尝试，否则我没法认定替代轨道一定是没有意义的（与可能的测量结果不一致）。

情形下，它比其他系数要重要得多。作为质量的古老定义，“物质的量”是与空间的充实性相联系的。其他 3 个系数构成动量——一个有向物理量的 3 个独立分量。其余 6 个主曲率系数构成应力或压强系统。因此质量、动量和压强代表了一个区域的非空性，这是就其能够对我们用来探索空间的常用测量仪器——时钟、量尺、光线等——造成干扰这一点而言的。然而，应该说这是一种概括性描述，并没有对非虚空做充分说明，因为我们还有其他的探索装置——磁铁、验电器等——它们提供测量结果的进一步细节。通常认为，当我们使用这些装置时，我们探索的不是空间，而是空间里的场。由此产生的区别是相当人为的，它很难被永久地接受。看起来，用量尺探索世界的结果应当与用罗盘探索的结果结合起来，成为一个统一的描述，正像我们已经将用量尺得到的结果与用 154 时钟得到的结果连接在一起一样。这种统一已经取得了一些进展。然而，要接受为什么要分开来处理的解释我们还需要一些真正的理由。一种探索模式决定了底层世界结构的对称性质，其他的探索方式则决定了其反对称性质。①

经常有人——特别是哲学写作者——对爱因斯坦的最初的研究工具（即时钟和量尺）的粗糙性提出异议。但是，爱因斯坦理论用于寻求建立有序世界的实验知识体系还没有像天赋灵感那样进入我们的头脑。在这个体系里，时钟和量尺起着实际的主导作用。对于那些习惯于原子和电子的概念的人来说，它们似乎是非常粗糙的工具。但在关于爱因斯坦理论的章节中，我们讨论的也是相

① 见本书第十一章。

应较粗糙的知识。随着相对论的发展,人们普遍认为可以用运动的粒子和光来代替时钟和量尺作为主要的测量手段。这些都是结构简单的检测方法。但与原子现象相比,它们仍显粗糙。例如,光线就不适用于需要考虑光的衍射效应的精细测量。我们对外部世界的认识不可能脱离我们用以获得这些知识的仪器的性质。引力定律的真理性不可能脱离实验程序而存在,我们正是通过这种实验程序才确立其真理性。

155 时空参考系的概念,以及由能量、动量等所描述的世界的非空概念,注定要用这些粗糙的手段来研究。当它们不再能通过这种调查得到支持时,便成为无意义的概念。特别是对原子内部的情形,就不能用这种粗糙的方法来研究。我们不可能将时钟或量尺放入原子内部。过分强烈地坚持认为距离、时间周期、质量、能量、动量等概念在描述原子时仍具有它们在日常使用中所具有的那种意义是行不通的。运用这些术语的原子物理学家必须赋予它们新的意义——在想象这些量被测量时他必须要想到其测量手段。人们有时认为,除了电性力之外,原子核和卫星电子之间还有微小的引力,这种引力与太阳及其行星之间的引力是一样的。这个假设在我看来是很奇妙的,但在没指明如何在原子内部区域进行测量的问题之前,我们不可能讨论它。除了这种测量外,电子会"像幸福的诸神"一样随心所欲。

我们已经来到了科学和哲学上非常感兴趣的一个关键点。对我们来说,世界的10个主要曲率系数已不陌生。过去,在科学讨论中,它们是以其他熟悉的名称(能量、动量、压强)出现的。这种情形堪比电磁理论发展过程中一个著名的转折点。理论进展导致人们开始思考电性力和磁力的波如何能在以太波中穿行。于是麦克斯韦想到，我们对这些波应该不陌生，在我们的经验里，这种波是光的名义为我们所熟悉的。现在，同样的方法可再行其道。据计算，电磁波具有光的那些已观察到的性质；同样据计算，10 个曲率系数也分别具有能量、动量和压强所具有的可观察的属性。这里我们仅指物理属性。没有任何物理理论可以解释，为什么我们的头脑中会形成一种与光有关的特殊图像；同样也没有任何理论能够说明为什么出现在我们头脑中的物质概念会与包含质量的那部分世界有关联。 156

这使得对理论的理解得到相当大的简化，因为在这里同一性取代了因果性。在牛顿理论中，除非引力能够描述一个物体抓住周围介质，并使之成为传递引力作用的载体的机制，否则对引力的解释就不可能是完整的。目前的理论对于这一点没有要求。我们不问质量是如何在时空中获得控制力并引起时空弯曲的（我们的理论假设了这一点）。这与问光是如何抓住电磁介质并使之振荡一样，都是多余的。光就是振荡，质量就是曲率。没有因果效应归因于质量，更不存在任何这类效应归因于物质。我们将物质概念联系到这些不寻常扭曲的区域，这种物质概念是我们的心灵竖立起的纪念碑，目的是要标出冲突的所在。当你访问一处战场遗迹时，你会问这座记载这场战争的纪念碑怎么会造成这么大规模的杀戮这种愚蠢的问题吗？

在后面的章节里，对这种同一性的哲学结果的讨论将占很大的比重。在离开引力这个主题之前，我想谈谈关于空间曲率和非欧几里得几何的含义。 157

5 非欧几里得几何

我一直在鼓励你将时空看成是弯曲的，但是我一直是小心翼翼地将它作为图像而不是假说来描述的。这种图形化的表达为我们提供了一种对所谈论的事物的洞察力和指导。我们从这幅图像所看到的可以明确地说，时空具有非欧几里得几何特征。平时所用的术语“弯曲空间”和“非欧氏空间”实际上都是同义词；只是着眼点不同。当我们试图设想有限而无界的空间时，困难在于如何把握超球面的内和外。从弯曲空间变换到非欧几里得空间也需要克服类似的困难——将所有与外在(假想的)架构有关的关系舍去，仅保留存在于空间本身之内的那些关系。

如果你问从格拉斯哥到纽约的距离是多少，这可以有两个答案。一个人告诉你的是在地表跨洋测得的距离；另一个人给出的是较短的、穿过地球的隧道的距离。第二个人所用的维度在第一个人那里是被排除了的。这两人之所以对这个距离达不成一致，是因为他们运用的是不同的几何，有关距离的定律属于几何处理的范畴。忘记或无视一个维度将使我们面对不同的几何。第二个人的距离得自三维的欧几里得几何；第一个人的距离得自二维的非欧几何。所以，如果你的注意力全都集中在地表，忘了它还有内部或外部的话，你会说它就是一个二维的非欧几何流形；但如果你记得还存在三维空间，存在更短的点到点方式，你就完全回到了欧氏几何。于是，你会说你最初所取的距离是不适当的，以此来为非欧几何“辩解”。这似乎是了解非欧几何如何出现的最简单的方式——遗忘了一维。但我们不能由此推断出非欧几何非此不会产生。

在我们的充满引力的四维世界里，距离服从非欧几里得几何。那么这也是因为我们把注意力全部集中在其四个维度上，从而错失了超越区域之外的捷径了呢？借助于六个额外的维度，我们可以回到欧几里得几何；在这种情形下，我们通常的点到点的距离不是"真正的"距离，真正的距离是通过第八维或第九维取更短的路径。我认为，将世界弯曲成一个十维的超世界来提供这些捷径，将有助于我们形成非欧几何的性质的观念。不管怎样，这一图像给出了一种描述这些性质的有用的表达。但我们不能将这些额外的维度当作一种既成事实来接受，除非我们将非欧几何作为一种不惜一切代价必须解释清楚的东西。

这两种选择——十维欧氏空间里的弯曲流形或不带额外维的非欧几何流形——到底哪个对？我不愿直接回答，因为我怕我会 159 迷失在形而上学的迷雾中。但我可以立即说，我不严肃看待十维欧氏空间，我会认真对待非欧几何的世界，而且我不认为它是一件需要解释的事情。我们在学校里学到的这一观点——欧氏几何公理的真理性可以直观地看出——现在已遭到普遍的否认。我们不能用直觉来确立空间法则，正如我们不能用直觉来确立遗传规律一样。如果直觉被排除在外，那么可依靠的只能是实验——不受任何先入之见束缚的、真正无偏见的实验。我们以后肯定不再回到实验上来了，因为它们使空间变得几乎不像是非欧几何。出路当然是可以找到的。通过发明额外的维度，我们可以使非欧几何的世界依赖于十维的欧几里得几何学。我相信，如果世界被证明是欧几里得几何型的，那么我们也可以使这种几何学依赖于一种十维的非欧几何学。没有人会认真对待后面这个建议，正如我们没有理由来说明为什么要认真对待前者一样。

我不认为会有人坚定捍卫六个额外维的观点。但是我们经常遇到有人试图以另一种方式来重新恢复世界的欧氏几何性。这个建议是说，由于我们测量的长度不遵从欧氏几何，因此我们必须设法予以修正——烹煮一下——直到它们服帖为止。经常主张的一种与此密切相关的观点是：空间既不是欧几里得型的，也不是非欧 160 几何型的，而是一种约定的问题，我们可以自由采取我们选择的任何几何。[①]当然，如果我们坚持我们有对实验所测量的结果进行任何修正，那么我们确实能够让它们遵从任何法则；但说这些有用吗？任何几何形式都可用的说法无非是说长度没有固定值——物理学家在谈及长度的时候不是（或不应该是）在谈任何具体的东西。对于那些一开始就认定我的话没具体意义的人来说，我恐怕很难让他理解我的意思。但对于那些认为我的话有一定道理的人来说，我会尽量消除可能的疑问。物理学家习惯于用大量有意义的数字来谈论长度。为了确定这些长度的意义，我们必须注意到它们是如何导出的。我们发现，它们是通过与指定材料构成的标准尺相比较得出的。（我们可以停下来注意一下，用标准材料构造

① 作为这一态度的最新例证，我可以指出伯特兰·罗素在其《物质分析》一书中提出的一种观点（见该书78页，该书的大部分内容我都赞同）：“与爱丁顿认为有必要采纳爱因斯坦的变量空间不同，怀特海认为有必要抛弃它。在我看来，我看不出我们为什么非要在这二者中做出选择。这个问题似乎是一个出于方便公式理解而提出的问题。”C. D. 布劳德在其评述文章中称许罗素的这一观点。亦见前注（边码第142页注）。

的尺可以被恰当地视为我们在对环境进行物理调查时最早的研究对象之一。)这些长度是一道我们通过它了解周围世界的门槛。它们是否会在世界最后的图像中依然占据突出的地位,我们不预判。其实我们很快就发现,空间的长度或时间的长度单独来看都是相对的,只有它们的组合才会出现在世界的终极结构中,即使是以最卑微的能力出现。同时,通过这个门槛的第一步也将我们带到这些长度所遵从的几何框架内——这是一种非常接近欧氏几何的几何形态,但实际上它是非欧几里得型的。正如我们已看到的,这是一种有 10 个主曲率系数为零的独特的非欧几何。在本章中我们已经证明了。这个限定条件不是任意的,它是用标准材料构造的量尺来丈量长度所必需的一种属性,如果它还出现在其他定义下的长度上,反倒令人感到惊讶。那么我们是不是应该停下来注意一下这个问题:如果长度所代表的意义有所不同,我们是否可以认为找到了一种不同的几何?我们当然可以这么认为。如果电性力所代表的意义有所不同,那么我们应该是发现了一套不同于麦克斯韦方程组的方程。因此不仅是在经验上,而且在理论推理上,我们都得到了我们所用的几何,因为我们得到的长度已经表明它们属于哪种几何。

161

我已经在处理纯数学家的批评的问题上耽搁了太久。在他的印象里,几何是一门完全属于他的学科。其实实验知识的每一个分支都与某个专项的数学研究有联系。这些最初自称是仆人的纯数学家现在都喜欢将自己看作主人。在他看来,那些数学命题的架构已然成为他研究的主题,当他希望改变或推广这些命题时,他无需经过大自然的许可。因此他可以不受任何实际空间测量的制约就取得一种几何理论;不受任何诸如引力和电势如何表现等问162题的制约就可以得到一种势理论;他可以有一种关于理想流体的流体动力学理论,尽管这一理论的预言可能与实际物质流体的性质大相径庭。但似乎只是在几何学上,他忘记了曾经有过一个同名的物理学科,他甚至对将这个名字用于除了他的抽象数学之外的其他领域感到不满。我不认为下面这个看法有什么好争辩的:无论是从词源学上还是从传统上说,几何学都是一门我们用以测量周围空间的科学;不论数学的超结构现在对其观测基础做了多大程度的覆盖,本质上说它仍是一门实验科学。这一点已充分体现在学校几何教学的"改革"上。孩子们被教导,通过测量来验证某些几何命题的真确性或近真确性。没有人会质疑几何学作为一门纯数学学科能够自由发展的好处。但只有当它与观测和测量所产生的量有关时,它才会在物理世界的本质的讨论中被提及。

第八章　人在宇宙中的位置

1　繁星宇宙

目前最大的望远镜已看见大约10亿颗恒星。望远镜观测能力的每一次提高都使得观测到的恒星数量有增加，我们几乎不可能对这个数目设置一个上限。然而有迹象表明存在这样的上限，因为很显然，我们周围的恒星的分布不可能均匀地延伸到无限远的空间。开始时，光程增加一个量级，进入视场的恒星数量将提高三倍。但是这个因子在减小，使得在巨型望远镜能达到的微光极限处，一个量级的增益乘以所看见的恒星数将只有1.8，而且这个比值在那个阶段迅速减小。这就好像我们正在接近一个极限，在这个极限下，望远镜放大倍数的增加并不能带来非常多的额外恒星。

已经有人尝试通过一种不甚可靠的外推法来得到这些恒星的总计数，不时引用的这个总数大约从30亿到300亿不等。其困难在于，我们主要调查的恒星宇宙部分是一个更大的系统的局部集聚或星云形成的一部分。在天空的某个方向上，我们的望远镜可穿透到该星系的极限，但在其他方向上，星系的范围则大到我们难以贯穿。在漆黑的夜晚，银河在天空中形成一条闪闪发光的星带。沿着这个方向看去，星星后面还有星星，直到视野尽头。这个巨大的扁平分布称为银河系。它形成一个厚度比其横向伸展范围小得164 多的星盘。其中有部分恒星的分布破缺形成低一级的集聚，卷积成螺旋状，类似于天空中大量观察到的盘状旋涡星云。银河系的中心位于人马座方向的某处；我们之所以看不见它，不仅是因为距离遥远，某种程度上也是因为繁密的物质（暗星云）遮蔽了位于其后的恒星的光。

因此我们必须对我们所处的近域恒星云与它所属的大的星系做出区分。我们的大部分（但不是全部）恒星计数都来自近域恒星云，正是在此最大的望远镜开始接近其视场的极限。这个近域恒星云也具有扁平的形式——几乎与其所在的星系在同一平面上扁化。如果我们将该星系比作一个圆盘，那么近域恒星云就是一个小圆饼，其厚度大约是其横向范围的三分之一，其大小相当于光从一端走到另一端要花至少 2,000 年的时间。这种估计必然是粗糙的，因为它涉及的是一个模糊的星团，我们很难将它与另一个星团截然分开。整个螺旋臂的延展范围大约为 100,000 光年的量级。毫无疑问，星系之所以呈现为扁平状是因为它在快速旋转。我们确实有直接证据表明星系具有很大的旋转速度，但为什么几乎所有天体都在快速旋转，这还是一个有待揭晓的演化奥秘。

在这个庞大的星群中，太阳只是卑微的一员。它是这条光带中部一颗极其普通的恒星。我们知道有的恒星的亮度至少是太阳的 10,000 倍，我们也知道有的恒星的亮度仅为太阳的 1/10,000。而那些亮度较弱的恒星的数量要远远超过巨亮的恒星的数量。从质量、表面温度和体积上看，太阳属于非常普通的一类恒星。其运 165 动速度接近平均值。它没显示出什么能让天文学家注意的较突出的现象。在恒星群落中，太阳属于值得尊敬的中等阶级的一员。它恰好位于离近域恒星云的中心很近的位置上。但这种表观的优越位置因为这个星云本身位于银河系明显偏离中心的一角（事实上在其边缘）而大打折扣。我们不能自称是宇宙的中心。

对银河系的思考让我们看到自己所处世界的渺小。但我们不得不在这个屈辱之谷中继续向下走。我们的银河系只是上百万个甚至更多的旋涡星云[①]中的一个。长期以来人们一直怀疑，但现在看来已毫无疑问的一点是，这种旋涡星云就是远离我们自己这个星系的"岛宇宙"。它们也是由大量的恒星系统——或那些正在形成恒星的系统——组成的，这些星云都具有盘状结构。我们看到好些星云显露出薄薄的边缘，由此可判断其盘状的扁平度。另一些星云则有很宽的侧边，显示出其恒星密度呈双螺旋结构。许多星系具有暗星云特征，即呈现出规律性排列的中断和星光被遮蔽的效应。在离我们最近的一些旋涡星云上，有可能发现单独的最亮恒星。在我们自己的星系内已观察到变星和新星。从作为"可辨识特征"（尤其是对造父变星）的恒星的视星等上，我们可以判断出星系的距离。离我们最近的旋涡星云的距离大约为 850,000 光年。

① 显然，这里原文中的"nebulae"不是现代天体系统划分意义上的星云（例如前述的银河系内的星云），而是指河外星系。但在爱丁顿写作本书的当时，天文学界尚未对这种视觉上类似于河内星云的河外星系做出严格界定，虽有争论，但通行的做法仍称为星云。故此处及下文中凡称为旋涡星云的实际上均指河外星系。——译者

166 从目前收集到的少量数据看，我们自己所在的这个星云或星系似乎是非常大的。有人甚至暗示，如果旋涡星云是“岛”，那么我们银河系就是“大陆”。但在缺少更有力的证据之前，我们最好不要贸然提出充当总理的要求。总之，所有这些其他的宇宙都是有着上亿颗恒星量级的星团。

于是又再次提出了这样的问题：这个分布能延伸多远？这一次不是指恒星，而是视线之外一个接一个向外延伸的各个宇宙。这种分布也会有尽头吗？这可能得要求我们的想象发生再一次飞跃，我们可以做这样的类比，由诸多恒星组成旋涡星云，由诸多旋涡星云则组成超星系。但有模糊的证据表明，这一次或许达到了这种层级结构的顶峰。由旋涡星云构成的超星系实际上就是整个世界。正如前已解释的，现代观点认为，空间是有限的——有限而无界。在这样的空间中，以一种可预见的方式做“环球”旅行的光会放慢其振动，其结果是所有的谱线都朝红端偏移。通常我们将这种红移解释成恒星沿视线方向的退行速度。现在它提供了一个惊人的事实：绝大多数已测得的旋涡星云都显示出很大的退行速度，其大小往往超过 1,000 公里每秒。只有两个严重的例外，而且相较于其他星云，它们是离我们较近的两个最大的旋涡星云。按照一般的理解，我们很难解释为什么那些其他宇宙要这么快、这么一致地离开我们。为什么它们要像躲瘟疫一样躲着我们？但如果我们真的能观察到由这些天体发出的光在做“环球”旅行的过程中

167 会减缓振动频率，那么这种现象就是可以理解的。按照这种理论，宇宙空间的半径大约为观察到的星云的平均距离的 20 倍，或者说 1 亿光年。这为几百万个旋涡星云留下了余地；但超出这个范围

就没有任何东西了——球状空间的“之外”就是沿相反方向将我们带回地球。①

2　时间尺度

时间的走廊向后延伸到过去。我们不知道所有这一切是如何开始的。但在某个阶段，我们可以想象空间中充满了比最稀薄的星云还要稀薄的物质。原子稀疏散布得到处都是，并做着无规律的运动。

望见“混沌”的宝座和他那
阴沉的大天幕
广被在狂乱的大海上。②

然后引力开始慢慢起作用。凝聚中心开始建立并吸引其他物质。出现的第一层级是像我们银河系这样的星系。下一级凝聚分离出星云或星团；这些再进一步凝结成恒星。

演化不是在所有地方取得同样的发展成熟度。我们从星云和星团上就可以观察到这种不同的演化阶段。有些恒星仍处于高度 168

① 哈勃最近提出了一种非常大的空间半径（10^{11}光年）。但他计算的基础，虽然针对的是旋涡星系，是不同的，而且我内心是不能接受的。它基于爱因斯坦提出的早期的闭空间理论，而通常认为这一理论已经过时。上面给出的理论（由 W. 德西特提出）当然带有很大的猜测性，但它是我们掌握的关于空间维度的唯一线索。

② 引自弥尔顿《失乐园》第 2 卷第 959 —961 行。中译文摘自朱维之译本（上海译文出版社 1984 年 11 月第 1 版）。——译者

弥散状态，有些则致密得如同太阳，其密度大于水的密度①。发展得更成熟的其他恒星则收缩到难以想象的高密度。但毋庸置疑的是，恒星的起源是一个独特的演化过程，它已经经历或正在经历一种原始的分布。以前有人毫无根据地推测，恒星的诞生如同动物的诞生一样是一种个体间发生的事件。时不时地就会有两颗已经死亡的恒星相碰撞，恒星物质被碰撞的能量转化为气态；接着便是冷凝，这团气态物质作为一个发光天体的寿命将重新开始。我们很难断定这种事情永远不会发生，太阳不是注定还有第二局或第三局；但从恒星之间的各种关系来看，恒星宇宙的现阶段还处在第一局。目前来看，恒星群在天空中是以共同的自行在移动；这些恒星必然有同一个起源，不可能是由偶然碰撞形成的。另一个被抛弃的猜测是：肉眼可见星可能是个例外，并且可能每颗闪亮恒星的背后都存在成千上万的死星。借助于引力对恒星的平均速度的效应，我们有多种方法来估计星际空间的总质量。业已发现，肉眼可见星的质量接近所允许的总质量，给暗星质量留下的余地非常有限。

生物学家和地质学家将地球的历史追溯到几十亿年前。基于放射性物质衰变的物理证据似乎也支持这样的结论：地球地壳中较古老的（太古时期的）岩石是在 12 亿年前形成的。太阳一定燃烧得更久，它靠（我们现在认为）它自身物质一点点地聚合转变成辐射来维持寿命。根据理论给出的时间尺度（它看来已得到天文学证据的最好的支持），太阳作为发光的恒星想必始于 50 亿年（5×10^{12} 年）前。理论给出的这个日期不一定令人十分信服，但它给

169

① 太阳的平均密度为 1.4 克每立方厘米。——译者

出了一个相当可靠的结论:太阳的年龄不会超过这个极限值。未来并不受限于此,太阳作为一颗越来越暗的恒星可能还能持续500亿年或5000亿年。亚原子能量理论已经将恒星的寿命从百万年延长到十亿年的量级,我们可以推测,浴火重生的过程可能使得恒星宇宙的年龄从数十亿延长至数万亿年。但是,除非我们能规避热力学第二定律——这相当于是说,除非我们能找到时间倒流的原因——否则最终的衰亡必将逐渐临近,世界最终将趋向均匀不变的状态。

这种物质、空间和时间的挥霍是否在人类这里达到顶峰?

3 多重世界

我在这里将目前关于其他世界的可居住性的天文学证据归纳一下。人们普遍以为回答这个问题是天体研究的主要目的之一。这种想法令天文学家深感不安。天文学研究往往是出于更实际而且很普通的目的,天文学家的任务是要拾取在此过程中出现的那些零星暗示并揭示其性质。然而,人的心灵总是不可抗拒地受到这样的想法的吸引:在宇宙的某个地方,可能存在"略逊于天使"的其他生物,人类可以将它们视为同类——甚或是比他更高级的生物。 170

闲来无事人们便猜测生活在不同于我们这个星球的条件下的生命体可能采取的形式。如果我理解正确的话,古生物学家的观点是,哺乳动物的生命现象始于第三纪陆地王朝——大自然第三次尝试演化出一种生命秩序,它能够充分灵活地适应变化的条件,并适于主宰地球。环境平衡的一些不起眼的细节必定会对生命的可能性和注定繁盛的生物体类型产生极大的影响。在生命能够进化到出现意识之前，进化过程中的一些关键分支点必然有过协调。所有这一切都远在天文学家的研究范围之外。为了避免无尽的猜测，我将假定所需的适居条件与地球上的不一样，如果这种条件存在，那么生命就将自动出现。

我们首先调查太阳系的行星。这些行星里只有金星和火星似乎完全合格。据我们所知，金星可能像我们地球一样很适合生命的存在。它的大小与地球大致相同；虽然更接近太阳，但未必更暖和，并且它具有令人满意的大气密度。令人意外的是，光谱观察没能给出其上部大气中存在氧气的任何迹象，因此令人怀疑这颗行星上是否存在游离的氧。但目前我们不愿做出如此明确的推断。如果迁徙到金星上，我们可能无需改变多少习惯就可以继续生活——只是就我个人而言，恐怕不得不找一份新的职业，因为对天文学家来说，金星不是个好的观测地。它完全被云或雾覆盖着。正因此，我们至今没法看清金星的表面特征，并且仍然不能确定它绕其自转轴转得有多快，以及自转轴的取向。[①]这里提及一种奇妙

① 按当今的天文学观测成果，金星自转一周的时长为 243 天（地球日），但其公转一周的时长（一年）却只有 224.7 天，而且其自转方向与公转方向相反，因此在金星上看到的（如果透过厚厚的大气能看到的话）星辰运行是西升东落。由于自转周期太长，在一个自转周期内它已在公转轨道上走过很远的距离，因此在 1 个金星日（自转一周）内可以看到两次日升日落，就是说金星上的 1 昼夜约等于 117 个地球日。金星的自转轴与其公转轨道平面基本垂直，因此不存在一年四季的变化。另外，金星的大气非常稠密，地表大气压是地球的 93 倍（相当于 1 千米水深处水的压强）。因此用光学望远镜是无法看清金星表面的地貌特征的，人们只能利用雷达来探测金星地貌。而且，金星的大气成分 97% 是二氧化碳，其次是氮（～ 3%），其他如硫化氢气体和水蒸气等极少，温室效应非常严重，地表温度高达 437℃。总之，金星徒有美丽的外表，根本不适于生命的存在。——译者

的理论，虽然它也许不值得认真对待。有人认为，太平洋所占据的大坑是当年月球脱离地球时留下的印迹。显然，这个大坑在容纳地表排出的多余的水方面发挥了重要作用。如果它填满了，那么整个大陆区域都将被淹没。因此，干的陆地的存在与月亮的存在有着间接的联系。而金星没有月亮，因此尽管它在其他方面类似于地球，但我们或许可以推断它是一个完全由海洋覆盖的世界，在这里鱼类是最高的主宰。不管怎样，这个想法提醒我们，有机生命的命运很可能是由乍看之下毫不相关的偶发事件决定。

太阳是一颗普通的恒星，地球是一颗普通的行星，但月亮不是一颗普通的卫星。其他已知的卫星没有一个与其行星之间有如此大的比例关系。月亮的质量是地球质量的大约1/80，这个比值看似很小，但是与其他卫星的质量比比起来却非常大。质量比第二大的已在土星的卫星系统中找到，其最大的卫星土卫六（泰坦，Titan）的质量是土星质量的1/4000。因此地球的历史上肯定发生过一个非常特殊的时期，才导致如此不寻常的质量比。乔治·达尔文爵士提出过一个解释，今天来看它仍是最有可能的，就是在太阳潮和地球的球体天然自由振动周期之间发生过共振。从而使地球的潮汐形变发展为大振幅振荡，造成大块质量脱离地球形成月球的灾难。其他行星侥幸逃脱了这种周期上的危险巧合，它们的卫星是按正常的演化分开的。如果我遇上来自另一个世界的智慧生物，我会在很多方面感到自卑，但在关于月球方面我大可以感到自豪。 172

火星是唯一一颗能够看得见其固体表面并予以研究的行星。这一点促使我们更详细地考虑在其上存在生命的可能性。火星的体积较小，这导致相当不同的条件。但生命存在的两个要素——空气和水——火星上都有，尽管量非常稀少。火星的大气比我们地球的更稀薄，但对于孕育生命也许已足够。业已证明火星大气中含氧。火星上没有海洋，因此地表特征不是由海洋和陆地来代表，而是红色的沙漠和深黑色的土地。这可能是表明火星的土壤是湿润和肥沃的。火星的一个显著特征是两极戴着白帽，这显然是积雪。它必然非常薄，因为到了夏天它就完全消融了。不同时间拍摄的照片显示，云彩有时遮蔽了大块的表面，但更常见的晴朗的天气。在无云的时候，空气显得略微有些浑浊。赖特（W. H. Wright）通过对比用不同波长的光拍摄的照片令人非常信服地证明了这一点。短波长的光多被雾霾散射掉，因此普通照片相当模糊。但采用黄光（拍摄时给光学望远镜加置黄色滤色镜）时，表面细节就能够显示得更清晰，因为长波长的可见光更容易穿透雾霾。[①]用波长更长的红外波来拍摄，获得的细节就更清楚。

173

最近人们对火星表面温度的确定给予了极大的关注。通过对表面不同部分辐射出的热进行直接测量，我们就可以做到这一点。虽然所得到的结果在许多方面可谓信息丰富，但很难谈得上准确一致，足以给出明确的气候学上的结论。在白天和黑夜之间，以及在不同纬度上，温度的变化自然会很大。但平均来说气候明显寒冷。即使在赤道上，日落后气温也会降到冰点以下。如果我们将目前的判断看作是确定性的，那么我们就该怀疑，这种气候条件是

① 这看起来很幸运，拍摄火星的先驱者因为没有合适的摄影望远镜，因此不得不用肉眼观测望远镜——因此采用的是视觉敏感的（黄色）光。结果表明，这对于取得良好效果是必不可少的。

否适合我们这样的生命形式存在。

在赫胥黎的一篇论文中有这么一段:"除非人类的寿命更长,现在的出版业的职责不那么沉重,否则我不认为聪明人会去关注木星或火星的自然史。"今天,火星自然史似乎已在严肃科学的研究范围之内。至少火星表面所显示出的季节性变化,在外在的旁观者看来很像我们想象中的森林覆盖着的地球。这种表观的季节性变化对于专心的观察者来说是非常明显的。当一个半球进入春季时(我的意思当然是火星上的春季),最初很微弱的相对较暗的区域开始延展变得更暗。如果我们逐年观察火星日历上同一天同一地区的年变化规律,会发现其暗色在逐年加深。对此可以用无机物的机制来解释:春雨润湿了地表从而改变其颜色。但要带来这种作为直接效果的变化,那里的雨水或许不太够。但如果将这种色泽变化看成是类似于我们自己星球上所熟见的植被在每年春天中复苏,就要好理解得多。

174

火星大气中氧气的存在提供了其上存在植物生命体的另一个支持证据。氧气可以与许多元素自由化合,地壳的岩石对氧气就非常渴求。如果不是植被从土壤中将它们提取出来再次还其自由,那么随着时间的推移,它们将完全从空气中消失。如果地球大气中的氧气是以这种方式保持的,那么假设火星上也需要植物生命来发挥同样的作用似乎就是合理的。将这一点与观测到的火星地表暗区的季节性变化的证据结合起来,我们似乎有相当强的理由推断火星上存在着植被。

如果火星上允许存在植物,那么我们可以排除有动物存在的可能吗?我已经穷尽了天文数据能提供的证据,对你可能由此推断出的结论不承担任何责任。确实,已故的洛厄尔教授认为,这个星球上某些或多或少的直线标记物代表着一种人工灌溉系统,是先进文明的标志。但我认为这个假说没有赢得多少支持。平心而论,这一猜想的作者本人的工作和他的天文台在丰富我们对火星的认识方面曾做出了非常重要的贡献,但很少有人会完全认同他的这一貌似真确的结论[①]。最后我们可以强调一点:火星具有早已度过其初级阶段的星球的每一项特征,无论如何,像火星和地球这样的两个在各方面都差异很大的行星,不太可能同时处于生物学发展的顶点。

175

4 行星系的形成

如果我们对太阳系的行星感到失望的话,不是还有其他几十亿颗恒星吗,我们已习惯于将它们都看作是统领所属行星系统的太阳。似乎有这样一个近乎不敬的预设,即不认为所有这些恒星上会存在像我们这样的高等生物。假设无论在宇宙中的任何地方大自然都不会重复她在地球上所进行的奇特实验,这显然很荒唐。实际上确实存在一些遏制我们太过自由地假定宇宙中存在其他生命的考虑。

在用望远镜观察恒星时,我们惊奇地发现,有太多的星星肉眼看上去是一个点,但实际上却是两颗靠得很近的星星。当望远镜

① 除了从低纬度和高纬度看过去之外,火星的大部分区域即使在非常有利的观测条件下也是难露真容。不具这些有利条件的天文学家因此不愿意在那些曾引发争论的问题上做明确表态。

也无法分辨它们时，采用分光镜就可以看出，它们往往是两颗运行轨道相互缠绕的恒星。其中至少有三分之一是双星——一对自发光的天体，二者的尺寸都与太阳相当。因此，单个至尊的太阳并非天体演化的唯一产物。许多演化会取道另外的方式，形成两个密切相联的太阳。我们可以排除掉双星系统拥有行星的可能性。这不仅是因为在更复杂的引力场下很难将它们纳入其永久轨道，而 176 且似乎也缺乏形成行星的机制。这颗恒星已经以另一种方式满足了其裂变冲动，它已被分成两个几乎相等的部分，而不是连续地抛出细小的物质碎片。

这种分裂的最明显的原因是过度旋转。随着气态星球的收缩，它的旋转变得越来越快，直到这一时刻——它不再能够保持一体——来临方止。对此我们必须为其找到某种解脱机制。根据拉普拉斯的星云假说，太阳是通过连续抛撒物质来缓解这种转动加快的，抛撒出来的物质形成一圈圈做轨道运动的行星。但是除了我们所知道的这个行星系统的例子外，我们从天空中数以千计的双星系统中应该得出这样的结论：过度旋转的一般结果是将恒星分成两个同量级大小的天体。

我们或许仍可以认为，行星系的形成和裂变成双星都是过度旋转所引起的问题的一种可能的解，具体取哪条路径要根据情况来定。我们知道无数的双星系统，但行星系统只有一个。要观测到另一个行星系统（如果它存在的话）无论如何都超出了我们现在的能力。我们只能求助于有关气态物质旋转的理论研究成果。这项工作非常复杂，所得出的结果未必是最终的。但 J. H. 金斯勋爵的研究得出的结论是，旋转破碎只产生双星，从来不会形成一个行星系统。太阳系不是恒星演化的典型产物,它甚至不是演化的一种常见变体,而是一个怪胎。

177 消除了替代方案后,我们似乎看到,只有在凝聚的某个阶段发生了不寻常的偶发事件时才会形成类似于太阳系的配置。根据金斯的研究,这种偶发事件是因为另一颗恒星在空间穿行时偶然接近造成的。这颗恒星想必是在距离海王星轨道外的不远处经过,它必定不能经过得太快,而是慢慢地赶上太阳或是被太阳赶上。由于潮汐作用,它在太阳上造成一个巨大的隆起,并使后者喷出如丝如缕的物质,这些物质经过冷凝便形成了各个行星。这个事件发生在十亿年前。入侵的恒星此后继续自己的行程,与其他恒星混在一起,留下了一个行星系的遗产,其中就包括人类可居住的地球。

即使在恒星漫长的寿命里,遇到这类事也必然是极其罕见的。恒星在空间的分布密度可以用整个地球内部仅有 20 个网球的密度来比拟。产生太阳系的事件的概率相当于这些球中有两个球彼此接近到几码之内的概率。这方面的数据太缺乏,我们无法给出发生这种事件的确切的概率估计,但我判断,在 1 亿颗恒星中可能没有一个能在正确的阶段和条件下经历这种导致形成一个行星系的事件。

然而,不管有关太阳系的稀有性的这个结论多么值得怀疑,它起码对那种很容易被采纳的观点——将每颗恒星都看作有可能孕育出生命——有校正的作用。我们知道大自然的慷慨。为了成活一棵橡树,她会撒播多少橡子?难道她在照顾她的星星方面不该比对待橡子更加小心吗?如果确实是这样,那么就没有比她为她 178

最伟大的实验——人类——提供一个家园更宏伟的目标了。为此她用她的方法散布了上百万颗恒星，其中有一颗恰好实现了她的目的。

以这种方式严格限制的生命家园的可能数目在开始时无疑会被进一步筛选。在搜寻家园的探险中，我们发现有必要放弃许多细节上看起来很宜居的豪宅。微不足道的环境状况都可以决定有机体是否能够形成。进一步的条件则决定了生命体是上升到像我们这样的复杂个体还是保持在较低级的形式。但我认为，筛选结束后，大自然会留下几个作为对手的地球来点缀宇宙的这里和那里。

如果我们特别留心同时代的生命，就会引出另一点。与地球或太阳的年龄相比，人类存在于地球上的时间是非常短暂的。为什么人类一旦来到世上，就不该在地球持续居住另一个百亿年，这没有什么明显的物理原因。但是——这么说吧，你想过这一点吗？假设高度发达的生命阶段只是恒星的无机物历史上很短的一段，那么对手地球通常都处在这样的境地：有意识的生命要么已经消亡，要么尚未到来。我不认为造物主会将全部目的都放在我们生活的这一个星球上。从长远看，我们不能认为自己是已经被或将会被赋予意识奥秘的唯一物种。但是我倾向于认为，在当前我们这个物种是至高无上的。在无数群集的星群里，肯定有不止一个星球在俯瞰能与阳光下展现的景色相媲美的景象。

第九章 量子理论

1 麻烦的由来

179 如今，每当热心者聚在一起讨论理论物理时，话题迟早会转向某个特定方向。你让他们讨论某个具体问题或最新的发现，但一小时后回来，你会惊异地发现他们全都聚精会神于一个话题——他们都陷入一种令人绝望的无知状态。这不是摆谱，甚至谈不上科学的谦卑，因为这种态度往往表现为一种天真的惊讶：大自然竟能将她的基本秘密隐藏得如此成功以至于像我们这样能干的知识分子居然无从寻找。道理很简单：我们已在知识进步的途中拐了个弯，我们的无知霍然展现在我们面前，令人震惊和急切。目前的物理学基本概念里出现了一些根本性的错误，我们不知道如何正确地予以修正。

造成这一切麻烦的原因是一种叫 h 的小东西，它不断出现在各种实验中。在某种意义上，我们知道 h 是什么，因为我们有很多种测量它的方法，其大小是

0.000,000,000,000,000,000,000,000,006,55 尔格·秒。

它将（正确地）提示你，h 的值非常小，但最重要的信息是包含在后

面的单位里:尔格·秒。尔格是能量单位,秒是时间单位;由此我们懂得了,h 具有能量乘以时间的本性。

当然,在现实生活中,我们不经常遇到能量乘以时间的情形。180 我们经常遇到的是能量除以时间。例如,驾驶员将发动机的能量输出除以时间得到功率(马力)。反过来,供电公司则用马力或千瓦乘以能耗的小时数作为寄送账单的依据。但再乘以小时数似乎是一件非常奇怪的事情。

但当我们在绝对的四维世界里看它时,就不那么奇怪了。像能量这样的量——我们认为它们仅存在于瞬间——属于三维空间,它们需要乘以一个持续时间才能给出其厚度,然后才能进入四维世界。设想有这么一部分空间,例如大不列颠,我们将它的人口数定在4,000万人。但是如果我们考虑的是1915年到1925年间的这部分大不列颠的时空,我们就必须将这期间的人口数描述为4亿人年。从时空的角度来描述世界的人口规模,我们必须采用一种不仅包括空间也包括时间的单位。同样,如果某项空间内容需要用尔格来描述,那么它所对应的时空区域的内容就将用尔格·秒来描述。

通过类比三维世界中的能量,我们给四维世界里的这个量一个专业名称,叫"作用量"。这个名字似乎没有什么具体的适用性,但我们不得不接受它。尔格·秒或作用量属于闵可夫斯基的世界,它对于所有观察者都一样的,因此它是绝对的。它是前相对论物理学中被注意到的极少数绝对量之一。除了作用量和熵(它属于完全不同的物理概念类),前相对论物理学里出现的所有物理量 181 都是对三维截面而言的,它们对不同的观察者是不同的。

相对论向我们展示了作用量——由于其绝对性——可能在大自然的体系中扮演着特殊的重要性。但在此之前，早在特定的作用量 h 开始在实验中出现之前，理论力学的研究者就已经广泛运用作用量概念了。特别是威廉·哈密顿爵士的工作使这一概念得到了充分应用。从那时起，动力学理论已在此基础上得到了非常广泛的发展。我只需提及你们自己的（爱丁堡大学）教授[①]所写的关于分析力学的标准论文即可见一斑。要理解这一概念的基本重要性和意义并不困难；但必须承认，非专业学者对于详细了解这一概念的发展的兴趣并不会很大，在他看来，这无非是一种将简单的事情复杂化的巧妙方法。好在引导这些研究的本能最终强调了自身的正当性。要了解原子的量子理论自大约1917年以来的进展，我们就必须深入了解哈密顿的这一动力学理论。值得注意的是，正如爱因斯坦发现数学家已经为他准备好了发展其伟大的引力理论所需的张量演算一样，量子物理学家发现也有人为他们准备好了一种广泛的作用量动力学理论。没有这一理论，他们将会一筹莫展。

但是，让我们对这一发现——有些作用量具有特殊重要性——有所准备的，既不是作用量概念在四维世界里的绝对重要性，也不是它在早期哈密顿动力学里的突出地位，而是一个标准值（6.55×10^{-27}尔格·秒）在实验中的不断出现。我们有充分的理由认为必须将这个作用量看成是原子的，将这个值看作是作用量的基本单元。但我们做不到这一点，尽管过去十年里我们一直在

182

① 指E.T.惠特克(E.T. Whittaker)教授。

努力。我们现在的世界图像表明，作用量的形式与这种原子结构非常不协调，世界图像必须重建。事实上，我们的物理学架构赖以确立的基本概念必须有彻底的改变，问题是如何发现所需的特定变革。自 1925 年以来，好些新思想已经被引入这一领域，使这个死结有所松动，并且给了我们一些关于这次必然要发生的革命的性质的暗示。但是这一困难还没有找到一般性的解决办法。这些新思想将是下一章的主题。这里，我们最好将讨论限定在 1925 年以前的情况，只是在本章的最后，我们将讨论转到为过渡所做的准备上。

2 作用量基元

记住，作用量有两个要素，即能量和时间。我们必须在自然界中找到能量的一个确定的量，这个能量与某个时间间隔有关。这是一种不掺杂人为因素而将作用量的特定大小与宇宙中该作用量的其余部分分开的方法。例如，构成一个电子的能量是一个明确且已知的量；它是弥漫在宇宙各处的自然形态能量的一个聚集。但它不与特定的、我们都知道的时间间隔相关联，因此在我们看来它不是作用量的一种特定能量包。我们必须转回到这样一种能量形式，它具有可发现与之相关的确定的时间间隔，譬如一列光波。这些光波随身携带着一个时间单位，即其振动的周期。钠黄光的振动周期是 5,100 亿次每秒。乍一看，我们似乎面临相反的困难：现在我们有确定的时间周期，但我们怎么才能从钠火焰中取得能量的自然单元？当然，我们应该从单个原子上提取光，但除非原子 183

是不连续地发射光，否则这根本行不通。

事实上，原子的发光确实是不连续的。它发出一个长的波列后便停止了。只有在受到某种激发后她才重启发射。在日常光束上我们无法感知这种不连续性，因为这种光束是无数原子参与发光的结果。

业已发现，钠原子在进行这些不连续的辐射时，一次辐射的能量为 3.4×10^{-12}尔格。正如我们所看到的，这个能量是在一个确定的周期 1.9×10^{-15}秒内发射的。因此，对一个作用量的自然能量包，我们有两个必不可少的成分。将它们相乘，即得到 6.55×10^{-27}尔格·秒。这就是量 h。

大自然的神奇法则在于我们是连续得到这个相同的数值结果。我们可以换用其他的光源——氢、钙或其他任何原子。这时能量将取不同的尔格数，周期也将相应地取不同的秒数，但它们的乘积仍将是相同的尔格·秒数。这个乘积同样适用于 X 射线、γ 射线和其他辐射形式。它既适用于原子发射的光也适用于原子吸收的光，吸收也是不连续的。显然，h 是一种基本单元——一种在辐射过程中以一个单元呈现的东西。它不是物质原子，而是——正像我们通常称呼它的——更难以捉摸的实体作用的量子。不同种类的原子有 92 种，但作用量子只有一种——不论什么物质，与之关联的都是同样的这一种。我这里说的“同样”可是毫无保留。你也许会认为红光的量子与蓝光的量子之间必有质的区别，虽然它们都含有相同的尔格·秒数。但这种表观的差异仅仅是相对于时间和空间参照系，与作用量的绝对能量包无关。根据多普勒原理，当光源高速接近时，红光将转变成蓝光。在新的参照系下，波的能量将发生改变。钠火焰和氢火焰向我们抛出同样的一堆作用量，只是这些能量包相对于我们画出的四维世界的“当下”线有着不同的取向。如果我们改变我们的运动从而改变了“当下”线的方向，我们就能在原先观察到氢源的能量包的方向上看到钠源的能量包，并认识到它们实际上是相同的。

我们在第四章中注意到，能量的洗牌可以变得完全，以致我们能够达到一个称为热力学平衡的确定的态。我们认为，这只有当不可分割的单元被充分混合后才是可能的。如果一副牌可以被无限地撕成更小的小片，那么洗牌过程就没有尽头。能量洗牌中最小的不可分割的单元是量子。通过辐射吸收和散射，物质和以太中的能量得到混合，但每一步只传递一个完整的量子。事实上，热力学平衡的这种确定性最先是由马克斯·普朗克教授将其置于量子上得到的，而 h 的大小最先也是通过分析观察到的终态辐射的随机性计算出来的。这一理论在成长阶段的进步，就其一般原理而言，主要应归功于爱因斯坦；而它与原子结构的联系则应归功于玻尔。

185

量子的矛盾本性在于，虽然它是不可分割的，但它并不能孤立地存在。我们先来考查这样一种情形：能量的量明显凝聚在一个电子上，但我们却找不到 h。接下来我们将注意力转向能量借助于光波明显消融于空间的情形，这时 h 立刻现身。作用量基元似乎与空间不相干；它有一个基元，而这种基元在空间上是可叠加的。这样一个基元如何能够通过时空的扩展出现在我们世界图景中呢？

4 与光的波动理论的冲突

对量子的追索引出许多令人惊奇的事情，但可能没有一样能比光和其他辐射能量转化为 h 单元的重聚更出乎我们预料，按照所有的经典图像，它应该变得越来越分散才对。考虑由天狼星上单个原子单次发射出的光波。这些光波在一定的持续时间里带走了一定量的能量，这个持续时间与能量的乘积就是 h。这期间波没有变化，但能量在一个不断扩大的范围里展开。在辐射后行走了 8 年又 9 个月，波到达地球。在到达前的几分钟里，有人突然想到要出去欣赏天空的美景——总之，他的目光恰好在这些光波的传播路径上。光波在出发时并没有想到会碰到什么东西。它们唯一知道的是它们将像大多数同事那样在漫无边际的太空中旅行。它们的能量似乎会消散在半径 500 亿英里的广大区域里。然而，如果这个能量再次进入物质，如果它在视网膜上产生光的化学变化，那么它就必须以一个作用量量子 h 的形式进入，即要么是 6.55×10^{27} 尔格秒，要么没有。正如发射原子全然不顾经典物理学的所有定律执意要以 h 为单位发射一样，接收原子也决意以 h 为单位来接收。不是所有的光波都不进入眼睛直接通过，因为我们毕竟能看到小天狼星。那么它是如何运作的呢？射入我们眼睛的光波前端发送一条消息给后面：“我们发现了一只眼睛。让我们全都进去吧！”

要试图解释这一现象，我们得遵循两个主要观点，其一可称为“收集箱”理论，另一个称为“彩票”理论。我们可以毫不费力地将它们翻译成科学语言，就是说：在第一种理论里，原子持有一个收集箱，每个到达的波群都会向里投入少量能量；当箱子里的量达到一个完整量子后，就被原子吸收了。第二种理论是说，原子用不足一个量子的少量能量购买一张彩票，奖品是整个量子；有些原子会赢得整个量子，后者被吸收，而正是我们的视网膜的这些获奖原子告诉我们天狼星的存在。 187

收集箱的解释站不住脚。正如金斯曾经说过的那样，量子理论不仅禁止我们一石二鸟，而且不允许我们用两块石头去杀死一只鸟。我不可能在这里充分讨论反对这一理论的理由，但可以说明其一两点困难。一个严重的困难来自半填充的收集箱。如果我们不考虑原子，而是考虑分子，就更容易看出这种困难，因为分子只吸收全部量子。一个分子可能开始时收集它能吸收的各种光，但在它收集到任何一种光的量子之前，它参与了化学反应。于是所形成的新化合物不再吸收旧的光，因为它们具有完全不同的吸收光谱。它们必须重新开始收集相应的光。既然收集过程无法完成，那么过去收集的现已没有用处的东西怎么处理呢？有一件事是肯定的：当化学变化发生后，这些被收集的能量不会再回到以太中。

一种似乎直接与收集箱解释相抵触的现象是光电效应。当光照射在钠、钾、铷等金属薄膜上时，自由电子就会从薄膜中释放出来。它们高速飞离，实验上我们能够测量它们的速度或能量。无疑，是入射光提供了这些逃逸的能量，但这种现象存在一个显著的规则。首先，电子的速度不会随入射光强的增大而增加。光强增大只会产生更多的电子逃逸，但不会增大电子的逃逸速度。其次， 188

采用较蓝的光（即波长较短的光）能够提高逃逸速度。例如，从天狼星到达我们这里的光尽管很微弱，但打出的电子比强烈的太阳光打出的有更高的速度，因为天狼星比太阳更蓝；天狼星的遥远距离虽然使其发出的光打出电子的数量减少，但打出的电子的能量并不低。

这是一种很直观的量子现象。从金属中飞出的每一颗电子都从入射光中得到一个量子。根据 h 法则，振动周期越短的光，其能量越大，因此蓝光给出的能量更强。实验表明，（在扣除一个恒定的使电子从膜中脱出的“阈值”能量后）每个放出来的电子的动能等于入射光量子的能量。

这种膜得在黑暗中制备。一旦曝露于微弱的光线，电子立即飞出，快得连任何采用通常手段的收集箱根本来不及收集。我们也无需借助于任何光的触发作用量来释放一个为其旅程充满能量的电子，正是光的性质决定了负载量。**光点了曲调，因此光必须付费给吹笛者**。只有经典理论才不把钱袋子交给光用于支付。

要想将反驳的篱笆构筑得彻底，以便能排除沿某种解释思路
189
的所有进展，总是很困难的。但即使仍存在可能的不同意见，现在也到了该意识到各种遁词皆十分牵强的时候了。如果我们有一种能领悟大自然的基本定律（当它显现时）的本能，那么这种本能将告诉我们，辐射与物质之间在单个量子水平上的相互作用是世界结构的根源，而不是原子机制中的偶然细节。为此我们必须转向“彩票”理论，这一理论是以一种对经典概念做彻底修改了的观点来看待这一现象的。

假设光波有这样的强度，即根据通常对其能量的推算，在每个

原子范围内被带进百万分之一个量子。一种意想不到的现象是，每个原子不是吸收这百万分之一的量子，而是每百万个原子中有一个吸收了整个量子。光电效应实验已经证明了量子的吸收是整体性的，因为每个放出的电子得到的都是整个量子的能量。

事情似乎是，光波实际上不是在每个原子范围内留下百万分之一的量子，而是留下一个完整的量子的机会是百万分之一。光的波动理论的图像描述了在整个波阵面上呈均匀分布的某种东西，这种东西通常被认为就是能量。由于诸如干涉和衍射等已知现象的存在，我们似乎无法否定这种均匀性，但我们必须给出另一种解释：就是将它看成是能量出现机会的均等性。按照老套的能量定义，能量是“做功的本领”。因此波的整个波阵面就表示做功的均等机会。波动理论研究的就是机会的传播问题。

190 在彩票理论中，对于如何抽奖有着各种不同的观点。有些人认为，在到达原子之前，波前的幸运部分已经被标记。除了均匀波的传播，这一理论还包括光子或“幸运射线”的传播。在我看来，这些都与现代量子理论的总趋势背道而驰的；尽管大多数权威人士现在仍坚持这一观点，而且这一观点据说也得到了某些实验的明确验证，但我不太相信这种观点是牢固的。

5　原子理论

现在我们回到关于量子的进一步的实验知识上来。这个神秘的量 h 既出现在原子内也出现在原子外。让我们考虑最简单的原子——氢原子。它由一个质子和一个电子组成，即由一个单位的正电荷和一个单位的负电荷组成。质子携带几乎所有的原子质量，质感类似于岩石，并位于中心；而灵活的电子则按照电荷之间的平方反比律做着圆形或椭圆形的轨道运动。因此，这个系统非常像太阳和行星的关系。但在太阳系中，行星的轨道可以是任意大小，可以有任意偏心，而电子的轨道则被限定在一系列特定的距离和形状上。在经典电磁学理论中，电子并没有被施加这样的限制，但这种限制是存在的，并且适用于它的法则也已经被发现。这是因为原子内部的能级排列必须满足等于 h。那些非 h 的轨道被排除，因为它们包含了 h 的分数，而 h 是不可分的。

191 但有一点是松弛的。当原子发出或吸收波能时，其量和周期必须严格对应于 h，但就其内部排列来说，原子不反对有 $2h$，$3h$，$4h$ 等的能级；它只坚持分数 h 的除外。这就是为什么电子可以有许多不同的轨道，它们对应于不同的 h 倍的积分。我们称这些倍数为**量子数**，分别称其为 1 量子轨道、2 量子轨道等等。这里我将不再讨论这些 h 倍数的确切定义。但从四维世界的角度看，我们立即可看出它就是作用量，虽然这一点在三维断面上以普通方式看可能不是那么明显。此外，原子还有一些不从属于这一法则的特征，因此相应地存在几个量子数——每一个对应于一项特征。但为了避免讨论的复杂性，这里我只谈刻画主要特征的主量子数。

根据玻尔给出的原子图像，原子态的唯一可能的变化是电子从一个量子轨道跃迁到另一个量子轨道。这种跃迁必须伴随着光的吸收或发射。假设一个在能量较高轨道上运行的电子跳到能量较低的轨道上。于是原子将有一定的能量剩余。原子必须摆脱这些能量。这个能量包是固定的，当它转变成以太波时，它仍具有固定的振动周期。难以置信的是，原子能控制以太，并让它以不同于自身振动周期的频率振荡。然而，实验事实是，当原子通过辐射使得以太振动时，其电子轨道周期便被忽略。以太波的周期至今还 192 没有什么图像来说明，只能用看似人为的 h 法则来解释。原子抛出能量包似乎是漫不经心的，但当这些能量包落入以太后，它必须通过取特定周期来将自身塑造成一个作用量量子，以满足能量和周期的乘积等于 h 的要求。如果说这种非机械的辐射过程与我们的成见相矛盾，那么完全相反的吸收过程就更是如此。在这里，原子必须找到一个量值确切的能量包来将电子提升到较高的轨道上。它只能从特定周期的以太波中提取出这个能量，这个周期不是与原子结构共振的周期，而是使能量转化为精确量子的周期。

由于轨道跃迁的能量与所放出的光的周期（二者乘积必为常量 h）之间的调整也许是量子理论中最令人惊奇的证据，因此我们有必要来说明原子的轨道跃迁的能量是如何被测量的。我们可以通过让一个电子在已知电势差的电场中运动来获知其能量。如果这个电子打到原子上，它可能使得后者的一个轨道电子跃迁到能级较高的轨道上（当然，只有当入射电子的能量足够大才能实现这种跃迁）；如果这个入射电子的能量不是太多，那么它将什么也做不了，只能带着其能量毫发无损地穿过。现在让我们将一束具有相同的已知能量的电子发射到一组原子中。如果所携带的能量低于相应的轨道跃迁所需的能量，那么束流除了普通的散射外将不受干扰地通过。现在逐渐增加电子的能量，突然间我们发现，电子 193 留下了大量的能量而去。这意味着所加的能量已达到临界能量，电子的轨道跃迁被激发。因此我们有一种测量临界能量的方法，这个临界值正是电子跃迁前后所处的原子的两个态的能量差。这种测量方法的优点是，它不涉及常数 h 的任何知识，因此当我们采用测量能量的方法来检验 h 法则时，不会有陷入恶性循环的担心。[①]顺便指出，这种实验提供了另一种反驳收集箱理论的论据。小的能量贡献不会被善意接受，对于任何小于跃迁所需能量的能量贡献，电子完全不予理会。

6 经典定律与量子定律之间的关系

对量子定律的核查和成功应用将导致对现代物理学的更大部分——比热、磁学、X 射线、放射性等等——的详细研究。我们必须离开这里，回到经典定律和量子定律之间关系的总体考察上来。我们并用经典定律和量子定律至少已有 15 年的历史，尽管这两种观念势不两立。在模型原子中，电子被认为按照经典电动力学定律遍历其轨道；但它们从一个轨道跃迁到另一个轨道则完全不符194合这些定律。氢原子的轨道能量是由经典定律计算得到的，但这些计算的目的之一是验证单位 h 中能量和周期的关联。这与经典辐射定律是相矛盾的。整个过程十分矛盾但又显著成功。

在我的天文台上有一架望远镜。它能将星光聚焦到光电管的钠膜上。我依照经典理论使光通过透镜聚焦到光电管上；然后我转换到量子理论使光在钠膜上打出电子并将电子收集到静电计

① 由于 h 法则业已确立，因此原子的不同态的能量通常借助于这一法则来计算。用这些能量值来检验 h 法则显然是恶性循环。

上。如果我将这两种理论调换个顺序，那么量子理论将让我确信，光永远不会聚焦到光电管上，而经典理论则表明，即使有光照进来，你也无法提取电子。为什么不按照这种顺序来运用理论我给不出逻辑上的理由。只有经验告诉我，我不能这样做。当威廉·布拉格爵士说我们在周一、周三和周五采用经典理论，在周二、周四和周六采用量子理论时，还真不是言过其实。也许对于那些秉持这样的宇宙哲学——工作日持一种态度周末持另一种态度——的人，我们应该感到一点点同情。

在上个世纪——我认为在本世纪依然如此——许多从事科学的人将他们的科学和宗教分别保持在隔绝的密室里。他们在实验室秉持一套信仰，走进教堂则持另一套信仰，而且并不打算认真地将二者协调起来。这种态度是有道理的。探讨信仰的协调性会使得科学家陷入他所不熟悉的思想领域；他能给出的任何回答都不具有强烈的自信。我们最好是承认，在科学和宗教两方面都有某些真理，如果它们彼此间必须斗争，那就请它们另选地方，而不是选择发生在努力工作的科学家的头脑里。如果我们曾经蔑视这种态度，那么复仇女神已经惩罚了我们。十年来，我们不得不将现代科学划分为两个领域，我们在经典领域有一套信念，在量子空间中则采用另一套信念。不幸的是这二者间并不是完全隔绝的。

当然，我们必须期待对物理世界概念的最后重建，它将同时包含经典定律和量子定律。但仍有一些人认为，通过发展经典理论将起到和解的作用。但我称之为“哥本哈根学派”的那些物理学家认为，这种重建已经在另一端开始，并且在量子现象上，我们正与大自然的工作方式进行着比经典定律提供的粗糙经验更亲密的接

195

触。经典学派已经相信这些均匀的作用量能量包的存在，推测要剥离这种均匀的能量包需要什么样的砍刀；另一方面，哥本哈根学派则从这些现象中看到了空间、时间和物质被粉碎成作用量颗粒的虚幻性。我不认为哥本哈根学派主要受到如何从经典材料中构建一把满意的砍刀所面临的巨大困难的影响。它们的观点主要是从来自对经典定律与量子定律之间契合点研究。

经典定律是量子定律在量子数非常高的状态下所趋向的极限情形。

196 这便是玻尔提出的著名的对应原理。最初这是一个基于相当轻微的暗示的猜想。但随着我们的量子法则的知识的增长，我们发现，当我们将这些法则运用到很高量子数的态上时，它们趋同于经典定律，它们给出的预言等同于经典定律所做的预言。

例如，取一个电子处在非常高的量子数的圆轨道（即远离质子）上的氢原子。所谓周一、周三和周五由经典定律支配是说，原子必然发出一种微弱的连续辐射，其强度由它所经历的加速度决定，其周期等同于自身的旋转周期。由于能量逐渐减少，电子旋转着向质子靠拢。靠拢到一定程度，周二、周四和周六起作用的量子定律开始接管支配权，电子从一个轨道跳到另一个轨道。有一条量子定律我前面没有提到，它规定（仅为圆形轨道）跃迁必须始终是到较低一级的圆形轨道，以便使电子稳步下降，而不跳过任何一级。另一项定律规定了每次跃迁的平均时间，因此也就规定了持续发光的平均时间。每一步跃迁辐射出的能量包所对应的光波的周期由 h 法则决定。

“荒谬！你不应该这么严肃地说，电子在一周的不同日子里做不同的事情!”

但我说它做不同的事情了吗?我只不过用不同的词来描述它的行为。我在周二跑下楼梯,在周三则是沿着楼梯扶手滑下来。如果我们将楼梯细分成无数个小阶梯,那么我在这两天里的下楼 197 模式就没有本质的区别。因此无论电子是阶跃式地从一个轨道向下跃迁到另一个轨道,还是以旋转地趋向低能态,当步数变得无穷多时就没有差异了。能量包一个个地抛出演变成了连续流出。如果你手头有公式,你会发现,无论是用周一的方法还是用周二的方法来计算,光的周期和辐射强度都是相同的——唯一的条件是量子数趋于无穷大。当量子数不太大时,两种方法的分歧不是很严重,但对于小的量子数,原子就不可能骑墙了。它必须就采用周一的定律(经典)还是周二的定律(量子)法则做出决断。结果它选择的是周二的法则。

如果我们相信这个例子是典型的,那么它便指明了重建物理学的方向。我们不可能在经典概念的基础上重建理论,因为经典定律只有在系统的量子数非常大的极限情况下才有意义,而相关的概念也只能在极限情形下才可定义。我们必须从那些既适用于低量子数,也适用于高量子数的新概念出发。在这些新概念里,经典概念已被囊括,开始时它们可能仅仅是隐约可见,但随着态的量子数的增大,它们会变得越来越清晰,经典定律变得越来越接近真实。我不能预言这种重建的结果,但采用“态”的概念——用态为单位取代由经典力所表示的联系——想必还有很大的余地。对于低量子数的态,目前的物理学词汇并不合适,但现在我们几乎无法避免使用它,而且目前的很多矛盾均由此滥用产生。对于这样的 198

态，空间和时间都是不存在的——至少我看不出有什么理由相信它们这样做。但我们必须假设的是，当考虑的是高量子数的态时，我们应能够在新方案里找到与传统的空间和时间概念近似对应的概念——当态的量子数变得无穷大时，这些概念便合成为空间和时间。同时，由态之间的跃迁所描述的相互作用将融合成在空间和时间中起作用的经典的力。因此，在极限情形下，经典描述成为可用的替代品。现在，在实践上，我们通常处理的都是关系较为松散、对应于高量子数的系统。因此，我们对世界的初步调查碰巧发现了经典定律，我们目前的世界观是由那些仅用高量子数来确切描述的实体构成的。但在原子和分子的内部，在辐射现象上，甚至是在如天狼星伴星这样的非常致密的恒星体内，态的量子数并不高到可以用经典定律来处理。现在这些现象迫使我们回到更基本的概念，而（足以描述其他现象的）经典概念则应作为极限情形出现。

例如，在此我需要借用一下下一章的量子概念。这个概念在当前各种想法快速演变的进程中未必注定能生存下来，但不管怎样它能够说明我的观点。在玻尔的半经典的氢原子模型中，电子被描述成按圆形或椭圆形轨道运行。这只是一个模型，真正的原子不包含任何排序。真正的原子所包含的东西还出乎我们的想象，它只能用薛定谔的符号来描述。这种“东西”以某种方式传播，其传播方式绝不是那种可以用电子轨道来比喻的东西。现在，我们将原子连续激发到越来越高的量子态。在玻尔模型中，这相当于电子跃迁到越来越高的轨道。而在实际的原子里，则是薛定谔的“某种东西”开始越来越吸引在一起，直到粗略地勾勒出玻尔轨

199

道，甚至模仿一条凝聚的圆形跑道。量子数继续增高，于是薛定谔的符号现在代表了在同一轨道上绕行的致密物体，其周期等同于玻尔模型下的电子轨道周期，甚至根据电子的经典定律发出辐射。所以，当量子数达到无穷大时，原子爆发，一个真正的经典电子就会飞出来。在离开原子的那一瞬间，电子就像将逃出魔瓶的精灵一样从薛定谔的迷雾中结晶出来。

第十章　新量子论

200　量子理论与经典理论之间的冲突在光的传播问题上变得尤为尖锐。在这里，这种冲突实际上已成为光的粒子说和波动说之间的冲突。

在早期，人们经常会问到，光量子有多大？威尔逊山天文台通过检视由巨大的100英寸反射望远镜所拍摄的星光照片给出了一种回答。衍射图样显示，每个原子发射的每一次辐射均充满整个反射镜镜面。因为如果一个原子只照亮恒星的一部分，另一个原子发的光照亮另一部分，那么我们通过不同的恒星照亮镜面的不同部位应当能得到同样的效果（因为采用同一颗恒星的原子所发的光并没有特别的好处）。而实际上这样得到的衍射图案是不一样的。因此*量子必然大到足以覆盖整个100英寸望远镜镜面*。

但如果这同样的星光没有进行人工聚焦就落在钾膜上，那么每个电子就会带着量子的全部能量飞出去。这不是一种释放储存在原子里能量的触发作用，因为带走的能量的量是由光的性质决定的，而不是由原子的性质决定的。整个光量子的能量必然全都进入原子并把电子吹走。因此*量子必须足够小才能进入原子*。

我不认为这个矛盾的最终根源会有多大疑问。我们不必考虑空间和时间与单个量子的关联，量子在空间的扩展没有实际意义。201 把这些概念应用到单个量子上就像对一个男人宣读防暴法案一样可笑。一个量子不会从天狼星长途跋涉500亿英里跑到我们这里，它不会在路上待8年。但当有足够的量子聚集形成法定数目时，你就会从中找出它们的统计特性。这种统计特性源于500亿英里远、光走过8年旅程的天狼星。

1　物质的波动说

我们很容易意识到该做什么，只是开始做起来非常困难。在综述过去一两年里在解决这个问题上的各种尝试之前，我们先简要地考虑一下德布罗意提出的一种不甚激进的推进方法。眼下我们且满足于将这个奥秘当作一个谜来看待。我们要说，光是这样一种实体：它既具有弥散到充满最大望远镜镜面的波动性质，具有众所周知的衍射和干涉的特性；同时又具有将全部能量注入很小的物体的颗粒或弹丸性质。我们几乎无法将这样一种实体到底是描述成一个波还是一个粒子；也许一种折中的办法是我们最好称之为“波粒子”。

太阳底下无新事，因此这一最新的转变几乎让我们回到牛顿的光学理论——一种神奇的微粒和波动的混合理论。这种“回到牛顿”的氛围也许令人愉快，但是说牛顿的科学声誉得到了德布罗意的光理论的特别支持显然是荒谬的，这与说牛顿的科学声誉受到爱因斯坦的引力理论的极大打击一样，都是无稽之谈。在牛顿时代，没有什么现象是不能被波动理论充分覆盖的。对部分微粒

202 说——牛顿曾深受其影响——的虚假证据的清除，正如提出（可能的）真实证据——它们影响着我们今天的生活——一样，都是科学进步的一部分。想象牛顿伟大的科学声誉在这些近代科学革命的浪潮中跌宕起伏，那是将科学与全知混为一谈了。

我们还是回到波粒子上来。如果说，我们通常认作波的东西带有某种粒子的性质的话，那么是不是可以说，我们通常看作粒子的东西也会带有波的性质？直到本世纪之前，实验上一直没有找到一种合适的方法来揭示光的本性中的粒子特征。倒是有很多实验有可能揭示出电子本性中的波动特征。

因此，作为第一步，我们不是试图弄清这个奥秘，而是设法将它扩大。我们不是去解释凡物都同时具有波和粒子这两种不可调和的性质，而是设法通过实验表明，这些属性是普遍相关的。既不存在纯粹的波，也不存在纯粹的粒子。

波动理论的特点是光线穿过一个窄缝后会发生弥散——著名的衍射现象。在这种现象中，衍射的大小与光的波长成正比。而德布罗意则向我们展示了如何计算与一个电子相关联的波的长度（如果存在的话），就是说电子不再是一个单纯的粒子而是波粒子。看来，在某些情形下，相应的衍射效应应该不会太弱，以至于难以用于实验检测。现在已经有一些被引证表明验证了这一预言的实验结果。203 我不知道这些结果是否可以被看成是决定性的，但是似乎有严肃的证据表明，在电子受到原子散射的实验中，所发生的现象是传统的电子是纯粹粒子的理论根本无法解释的。这些效应类似于光的衍射和干涉效应，让我们不由得走向波动理论。很久以前，这类现象使得光是纯粹的微粒的理论被抛弃；但今天，我们也许会发现,类似的现象将令我们不得不放弃物质的纯微粒理论。[①]

在爱因斯坦和玻色发展的"新统计力学"里,我们同样可以找到类似的想法。这些想法至少可以看成是他们对理论高度抽象的数学的一种物理解释。在经典力学里,这种观念的变化经常发生,虽然在原理上意义深远,但在应用到日常的实际问题上时,它只是提供了一种微不足道的更正。重大的差异可能只在物质密度比现已发现或可想象的物质密度都更大的物质上才会显现。说来奇怪,就在人们意识到非常致密的物质可能具有某种与经典概念不同的奇特性质时,人们就在宇宙中发现了这种非常致密的物质。天文证据似乎不容置疑地表明,在所谓的白矮星中,物质密度远远超过我们在地球上所拥有的经验。例如在天狼星的伴星中,密度大约是1吨每立方英寸。这种条件可由这样的事实来解释:高温和相应的强烈搅拌使得物质原子的外层电子系统被破坏(被电离),因此使得剩下的裸核可以更紧密地压缩在一起。在常温下,原子的微小的核由前哨电子守卫着,这些电子甚至在最高的压强下依然能够抵挡其他原子的接近。但在恒星的温度下,这种搅拌作用是如此之大,以至于核外电子离开岗位到处乱窜。这样就使得在高压力核之间距离被进一步压缩成为可能。福勒(R. H. Fowler)发现,在白矮星的情形下,物质密度是如此之大,以致经典方法已不适用,必须采用新的统计力学。特别是,他以这种方式消除了人们对它们的最终命运的焦虑。在经典定律下,它们似乎正迈向一种无法忍受的局面——恒星无法停止失去热量,但它又

204

① 现在这些证据要远比我做这些讲座时更强有力。

没有足够的能量来冷却![1]

2 过渡到新理论

到 1925 年,目前的理论机制又被发现存在另一个缺陷,因而迫切需要重建。玻尔的原子模型已经完全失效。现在大家对这个模型都很熟悉,这是一种类似太阳系的图像:原子中心是带正电荷的原子核,一群电子像行星一样围着它做轨道运动。其重要特征是电子可以占据的轨道由一系列特定规则限定(见前文)。由于原205 子光谱中的每一条谱线都是由电子在两个特定轨道之间的跃迁产生的,因此谱线的分类必然与模型中相应量子数的轨道的分类相关联。当光谱学家开始解读光谱中的一系列谱线时,他们发现可以将每一条谱线与一种轨道跃迁对应起来——他们可以根据模型说出每一条谱线意味着什么。但现在,一些导致这种对应关系不再适用的更精细的细节问题出现了。我们不能对一个模型期望太多。如果一个模型没有揭示出更深层次的现象,或者如果其准确性被证明不够完美,这并不奇怪。但现在出现的麻烦是,模型提供的信息里只有两种轨道跃迁可以与三条谱线明显关联起来,如此等等。原本有助于解释光谱的模型现在走到了岔路口,突然变得完全是误导。光谱学家不得不放弃模型,另行设法完成他们的分类工作。他们继续用着轨道和轨道跃迁等概念,但这些轨道不再

① 能量是必需的,因为要冷却下来,物质必须恢复到较正常的密度,而这涉及恒星体积的大幅度膨胀。这种膨胀必然牵扯到反抗引力做功。

与模型给出的轨道有完美的一一对应关系。[①]

诞生新理论的时机已然成熟。当前占主流的局面可概括如下：

(1)一般的工作法则是采用带有补充性附加条件的经典定律，一旦有作用量的性质的东西出现，这个补充条件就必须等于 h，有时或为 h 的倍数； 206

(2)这一补充条件往往导致对经典理论的自相矛盾的运用。因此在玻尔原子中，轨道电子的加速受到经典电动力学的制约，而其辐射则遵从 h 法则。但在经典电动力学里，粒子加速和辐射紧密关联的；

(3)经典定律的适用范围是已知的。它们是更一般的法则在限定条件下，即在所涉的量子数非常大的情形下，所取的一种形式。更一般法则的完整体系的研究进展绝不会受到仅在限定条件下运用的经典概念的阻碍；

(4)目前的折中方案包括承认光兼具粒子和波这两种性质。同样的想法似乎已经成功地扩展到对物质的理解上并得到了实验证实。但是，这一成功只会让我们更急迫地去寻找那些在理解这些属性上不太矛盾的方法；

(5)虽然上述有效法则在预言上都取得了成功，但我们也发现，它给出的原子的电子轨道分布在一些重要方面不同于由光谱

① 原子的每个轨道或状态需要 3 个(如果考虑到后面讲的精细结构，则需要 4 个)量子数来定义。前两个量子数由玻尔模型正确地反映出来；但区别光谱中双线或多重谱线的第三个量子数却被错误地表示出来——这比它完全得不到表现错得更离谱。

推导出的结果。因此，重建不仅是消除逻辑上异议的需要，而且也是满足实际物理的迫切要求。

3 新量子论的发展

“新量子论”起源于1925年秋海森伯的一篇杰出论文。我写207 这篇演座的初稿正是在该论文发表的12个月后。这一理论的发展时间并不长，但已经历了三个不同阶段，每个阶段分别与玻恩和约当、狄拉克和薛定谔的名字相联系。现在我最担心的是，在本演座还没结束前，理论又发展到另一个阶段。一般来说，我们应该把这三个阶段描述为三种不同的理论。海森伯的开创性工作是总领性的，但这三种理论在思想上却表现出广泛的差异。第一种理论的提出较注重事实依据；第二种则是高度先验的，几乎带着神秘色彩；第三种初看起来似乎包含着对经典思想的反映，但这可能是一个错误的印象。当你看到这三种学说在12个月里轮番夺取王位的历程，你会意识到物理学这一分支的无政府状态有多么严重。但除非你注意到它们的数学发展，否则你不会理解该领域的不断进步。就哲学思想而言，这三种理论可谓泾渭分明；但就数学内容而言，它们是同一的。不幸的是，本讲座不允许我对这些数学内容展开论述。

但我将突破这一限制，写下一个数学公式供你思考。我不会不合情理地期望你能理解它。所有学界权威似乎都会同意，或接近同意，物理世界里一切事物的根源均在于这个神秘的公式：

$$qp - pq = ih/2\pi.$$

我们还不理解这个公式。也许当我们能理解它时，我们也就不再认为它是如此基本了。训练有素的数学家的优势在于他能够运用它。在过去一两年里，物理学确实通过运用它而获得了非常大的好处。它不仅能够描述过去需要用旧的量子法则如 h 法则所描述的现象，而且还能够描述许多旧的量子论无法描述的相关现象。 208

在上式的右边，除了 h（作用量基元）和数值因子 2π 之外，还出现了似乎很神秘的 i（-1 的平方根）。但众所周知这不过是个托词。早在上个世纪，物理学家和工程师们就已知道，在他们的公式里出现$\sqrt{-1}$是一种表明存在波或振荡的信号。所以公式右边没有什么不寻常的，但公式左边就需要发挥想象力了。我们称 q 和 p 为坐标和动量，这里借用了我们从空间和时间以及其他粗线条体验的概念世界里得到的词汇。但这并不能让我们看清这两个概念的本性，也不能解释为什么 qp 如此病态就不能等于 pq。

正是在这里这三种理论显示出本质上的不同。很显然，q 和 p 不可能代表简单的数值大小，否则 $qp-pq$ 将等于零。在薛定谔看来，p 是一个算符。他的“动量”不是一个量，而是一种用于对后文要谈到的量进行某种数学运算的符号。而对于玻恩和约当来说，p 是一个矩阵，既不是一个量，也不是几个量，而是按系统排列的无数个量。而对于狄拉克来说，p 是一个没有任何数值解意义的符号，他把它称为 q 数，就是说它完全不是一个数。

我冒昧地认为，在狄拉克的处理中隐含着一种可能具有重大哲学意义的思想，它与任何特定应用的成功与否无关。这个思想是：在对物理现象的基础的越来越深的挖掘中，我们必须准备好面 209

对这样一种实在，它如同我们的意识经验所感知的许多事情一样，不是用数就能够测度的；不仅如此，它暗示了精密科学，即那些与测量数相关联的关于现象的科学，可以建立在这样的基础上。

19 世纪物理学与当代物理学之间的一个最大变化就是我们的科学解释的理想一直在变化。维多利亚时代的物理学家可以夸口说，只有当他建立了事物的模型后他才谈得上理解了它；他所谓的模型是指如杠杆、齿轮、喷枪或其他一些为工程师所熟悉的器物。这里暗含了这样一种假设：大自然在构造宇宙时需要利用类似于人类的机械这样的资源。因此而当物理学家寻求对现象的解释时，他总是用耳朵去抓取机器的嗡嗡声。一个能从齿轮中悟出引力的人，在维多利亚时代一定是个英雄。

现如今，我们不再寄希望于工程师用他的材料为我们建造世界，而是转向数学家，希冀利用数学资源来构建世界。数学家的眼光无疑要比工程师高，但即使是他们似乎也不应被毫无保留地委以造物主的重托。我们在物理学中面对的是一个符号的世界，我们几乎无法不求助于以玩弄符号为职业的数学家；但他必须静待 210 良机，才能做好所托付的工作，绝不能过于放纵自己在算术解释符号方面的偏见。如果我们要认清大自然的控制法则，而不是仅凭心灵断定的话，就必须尽可能地远离这种人为设定的框架，因为我们的心灵时刻准备着将它所经历的一切掺和进来。

我认为，原则上讲，狄拉克方法主张的就是这么一种解放。他从无法用数字或数字系统的基本实体出发，其基本定律的表达用的是一种与算术运算无关的符号。其迷人之处在于，随着发展演进，实际的数字就会从符号中**渗出**。因此，虽然 p 和 q 单独皆不具算术意义，但其组合 $qp - pq$ 则具有上述公式所表示的算术意义。通过提供数字，尽管其本身是非数值的，但这一理论很可能就是精密科学中研究测量计数的基础。测量计数虽是我们通过物理研究来观察世界的手段，但它不可能是整个世界，它们甚至不足以构成一个自足的单元。这一点似乎自然地解释了狄拉克的研究方法，它寻求的正是采用非算术的运算来给出精密科学的支配定律。

假如我们预测什么事情都像狄拉克那样从头开始一步步推算，恐怕很难成功。好在眼下薛定谔给出了一种方法。这种方法通过不太先验的解释将笼罩在 p 和 q 上的神秘色彩揭去了不少，显示出足以应付目前的应用。但我想，我们目前看到的应该不是这一方法的最后版本，其发展值得期待。

薛定谔理论现在风头正劲，部分是因为其内在的优点，但我相信还有部分原因在于它是三者中唯一一个简单到极易被误解的理论。为了反衬我的较好的判断，我在此给出对这一理论的一个粗略的印象。也许更明智的做法是在新量子论的门口钉上一个警示牌“正在施工，闲人免进”，特别是告诫守门人要驱离窥探的哲学家。不过我自己将满足于这样的异议：尽管薛定谔的理论正指导我们发声，并且在我们面临的许多数学问题上进展神速，在实际应用中变得不可或缺，但是我看不出他的这一思想能按目前的形式贯彻多久。

211

4　薛定谔理论概要

想象一个表面布满涟漪的亚以太(subaether)。这些波纹的振荡速度要比可见光的振动速度快一百万倍——快到超出了我们的经验范围。单个波纹非我们目视所及;我们能够辨识的是其组合效果——当所有的波纹汇拢来聚合在一起形成的一个扰动区,其范围与单个波纹比起来要大得多,但从我们自身的巨人角度看,其范围还是非常之小。这种扰动区被识别为一个物质粒子;尤其是它可以认作一个电子。

亚以太是一种色散介质。也就是说,波纹并不都以相同的速度传播,就像水波一样,其速度取决于它们的波长或周期。那些周期较短的波纹跑得快些。此外,波速还受到局部条件的制约。这个修正项相当于经典物理学中的力场在薛定谔理论中的对应项。这一点容易理解:如果我们将所有现象都归结为波的传播,那么一个物体对其附近所发生的现象的影响(通常被描述为该物体存在所引起的力场)必然包含了对其周围区域的波的传播的调制。

212

我们必须将这些亚以太里发生的现象与我们宏观经验中的平面现象联系起来。如前所述,我们探测到的局部扰动区域可看作一个粒子;现在我们得补充说,我们将这种扰动的波的频率(每秒钟振荡次数)识别为该粒子的能量。现在我们将设法说明,这个周期是如何以这种奇特的变色龙的方式展现在我们面前的;但是不论它如何发生,有一点得承认,将亚以太的频率认作我们宏观经验中的能量立刻就给出了 h 法则所述的周期和能量之间的恒定关系。

一般来说，亚以太的振荡太快了，使我们无法直接探测。其频率通过影响传播速度显现到我们的普通经验范围，因为速度取决于(如已经说明的那样)的波长或频率。令频率为 ν，则表示波传播规律的方程将包含带 ν 的项。方程还含有另一个项，它表示因物体存在从而带来周围“力场”所引起的调整。这一项可以看成是一种虚设的 ν，因为它以 ν 的同样表现出现在我们的宏观经验中。如果 ν 产生了一些现象，使我们将它认同为能量，那么这种伪 ν 也会产生类似的现象，它们对应于一种虚能量。显然，后者就是我们 213 所说的势能，因为它来源于周围物体的存在所带来的影响。

假设我们既知道真实涟漪的 ν 也知道虚设的或势的 ν，那么波传播方程就确定了，我们可以继续去求解与波的传播有关的任何其他问题。特别是，我们可以求解扰动区如何运动的问题。由此给出一个引人注目的结果，它提供了对我们的理论的第一次检验。这个结果就是：支配扰动区(如果足够小)运动的规律正好就是经典力学中支配粒子运动的规律。**具有给定频率和势频率的波群运动方程与具有相应动能和势能的粒子的经典运动方程相同。**

必须注意的是，扰动区或波群的速度与单个波的速度不一样。在研究水波时，将群速度和波速区别开来是众所周知的常识。我们观察到的被视为物质粒子运动的正是这个群速度。

如果我们的理论仅仅是在此相当奇妙的基础上重建经典力学的结果，那么我们将所获甚微。只有当我们处理那些不为经典力学所覆盖的现象时，该理论的独特优势才开始显现出来。我们考虑的扰动区的范围是如此之小，以致其位置等同于一个经典粒子的位置。但是我们也可以考虑一个范围更广的区域。大区域与小区域之间没有精确的界限,因此我们继续将粒子的概念与之联系在一起。但是,与小的集中扰动区确定了粒子的位置不同,铺展范围很大的扰动区将使位置概念变得非常模糊。如果我们试图用经典语言来描述一个扩展的波群,我们可以说它是一个粒子,但它不处在任何明确的空间点,而是松散地散布于一个广泛的区域。

214

也许你会认为,比起集中于一点的粒子,一个弥散的扰动区应该代表着一群弥散物质。但薛定谔理论不是这样认为的。这里的弥散不是密度的弥散,而是位置的不确定性,或是说粒子处于特定位置范围内的概率分布更宽广。因此,如果我们遇到一个薛定谔波均匀地充满容器,那么它的解释不是该容器充满了密度均匀的物质,而是它包含了一个等概率地处于容器内任何地方的粒子。

这一理论的第一个巨大成功是对氢原子的光辐射的表示——一个远远超出了经典理论范围的问题。氢原子由一个质子和电子组成,后者必须翻译成它在亚以太上的对应物。我们对质子在做什么不感兴趣,因此我们不必考虑其波的表示;它对我们来说就是其力场,即虚设的 ν,它提供了电子的波的传播方程。按照这个方程行进的波构成了电子的薛定谔等价物;该方程的任意一个解都对应于氢原子的某个可能的状态。现在我们可以证明,(注意,这里有明确的物理限制:波在任何地方都不能有无限大振幅)这个波动方程只存在特定频率的波解。因此对于氢原子,亚以太波被限定为一些特定的离散频率序列。我们还记得,亚以太的频率意味着宏观经验上的能量,因此原子有一系列离散的可能的能量。研究发现,这个能量序列正是玻尔按其量子化法则给出的离散能量

215

(见前文)。这在由波动理论而不是用一套莫名其妙的数学法则来确定能量方面是一个相当大的进步。此外,当应用到更复杂的原子上时,薛定谔理论在很多方面取得了成功,玻尔模型对此则束手无策。薛定谔理论总能给出正确的能量或“轨道”数,对于每一条观察到的谱线都能提供一种轨道跃迁形式。

然而,在这个阶段,薛定谔理论的好处不在于从波频率可以得到经典能量,而是可以沿着亚以太中事件的发展过程做进一步推进。我们很难想象电子同时有两个能量(即同时处在两条玻尔轨道上);但没什么能阻止亚以太中同时存在两个不同的频率。因此,波动理论使我们能够轻松地给出那种在经典理论里只能用似是而非的术语来描述的条件。假设现在有两组波存在。如果它们的频率差不是很大,那么这两组波便会产生“拍”。如果两个广播电台用波长相近的波段来传输信号,那么我们听到的或许是乐音,或许是两个载波的拍频产生的啸叫声。单个波的振荡太快,耳朵响应不过来,但它们组合给出的拍频则较低,能够引起耳朵的听觉反应。同样,亚以太中的单个波系统构成的振荡太快,我们的感官响应不过来,但它们的拍频有时慢到足以使眼睛的视觉有反应。216 这些拍是氢原子发光的起源,数学计算表明,它们的频率正是我们在氢原子上观察到的光的频率。外差的无线电载波产生声音;外差的亚以太波产生可见光。这一理论不仅能给出不同谱线的周期,而且还能预言谱线的强度,而这个问题是旧量子论没办法解决的。但应当明白的是,拍本身不是被识别为光波,前者存在于亚以太中,而光波则存在于以太中。以太提供振荡源,这个源以某种尚无法确知的方式发出其自身周期的光波。

那么当我们谈论亚以太中的波时，我们认为这个振荡的实体是什么呢？我们将它记为 ψ，确切地说，我们应该将它看作波动理论里一个基本的但不可定义的量。但我们可以给它一个经典的解释吗？似乎可以将其解释为一种概率——粒子或电子出现在给定区域内的概率。这个概率与该区域里 ψ 的大小成正比。所以，如果 ψ 主要集中在一个很小的扰动区，那么几乎可以肯定这就是电子所在的位置；于是我们能够明确予以定位，并想象这是一个经典粒子。但是氢原子的 ψ 波弥散到整个原子上，电子没有明确的定位，尽管有些地方比其他地方概率更大些。[①]

217 必须注意的是，这个理论有一个非常重要的结果。一个足够小的扰动区相当于一个按照经典运动定律运动的粒子；因此严格说来，粒子被绝对地定域于一个动点的情形是扰动区缩减到某一点时的极限情形。但奇怪的是，扰动区的连续收缩并不能使我们取得理想的经典粒子，我们在一方面接近它，但在另一方面却后退回来。我们已经看到，波群像粒子（定域于扰动区内某处）一样运动，粒子的能量对应于波的频率。因此，严格模仿一个粒子不仅要求区域收缩到一个点，而且这个波群必须只包含同一频率的波。而这两个条件是不可调和的。对于一个频率，我们只能有一个不终止于任何边界的无限连续的波。而波群的边界是由波长稍有不

---

① 概率通常被认为与 ψ^2 成正比，而不是如上述假设的与 ψ 成正比。整个解释非常晦涩，但这个解释似乎取决于你考虑的是你知道发生了什么后的概率，还是预测的概率。ψ^2 是通过引入两个对称的 ψ 波系统沿时间上相反方向传播得到的，这其中总有一个想必对应于已知条件下推理得到的概率。这里说的已知（或已说明的）条件是指在后续时间已经明了的条件。概率必然是指“基于给定信息的概率”，因此对于具有不同的初始数据的不同类型的问题，概率不可能用相同的函数来表示。

同的两个波干涉而成的，因此当彼此在中心处干涉加强时，它们在边界处相互抵消。粗略地说，如果这个波群的直径由 1,000 个波长组成，那么它必有一个 0.1% 的波长范围，这样才能使 1,000 个最长的波与 1,001 个最短的波有相同的距离。如果我们取更集中的扰动区，其直径内只有 10 个波长，那么波长范围便增加了 10%。10 个最长的波与 11 个最短的波具有相同的距离。在通过缩减区域来寻找粒子位置的过程中，我们因为使波的频率色散从而使其能量变得更加模糊。所以粒子不可能同时具有完全确定的位置和完全确定的能量；它总是有这种或那种不符合经典粒子的模糊性。因此在精密实验中，任何情况下我们都不能指望发现粒子的行为完全等同于预想的经典粒子的行为。这个结论与前述的关于电子衍射的现代实验是一致的。 218

我们认为，薛定谔的氢原子图像中具有玻尔理论中不可能拥有的某种东西，即同时具有两种能量。对于粒子或电子来说，这不仅是允许的，而且是强制性的——否则我们就不能对它可能存在的区域施加任何限制。没人要求你去想象一个有多个能量状态的粒子？我的意思是我们当前的电子作为一个具有单一能量的粒子的图像已经失效了。如果我们想跟随事件的进程，我们就必须潜入以太中。但是，如果我们不寻求更高的精度，那么粒子图像就仍是有用的；如果我们不需要对能量知晓到 1% 的精度，那么在 1% 以上的一系列能量都可以看成是确定的能量。

迄今为止，我只考虑了对应于一个电子的波。现在假设我们要处理的是涉及两个电子的问题。它们将如何表示？“当然，这很简单！我们只需要取两个扰动区而不是一个。”这恐怕不对。两个 219

扰动区域也将只对应于单个电子，只是不确定它到底位于哪个区。只要第一个电子在任何一个区有哪怕是极微小的概率，我们也不能构造出代表第二电子出现概率的薛定谔波。每一个电子都想为它的波争取到完整的三维空间，因此薛定谔慷慨地允许每个波都有三个维度。对于两个电子，他需要一个6维的亚以太。然后，他成功地将他的方法应用到新的情形下。我想你现在会看到，薛定谔给了我们一个看似能够理解的物理图像，但转眼就将它抛弃了。他的亚以太不存在于物理空间，而是存在于数学家想象出的“构形空间”。这种空间是数学家为解决他的问题提出的，并会根据所提出的问题重新想象不同数量的维度。在最早考虑的问题里，构型空间与物理空间有密切的对应关系，并在一定程度上表明了波的客观实在性，这纯属意外。薛定谔波的波动力学不是一个物理理论，而是一个诡计——一个非常出色的诡计。

事实上，这种波动力学的近乎普适的特性剥夺了我们将它作为物理理论来认真对待的所有机会。关于这一点的一个令人愉快的例证偶然出现在了狄拉克的著作里。在他用薛定谔波来求解的220一个问题中，波的频率代表某种给定类型系统的个数。波动方程列出公式并求解。结果发现，(正如氢原子问题一样)唯一存在的解是一系列取特定值的频率。因此，这类系统的数量必有一系列离散的值。在狄拉克的问题里，这个解序列是一系列整数。因此我们推断系统的数量必定是1，2，3，4，…… 但不可能是(例如)2¾。理论能够给出一种与我们的经验相一致的结果真是非常令人满意的！但是，我们不太愿意相信这是真正的解释：由波系统提供的解一定都是整数型的。

5　不确定性原理

我担心在这个讲座没讲完之前，新量子论的第4版就该出来了。实际上几个月后，这一理论确实进入了一个新的阶段。还是海森伯。1927年夏天，他推动理论有了新的发展，同时玻尔进一步阐明了一些结果。这一切的结果是产生了一条其重要性几乎可以与相对性原理相媲美的基础性的一般原理。我称其为“不确定性原理”。

其要点可以表述如下：一个粒子可以有位置，也可以有速度，但在任何严格意义上它不可能同时具有这二者。

如果我们接受一定程度的不精确性，如果我们接受这样的陈述：不要求确定性，只要有高的概率即可，那么粒子就可以同时有位置和速度的概念。但是，如果我们追求更精确的位置，那么接着就会发生一个意想不到的事情：位置精度越高，作为代偿，速度的不确定性就越大。同样，如果速度的精度越高，那么位置就会变得越不确定。

例如，我们希望知道某一给定时刻电子的位置和速度。从理论上说，我们可以将位置确定到误差大约1/1,000毫米的精度，也可以将速度确定到误差小于1,000米每秒。但是，1/1,000毫米的误差比起我们的一些空间测量来算是大的了，能否想出什么办法将位置的精度提高到1 / 10,000毫米？当然可以，但这样的话，速度的误差就只能是10千米每秒的水平。 221

我们探索大自然秘密的条件是，我们越是揭示了位置的秘密，那么速度的秘密就隐藏得越深。他们就像是晴雨表里的老人和女人,一个人从一扇门里出来,另一个就躲到另一扇门后。当我们在寻找我们想知道的东西的过程中遇到意想不到的障碍时,有两个可能的途径可采取。一种也许正确的做法是将障碍视为进一步努力的动力,但也存在第二种可能性,就是我们努力寻找的东西可能根本就不存在。你们应该还记得,相对论是怎样解释表观上我们通过以太的速度的隐蔽性的。

当我们发现这种隐藏不仅十分完美而且是系统性的时,我们就必须从物理世界中驱逐掉相应的实体。这里确实没有选择余地。这种实体与我们意识的联系已完全被打破。对于我们经验中的任何事物,当我们不能指出它的因果影响时,那么这个实体就只能成为未知的一部分——与其他未知的东西无甚区别。物理学上222的发现时不时就会发生,来自未知世界的新的实体由此与我们的经验相关联并被正式命名。仍有很多未贴标签的东西漂浮在不可分辨的未知领域,目的是希冀它们以后可能会有用,但这种想法既非前科学的特征,也无助于科学。从这个观点来看,我们断定,用超出小数点后有限位数的方式同时给出电子的位置和速度实际上是试图对一种不存在的事物进行描述;但奇怪的是,如果是单独描述位置或速度,那么再高的精度都是允许的。

爱因斯坦的理论表明,我们谈论的物理量与我们的经验存在实际联系这一点是非常重要的。从那以来,我们在某种程度上一直对无意义的术语保持警惕。因此,距离是由特定的测量操作定义的,而不是通过参照无意义的概念——例如两点之间的"虚空程度"——来定义的。于是原子物理学中提到的微小距离自然引起了一些怀疑，因为我们很难说清楚那种假设性的测量是如何进行的。我不想断言这一点已得到澄清，但要想将所有细微的距离全都抹去，看来无论如何都是不可能的，因为我们有很多例子可以引用来说明，对定位的精度似乎没有天然的限制。同样，许多确定动量的方法显然也具有无限高的精确性。而尤其值得注意的是，两种测量方法彼此间存在系统性干扰，使得在大尺度上合法的位置与动量的结合到了小尺度上就变得不再有定义了。不确定性原理的科学表述如下：如果 q 是一个坐标，p 是相应的动量，那么我们 223 关于 q 的必然的不确定性与 p 的不确定性的乘积大小在量子常数 h 的量级。

关于这一点的一般性原因没有太大的困难就可以看出。假设我们面对的是一个知晓电子的位置和动量的问题。只要电子不与宇宙的其余部分相互作用，我们就不能感知到它。因此在它与某事物发生相互作用，从而产生可观察到的效应时，我们必须抓住机会获得相关知识。但是任何这样的相互作用都涉及一个完整的量子；这个量子的介入改变了我们观察时刻的一个重要条件，使得即使我们得到了信息，这信息也是过时了的。

假设（理想情况下）我们在强大的显微镜下观察电子，以便精确地确定它的位置。为了能看见它，必须有光去照亮它并且让散射光到达我们的眼睛。电子能散射的最小单位是一个量子。在散射过程中，电子受到光的冲击，其大小不可预料，我们只能说不同大小的冲击有不同的概率。因此，我们确定位置的条件是，我们以一种不可估量的方式扰动电子，这种方式阻止了我们随后对动量的确定。但是，我们能够确定由冲击所表示的动量的不确定性。

如果可能的冲击小,那么可能的误差将也小。为了让冲击小,我们必须用小的能量量子,即长波长的光。但用长波长的光就必然降低显微镜的精度。波长越长,衍射图像越大。必须记住,我们需要大量的量子来勾勒出衍射图像;一个散射量子只能刺激眼睛的视网膜上的一个原子,即形成理论衍射图像上的一个杂散点。因此,存在一种与衍射图像的大小成比例的电子位置的不确定性。我们是处在两难境地。我们可以用波长较短的光作用于显微镜来提高待测电子的位置精度,但这会给电子带来较大的冲击,从而破坏后续对动量的测定。

如果我们想象我们想看到原子中的一个电子,就会面临同样的困境。对于这种精细的工作,用普通的可见光来观察是没有用的。它太粗,其波长大于整个原子的尺度。我们必须采用十分精细的照明,并训练我们的眼睛能看到短波长的射线辐射——实际上就是 X 射线辐射。切记,X 射线对原子有灾难性的影响,所以我们最好谨慎使用。我们能用的最少的量是一个量子。现在,如果我们准备好了,那么在我向原子射出一个 X 射线量子时,你会看到什么?第一次我可能打不中电子,这样你当然就看不到电子。再试一次,这次我的量子击中了电子。快看,它就在那里。哎,哪去了?糟糕!我一定是把原子中的电子给打跑了。

这个困难不是偶然的;它是精心安排的一个局——阻止你看到不存在的东西,即原子内电子的位置的一个局。如果我采用扰动不是这么大的波长较长的波,那么它们就不会将电子定域到足以让你能看到它。缩短波长,相当于让光线变细,但它的力道则变得有力,足以将电子从原子中踢出去。

关于这种互反的不确定性的其他例子已有很多,其普适性基本上毫无疑问。这暗示我们,精确的位置与精确的动量之间的关联永远不会被我们发现,因为自然界中就不存在这样的东西。这不是不可想象的。薛定谔的将粒子看成波群的模型能够很好地说明这是如何发生的。我们已经看到,当波群的位置变得较为确定时,波群的能量(频率)则变得较不确定,反之亦然。我认为,这正是薛定谔理论的核心价值所在。它没有给粒子附上一种与自然界事物不相符的确定性。但是我不认为这一不确定性原理可以从薛定谔理论中推导出来,它得自于其他途径。不确定性的原理,如同相对性原理,代表着我们放弃了一个我们从来没有充分理由所给出的错误假设。正如我们因为相信与物质海洋的类比而被误导以为存在以太这种站不住脚的概念一样,我们因为相信与宏观粒子的类比而被误导接受了世界结构的微观元素的某些站不住脚的属性。

6 新认识论

不确定性原理属于认识论范畴。它再次提醒我们,物理学世界是一个利用其自身的一部分,按照其法则从内部加以研究的世界。如果这种探索是采用超自然的方式,且运用的手段也并非来自其自身,那么我们不能认为我们真的了解这个世界。

哲学家们都知道有这么一种学说:月亮在没有人看见它时是不存在的。我不会讨论这个学说,因为我不知道在这个陈述中“存在”一词的基本涵义是指什么。不管怎么说,天文学从来都不是基 226

于这种时隐时现的月亮。在科学的世界里(它必须有许多函数,这些函数要比存在明晰多了),天文学家面前的图景中就有月亮出现;即使是在没人看它时它也反射着太阳光;它具有质量,尽管没人测量过其质量;它距离地球 240,000 英里,有没有人测量这个值都不变;它将在 1999 年发生日食,即使人类在这一天到来之前或许已经毁灭。月球——科学上的月球——必将是世界的因果链上的一环,我们通常将这个世界上的所有事物看成是因果关系环环相扣的。

那么什么样的描述才是我们认为的对这个科学世界的完整描述呢?我们不能引入像相对于以太的速度这样的东西,因为它不与我们的经验有任何因果联系,因此没有意义。另一方面,我们不能将这种描述限定在我们自己时断时续地观测到的直接数据上。这种描述不应包括那些不可观测的东西,但允许包含大量实际未观察到的东西。实际上,我们假设有这么一支无限数量的观测者和测量者的队伍。他们一次又一次地审视着一切可以被调查的东西,用我们自己可以想象的方法来衡量我们所能衡量的一切。他们所测量的一切都是科学世界完整描述的一部分。当然,我们可以引入推测性描述,即通过数学表达将直接测量的结果(它们大都指向描述)组合起来的一种描述语言,这样我们可以不至于只见树木不见森林。

227

利用已知的物理定律来表达大自然的统一性可以在很大程度上使我们省去这支观察队伍。我们可以持续一两个小时不看月亮而能够推断出它在哪里。但是,当我断言月球(一小时前我最后一次看到它位于西方)正在落下去时,我不是在陈述我的推断,而是在陈述科学世界里的一个真实的事实。我仍然预设了一个想象的观察者。我不用向他请教，但我需要留着他来证实我的判断，如果我的陈述受到质疑的话。同样，当我们说天狼星的距离是500亿英里时，我们并不仅仅是在对其测量视差做常规的解释，而是打算赋予它这样一种知识上的地位，就是说，我们对天狼星的了解就如同有人拿着米尺点对点地测量过的一样。我们应该耐心聆听那些认为我们的推论不符合“真实的事实”（即我们的测量者所知的事实）的人所给出的理由。如果我们碰巧做出推断，而这个推断既不能被这些勤奋的测量者确认，也无法被其证伪，那么对这种推断就没有适用的真伪判别标准，因而这种推断是一种无意义的推断。

这一理论知识主要用于对我们的宏观或大尺度物理世界的研究，但通常我们也理所当然地认为它同样适用于微观研究。而最终我们会意识到这样一个令人不安的事实：虽然它适用于月亮，但不适用于电子。

当你看月亮时你对它没有伤害。这与假设在我们熟睡时有观察者接力监视在那儿看着不矛盾。但对于电子就是另一回事了。在某些时候，即当它与一个量子相互作用时，它可以被观察者检测到；但在两次观察之间的时间里，它几乎从物理世界上消失了，因为它不与任何东西相互作用。我们可以让观察者带上闪光灯来持续观察其行为；但问题是在闪光灯下它不会继续做它在黑暗中做的事情。对物理世界的微观结构进行持续研究时，存在一种基本的不协调性，因为观察本身会破坏整个运作。 228

我料想，你刚听到这个事情时一定以为这不过是个辩证的困难。但实际上远非如此。我们在力图将微观世界的知识纳入有序的计划时所遭遇的蓄意挫败，是迫使我们改变计划的一种强烈暗示。

这意味着，我们一直奔着去的所谓给世界一个完整的描述是一种错误的理想。我们还没有时间认真寻找适应这些条件的新认识论。是否仅仅利用我们从宏观理论中得到的指导原则就能够构建一个物理世界，这一点已经变得令人怀疑。如果可能的话，它涉及对我们目前的知识基础的巨大颠覆。更有可能的是，我们必须满足于接受一种可知与不可知混合的状态。这意味着对决定论的否定，因为预言未来所需的数据将包括过去不可知的元素。我想这种状况正是海森伯所说的："我们是否能够从过去的完整知识来 229 预测未来的问题不会再出现了，因为完全了解过去本身就是自相矛盾的。"

只有通过量子作用，我们才能与外部世界相互作用，其知识才能进入我们的大脑。量子作用可能是向我们揭示某些关于大自然的事实的重要手段，但同时一种新的未知又将在时间的子宫中孕育。知识的增加是以无知的增加为代价的。用漏桶来舀干真理之井是困难的。

第十一章　世界的构造

我们面临着一项复杂的任务。我们正在构建一个世界——一个将经验世界中的戏剧以投影的方式表现出来的物理世界。我们现在还不是非常专业的建设者，你不能指望这场演出会顺利进行，或像挑剔的观众所期望的那般精彩。但这里将要描述的方法似乎能给出一个大致的轮廓。毫无疑问，在我们能够完成设计之前，我们还没有完全掌握这个世界建筑工艺的秘密。 230

第一个问题是建筑材料。我记得，在我还是个贫穷的小学生时，我特别喜欢读那些介绍如何用鸡零狗碎的物件来建造令人叫绝的装置的吸引人的文章。不幸的是，这些零件通常都是些旧的座钟的机件、废弃不用的电话机、从破损的气压表泄出的水银以及其他一些在我们家的柴房里根本找不到的杂物。但在本章里我会尽量不让你失望。我不可能有生于无地构造世界，但我会尽可能少地采用专业材料来叙述。所完成的结构应具有鲜明的特色，而所用的基本材料则应非常普通。这种强烈的对比越是突出，表明这个世界建造得越是成功。

1 关系结构

我们将关系和关联点作为建筑材料。关系是对关联点的联结;关联点是关系的契合点。如果两者分离那是不可想象的。我不认为除此之外还可以设想一种更一般的结构起点。

231

为了对关联点进行区分,我们给每个关联点分配一个单独记号(monomark)。这种单独记号包括 4 个最终被称为“坐标”的数。但坐标暗示着空间和几何,而在我们的计划中现在还没有这样的东西。因此目前我们将这 4 个用于识别的数仅看作任意的单独记号。为什么是 4 个数?这是因为我们可以证明,以这种方式得到的结构可以有更好的秩序,但是我们不知道为什么会这样。目前我们只知道,如果关系坚持用三重或五重的序,就很难从中找到任何有趣的东西。但这也许是原始材料采用四重序这一特定假设的一个不充分的借口。

两个人之间的关系,就其最广泛的意义而言,包括他们之间的每一种联系或比较——血缘关系、业务关系、相对地位、高尔夫球技等等——涉及双方的任何描述都算。出于一般性考虑,我们假设,在我们的世界建筑材料中,关系同样是复合的,且无法用数值量度来表示。但不管怎么说,关系之间必然存在某种可比性或相似性,就像人与人之间的关系一样,否则这个世界上就没有什么可说的了,如果一切事物都与其他事物完全不同的话。换句话说,我们必须假定,不仅存在关联点之间的关系,而且存在某些关系之间的相似关系。在这方面,最起码能让我们将整个结构联系起来。

232

于是在考虑两关联点之间的关系时，我们假设，一般总可以挑选出其他两个相距不远又具有“相似”关系的关联点。所谓“相似”并不是指“在各方面都相似”，而是指在复合关系中的某一方面存在相似性。那么如何选择这个特定的方面呢？如果我们的关联点是个体的人，那么不同的人——谱系学家、经济学家、心理学家、运动员等——将给出不同的相似判断。因此结构的建造在此是沿着不同方向发散的。每个人都可以用这些共同的基础材料构建他自己的世界。我们没有理由否认类似的多样性世界可以从我们假设的材料中建立起来。但这些世界中除了一个之外其他都会胎死腹中。我们要建立的世界，应是一个经过我们的心灵选择从而使经验世界显得生动活泼的世界，否则我们的劳动就将白费。因此，对于选作相似性标准的关系方面，我们能给出的唯一的定义，就是它最终会涉及心灵与物质世界接触的那方面。但这超出了物理学的范围。

这种一一对应的“相似”只有在结构中处于非常紧密的关系的极限条件下才是确定的。因此我们避免做任何形式的远距离的比较，就像我们否认远距离上的作用一样。我得承认，我并不清楚这里“非常紧密”的确切意义。到目前为止，我们还没有建立起时间和空间。我们也许可以说，只有少数关联点拥有其可比性从一开始就很明确的关系，我们可以可比性的确定性作为邻近的判据。233 对此我几乎不知道。在这一点上，这所建筑显示出一些裂痕，但我想它还不至于超出数理逻辑学家修补的能力。所以在这个阶段我们还应将单独记号作为“亲缘性”的指针。

让我们从关联点 A 和由该点发出的关系 AP 开始。现在走到

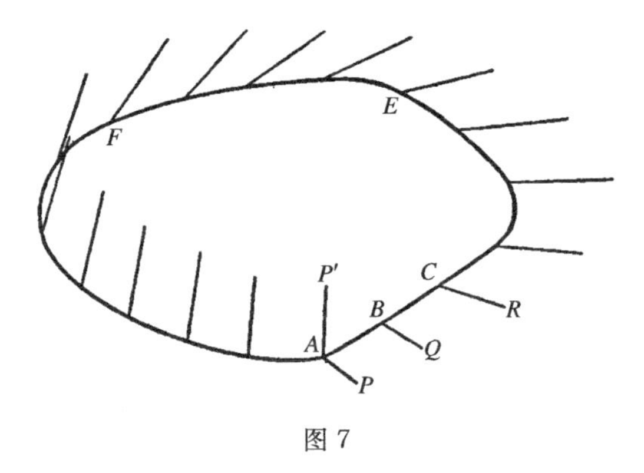

图 7

临近的关联点 B 并挑选出“相似”关系 BQ。接着再走到另一个相邻的关联点 C 并挑出类似于 BQ 的关系 CR。(注意,由于 C 离 A 比 B 远,故 C 点的关系与 AP 的相似程度就不像 BQ 那样明确。)就这样我们一步步地比较绕了个圈 $AEFA$ 回到起点。没什么能够确保转了一圈后最终的关系 AP' 正是我们最初出发时的关系 AP。

234

现在我们有两个关系 AP 和 AP' 从第一关联点发出,它们之间的区别与绕行世界的具体路径 $AEFA$ 有关。关系的松散的端点 P 和 P' 各有自己的单独记号,我们可以取它们的单独记号的差(即识别号的差)作为对 AP 转一圈变化的代码表示。当我们改变路径和原始关系时,变量 PP' 亦发生变化,下一步是找到表示这种依赖关系的数学公式。实际上有四件事是相互联系的,例如,转圈就转了两圈,如果其路径是矩形的话,那么就可以用两组对边来描述。它们每个都有 4 个标识号(或是单独记号,或是由单独记号导出);因此,对所有的组合,所需的数学公式包含 4^4 或 256 个数值系数。这些系数给出对围绕初始关联点的结构的数值量度。

这样,我们就完成了任务的第一部分:将结构的数值指标引入基础材料中。这种方法不像乍一看那么做作。除非我们直接将世界的物理性质赋予这些初始关系和关联点来逃避这个问题，否则我们必须从关系的结构连锁中推导出它们；这种连锁可以通过跟随关系之间的路径自然地得到。相邻关系的可比性公理只能对相似与不相似做出区分，它最初就不是用来区分不同程度和种类的不相似性的。但是我们已经发现了一种方法：参考从一种关系"变换"到另一种关系的路径来规定 AP 和 AP' 之间的不相似性。这样我们便在相似性定义的基础上建立起多样性的定量研究。 235

结构的数值指标依赖于（根据条件而有所不同）用于识别关联点的单独记号的任意代码。这种依赖关系使得这种指标特别适用于构建一般物理量。当单独记号变成空间-时间的坐标后，代码的任意选择等价于对空间-时间框架的任意选择。这与相对论是一致的，结构和物理量的量度可由它们随时间和空间的坐标架的变化而定。物理量一般没有绝对的值，但具有所选取的参考系下的相对值或单独记号代码。

我们现在已经用原始粘土做好了砖，下一步工作是要用它们来建造大厦了。结构的 256 种指标随世界不同地域逐点变化。如果省略掉重复的部分，那么这些指标可以大为减少。但即便如此，材料中仍包括了大量构建大厦所不需要的无用之物。许多著名的物理学家似乎对此感到担忧，但我不太明白这是为什么。是思想最终决定了什么是可用之材——这个建筑物的哪一部分会投射到共同经验的事物上，那一部分不具有这样的特性。像建筑材料供应商那样预先考虑哪些材料是为心灵宫殿而择出的，这不是我们的职责所在。现在这些材料将因为与进一步操作无关而被丢弃，

236 但是我不赞同那些人的观点，他们认为这些材料出现在理论中是理论的一个缺陷。

通过将某些具有对称性的结构指标合并起来，并忽略掉其他项，我们可以将真正重要的指标减少到 16 个[①]。这些指标可分为 10 个对称项和 6 的反对称项。这是世界的大分岔点。

对称系数(10)。在这些指标中，我们发现构造“几何”和“力学”是可能的。它们是爱因斯坦的 10 个势($g_{\mu\nu}$)。我们从它们推导出空间、时间和世界的曲率。正是这个曲率呈现出物质的力学特性，即动量、能量、压强等。

反对称系数(6)。从这些系数我们构建起电磁学。它们是电场强度的 3 个分量和磁场力的 3 个分量。我们从中导出电势、磁势、电荷和电流、可见光和其他电磁波。

我们没有获得有关原子的法则和现象。我们的建筑工程在某种程度上过于粗糙，无法提供世界的微观结构，因此原子、电子和量子目前还不在我们的技术范围。

但就所谓的场物理而言，这个构造是相当完备的。度规场、引力场和电磁场都包括在内。我们建立了上面列举的物理量，它们按照它们被建立起来的方式遵循场物理学的伟大法则。这是特殊 237 的属性，场量的法则——能量、质量、动量和电荷等的守恒，引力定律，麦克斯韦方程——都不是支配性定律。[②]它们是自明之理。它

① 数学上讲，我们将原始的四阶张量缩并为二阶张量。

② 这里没包括通常属于这些定律一项定律，即电场的有质动力定律。不了解电子结构就想知道这项定律的起源似乎是不可能的。而了解电子结构显然超出了我们目前建设的世界的范围。

们不是心灵去探看外部世界时所接近的自明之理，而是我们在基础结构上建立世界时所遇到的自明之理。我必须设法讲清楚我们对这些定律的新的态度。

2　同一性定律

能量、动量和应力——我们用世界的 10 个主曲率确定了的物理量——是能量和动量守恒的著名定律的主体。假设同一性是正确的，**那么这些定律在数学上便是等价的**。违反这些定律是不可想象的。也许我可以用一个类比来最好地揭示它们的本质。

一位年长的大学财务主管只顾在僻静的房间里埋头于账目。他对这所大学的知识发展和其他活动的认识仅限于账目上所反映的数据。他隐约地猜测到这些账目背后的客观现实——与这所真实大学所发生的活动相对应的某些事实——虽然他只能根据英镑、先令和便士来想象这些发展，但这些账目构成了他所谓的“日常经验下的常识性学院”。记账方法已成为隐士般财务主管一代代传下来的根深蒂固的习惯。他已将账目形式看作是事物本质的一部分。但他毕竟也算是科学圈子里的人，他想更多地了解这所大学。一天，他在看账目时发现了一条惊人的定律。对于贷方的每一个项目，必有相等的项目出现在借方的某个地方。“哈！”这位主管领悟道：“我发现了一条掌控大学的定律。这是现实世界里一条完美而精确的法则。贷方必须被称为‘加’而借方则称为‘减’，238 因此我们有一条关于英镑、先令和便士之间的守恒定律。这是发现事物的真正方法，用这种科学方法去寻找最终可以发现的东西不存在任何限制。我将不再注意某些同事的所持的迷信看法：他们觉得这人慈善，就尊之以国王；觉得这人邪恶，就称之为大学校务委员会的。我只需沿这条路走下去，就能理解为什么物价总在上涨。”

我不想和这位会计主管争辩。他要相信这种对账簿的科学调查是一条了解实际事物背后的精确知识（虽然肯定有部分道理）的途径就让他相信好了。许多事情是有可能用这种方法来发现的，至少比他最初努力去揭示的单纯的自明之理要深刻些。毕竟，他一辈子都在与账目打交道，无论什么性质的账目，他能发现其规律总有其合理性。但我要向他指出的是，对大学的实际运行的不同方面在会计领域的重复反映的发现，并不等同于发现了掌控大学运作的规律。大学可能已经要关闭了，但财务上账目仍可以有结余。

动量和能量等守恒定律源自于“空间的非空性”的不同方面的重叠。我们在实际经验中就能够感知到这种空间的非空性。我们再次发现，物理学的基本定律不是控制性定律，而是一个“圈套”，239 前提是我们掌握了遵从这一定律的事物的本性。我们可以用温度计来测量某些形式的能量，用冲击摆来测量动量，用压强计来测量压强。通常我们将这些仪器看作是独立的物理实体，其行为受各自的定律控制。但现在，理论告诉我们，这三种仪器尽管测量的是不同的量，但这些量是同一个物理条件在略有重叠的不同方面的表现。将三种测量方法联系起来的法则，在语意上与将用米尺和英尺两种测量方法联系起来的法则是同样的。

我说过，违反这些守恒定律是不可想象的。迄今我们发现过有任何不因未来的革命而动摇的永远有效的物理定律吗？但必须记住还有这样一个附带条件：“默认这种（目标上的）同一性是正确的”。定律本身会像二乘以二等于四那样永恒，但它的实际重要性则取决于我们对服从这一定律的对象的了解。我们认为我们有这方面的知识，但不能保证在这方面一定没错。从实际角度来看，如果我们发现，守恒的量不是用我们习惯的上述工具来测量的，而是用略有不同的某种仪器来测量的，那么守恒定律就会被推翻。

3　心灵的选择性影响

这将我们带到了非常接近于弥合科学世界与日常经验世界之间鸿沟的问题上来。科学世界中较简单的要素在日常经验中没有直接的对应物，而我们则要用这些要素来构建具有对应物的事情。科学世界中的能量、动量和应力掩盖了我们所熟悉的世界的熟知特征。我感受到肌肉的应力；能量给我温暖的感觉；动量对质量的 [240] 比值是速度，而速度概念通常是以单位时间内物体位置的改变进入我的经验的。当我说我感觉到这些事情的时候，我决不应忘记，这种感觉，只要它还完全处于物质世界内，就不是存在于事物本身，而是存在于我心灵的某个角落。事实上，心灵也发明了一种构筑世界的工艺。它所熟悉的世界不是由关联点和关系的分布来建立的，而是按其自身特有的对沿神经通路传导到其密室的代码信息的解释来给出的。

因此我们绝不能忽视一个事实，即物理学试图描述的世界是由这两种世界建设方案汇合产生的。如果我们只从物理的层面来看待它，那么这所建筑就会不可避免地存在任意性。给定砖瓦——构建世界的16种测量量——我们可以建造出各种各样的建筑来。或者我们可以对废弃物再利用，建造出更广泛的东西来。但我们不是任意建造，而是有序地建造。我们建造的东西有一定的显著特性；它们之所以有这些特性，既在于其构建方式，也是这些性质是所*要求*的。存在一种能够涵盖构建物理世界所需的大部分建设过程的一般性描述。用数学语言来表示就是，这些建设过程是由下列哈密顿量的微分所组成，这个哈密顿量是由16个结构变量构成的不变量函数。我不认为在基础关系结构中有什么东西要求这类特殊的组合；这个过程的意义不体现在无机物的性质中。241 它的意义在于它对应于心灵出于自身原因而采取的一种观点。任何其他的构建过程都不可能与构造世界的精神图式汇聚到一起。哈密顿量的导数恰好具有这种品质，使它在我们心中以一种主动的作用凸显出来，与时间和空间的被动的扩展形成鲜明的对比。哈密顿量的微分法实际上是于无形背景中产生一个主动世界的一种符号。不是在朦胧的过去才有创世，在有意识的心灵中，这种创造一直在不断地创造出奇迹。

按照这个特定的建构计划，我们建造出了满足守恒律的东西，即那种永久性的东西。守恒律对于满足它的物理量而言是一种自明的真理，但在物理世界的定律框架下，其显著性则源于心灵所要求的永恒性。我们可以建造出不符合这一定律的东西。事实上，我们构建的一个非常重要的量——“作用量”——就不是永久性的。正是依据“作用量”，物理学才摆脱了守恒性的束缚，并坚持认为作用量是最基础的东西，虽然心灵并不认为作用量在熟悉的世界里有什么地位，更别说借助于任何心理表象或概念来使之活跃起来。你将明白，我所指的建造不是指物质的迁移，而是像用星星来构建星座。我们要建造但还没建造的东西可能与我们已经建造的东西一样多。我们所谓的建造是从编织自身的模式中做出的一种选择。

物理世界中的永久性元素，即那些通常以物质概念来表达的东西，本质上是心灵对建造或选择计划的贡献。我们可以在一个 242 相对简单的问题——海洋的流体动力学理论——上看到这种选择性的倾向。乍一看，这种水流在受到某种初始扰动时所发生的事情完全取决于无机定律，有意识的心灵干预可以说离得比任何东西都遥远。从某种意义上说确实是这样。物质定律使我们能够计算出水的不同部分的运动和行进。在此，就无机世界而言，这个问题可以被认为已终结。但实际上，在流体力学的教材里，这项研究被转向不同的方向，即转到对波和波群的运动的研究。波的行进不是水的物质质量的行进，而是水的起伏荡漾沿表面传播的一种形式，同样，波群的行进也不是波的行进。处在水的流动介质中的这些形状具有一定程度的永久性。而任何具有永久性质的事物都有因具有实体属性而变得高贵的倾向。一个远渡重洋的旅行者对海洋的更生动的印象是：海洋是由波构成的而不是由水构成的。[1]最终，正是我们心中这种与生俱来的对永久性的渴望引导着流体力学发展的进程。同样，也正是这种渴望引导着我们用 16 种测量量去建构世界。

---

① 这不是要强调波的某些衍生效应，我确实认为航海能给人更美好的印象。

也许有人会反对说，除了心灵，其他东西也能鉴别出如质量这样的永久性实体。一台称重仪器就可以称量它，并通过指针的移动来指示它有多少质量。但我不认为这是有效的反对意见。在建造物质世界时，我们当然还必须建造作为其组成部分的测量器具；243 这些测量器具与其要测量的实体一样都出自同一个建造方案。例如，如果我们要用某种“木料”来构建实体 x，那么我们同样可以用相同的木料来构建用于测量 x 的器具。区别在于——如果称重仪器的指针读数为 5 磅，那么人类意识就会以一种（尚不能追踪的）神秘方式来感知这一事实；而如果仪表测量 x 给出的读数为 5 个单位，那么就不会有人注意到它。这里 x 和测量 x 的器具都没有与意识相互作用。因此，科学世界的方案里是否包括质量但不包括 x 最终是由意识现象所决定的。

心灵对自然规律的选择性影响的一种更好的表达方式也许是：量值是由心灵创造的。在我们的物理世界的概念里，所有的“光和影”都是以这种方式来自于心灵，不考虑意识的特点它们就无法得到解释。

我们从关系结构中建立起的世界无疑会随着我们的知识进步而受到很大的冲击。量子理论表明，一些根本性的变化即将来临。但我认为，我们的建设实践至少使我们对各种可能性的认识变得开阔了，使我们对物理定律的观念有了不同的取向。我要强调以下几点：

首先，严格的定量科学可以从纯粹定性的基础上产生。必须在公理上假定的可比性不过是相似性与不相似性之间的定性区别。

其次，我们迄今认为是最典型的自然规律都具有自明之理的性质，基础结构的最终控制规律（如果存在的话）很可能是一种从未被想到的不同类型。 244

最后，心灵以其选择性的力量，将大自然的过程与很大程度上由心灵选择的定律体系结合在一起。在发现这一定律体系的过程中，心灵活动可以被看成是先将自身放入大自然再重新从大自然中取回的过程。

4　三类定律

就我们所能判断的，自然定律分为三类：(1)同一性定律；(2)统计定律；(3)先验定律。我们前面考虑了同一性定律，即所涉的物理量之间的关系具有同一的数学表示式的那些定律。它们不可能被认为是世界基本物质所服从的真正支配性定律。统计性定律与群体性行为有关，并且依赖于这样一个事实：尽管每个个体的行为可能极不确定，但其平均结果则可以放心地去预测。自然界中许多明显的一致性都是平均意义下的一致性。我们的宏观感觉只能感知到为数众多的个体粒子和过程的平均效果；而这种平均的规律性在很大程度上可以与个体的无规律性相容。我不认为仅仅将统计定律（如热力学第二定律）看成是其他类型定律在某些实际问题上的数学应用就能将它排除掉。它们有自身特有的、与先验概率的概念相联系的要素；但我们现在似乎还不能在当前关于世界底层的概念中为它找到一个位置。 245

如果存在关于物理世界的真正的支配性定律，那么它们必然属于第三类定律——先验定律。先验定律包含了所有世界建筑方案中隐含着的、尚未变得明显可辨识的定律。它们关注的是原子、电子和量子的特定行为——也就是说，它们是关于物质的原子特性、电性和作用的定律。在归纳这些定律方面，我们似乎取得了一些进展，但很明显，相对于经典的场作用定律，我们的心灵在获得有关它们的合理概念时要付出艰苦得多的努力。我们已经看到，场作用定律，特别是守恒律，是心灵间接强加给物质的，可以这么说，心灵要求的是一个满足这些定律的世界建设计划。这是一个自然的暗示，阐明先验定律之所以会遇到更大的困难，是由于我们不再从我们投身其中的自然中恢复本性，而是最终让自己面对它所固有的控制系统。但我几乎不知道该怎么去想。我们肯定不能认同这样一种认识，对于自然定律的新的态度的可能的发展会在短短几年后变得枯竭。有关原子的定律，有可能像守恒律一样，只是以世界的表象出现在我们面前，它可以看成等同于我们所遵循的论断的某种延伸。但这一点也许是可能的：在我们清除了所有追加的定律——即那些仅与我们理解世界的模式有关的定律——之后，才会凸显出由真正的控制定律所支配的外部世界的发展。

246 目前我们可以注意到这样一种对比：我们现在认识到的人为定律的特征是连续性，而心灵尚未把握的定律的特征是原子性。量子理论避免使用分数，坚持采用整体单位，似乎不符合我们潜意识中对作为自然现象框架方案的要求。也许我们关于物理世界的最终结论会像 L. 克罗内克关于纯数学的观点一样：

“上帝创造了整数，所有其他的都是人类的工作。”

第十二章　指针读数

1　熟悉的概念和科学符号

我们在引言中说过，科学世界的原材料不是从熟悉的世界借来的。直到最近，物理学家才精心地将自身从熟悉的概念中剥离开来。他没打算去发现一个新世界，而是去修补旧世界。和其他人一样，他一开始也认为事物或多或少都像表面上所呈现的那样，我们对环境的生动印象可以作为工作的基础。但渐渐地他们发现，它的一些最明显的特征必须被抛弃。现在我们知道，我们不是站立在固定不动的地面上骄傲地昂首朝天，而是头朝下双脚挂在一个以十几英里每秒的速度在太空飞驰的星球上。但是这种新知识仍然可以通过熟悉概念的重新组合来掌握。我可以自己很生动地想象前面描述的事物状态。如果说有任何曲解，那也是因为我的轻信而不在于我的概念出了问题。其他知识的进展也可以为理解提供非常有用的帮助——“这更像是这样”。例如，如果你认为有些东西像一星点尘埃，那么你对原子便有了非常现代的认识了。

247

除了熟悉的实体外，物理学家还得考虑诸如引力或电力等神

248 秘机制，但这并不影响到他的总体看法。我们不能说电“像”什么东西；但总不能因为它最初的不易接近就随它去了。研究的主要目的之一是找出如何根据熟悉的概念将这些机制降低到可描述的水平——简言之，可予以“解释”。例如，电力的真正性质可能是以太的某种形式的位移。（以太在当时是一个熟悉的概念——像某种极端物质，*确切地说就是如此*。）因此就有了一个排队等待的实体列表，它们都等着有一天会与熟悉世界里的概念形成合理的关系。同时，物理学不得不在不知其本性的情形下尽量处理好它们。

事情进行得出奇地好。对这些实体性质的无知并不构成对其行为做出成功预测的障碍。我们逐渐意识到，对等待名单上的量的处理方案正变得越来越精确，我们对它们的了解比对熟悉事物的了解更令人满意。熟悉的概念不去吸收排队名单上的量，但排队名单上的量开始采纳熟悉的概念。例如以太概念，就曾先后被认为是一种弹性刚体、胶体弹丸、一个气泡、一种回旋聚集体等，现在它被认为不具有物质和实体性质，因而被重新放回到排队名单。研究发现，科学可以在对实体属性不甚了了的条件下取得如此大的成就，以至于人们开始怀疑消除这些不确定性是否能带来什么好处。但当我们开始用排队名单上的东西来建立熟悉的实体比如物质和光时，危机来临了。于是最后我们看到，与熟悉概念的联系应当通过物理学先进的建构，而不是按字母表从头抓起。我们曾遭受而且现在还在遭受这样的痛苦，就是期望电子和量子必然像
249 施工现场所熟悉的材料和力一样具有某些基本特性，我们所要做的就只是将它们想象成尺度上无限小的日常东西。避免这种显然不合逻辑的偏见必然是我们的目标，因为我们必须停止使用熟悉

的概念，抽象的符号已成为唯一可能的选择。

在科学理论的构建过程中，合成方法几乎被普遍采用。借助于这种方法，我们用自己的符号元素建立起一个类似于我们熟悉的经验世界里的实际行为的世界。科技期刊中任何一篇普通的理论论文都默认采用这种方法。它被证明是最成功的施工程序。本书在陈述科学部分的进展时采用的也正是这种程序。但我不会断言其他工作方式都不可接受。我们认为，在合成的终点，必然存在与熟悉的意识世界的联系，我们不必反对试图从这一端到达物理世界。从哲学观点看，这个入口是值得探索的，可以想象，这种探索很可能达成丰富的科学成果。如果我正确理解了怀特海博士的哲学的话，他采取的就是这个研究路径。这种研究包含了一定量的回溯性工作（正如我们通常描述的那样），但他的"外延抽象"方法试图克服在此过程中的一些困难。我没有资格对这项工作做出批评性评价，但原理上它似乎很有趣。虽然本书在大多数方面所持的观点可能与怀特海博士的读者面广泛的自然哲学的观点截然相反，但我认为将他看成这样一位盟友可能更真实：他是从山的另一侧来开掘隧道，以期与他的那些较少哲学头脑的同行会合。重 250 要的是不要混淆这两个入口。

2　精密科学的本性

物理学的特征之一就是它是一门精密的科学。通常我将物理学领域等同于精密科学领域。但严格来说，这两个词不是同义词。我们可以想象有这样一门科学，它与物理学的一般现象和规律没有任何关系,但却允许做同样精密的处理。可以想象,孟德尔的遗传学理论就可能发展成这样一门独立的科学,因为在生物学领域,它所具有的地位正如同一百年前原子理论在化学领域所占据的地位一样。这一理论的发展趋势是要将复杂的个体分析到"单位性状"。这些性状就像具有亲和力和排斥力的不可分割的原子,它们的结合所遵从的概率法则与化学热力学中起着很大作用的法则相同。群体性状的数值统计结果也与化学反应的结果一样,是可预测的。

现在,这种理论对生命意义的哲学观点的影响并不取决于孟德尔的原子是否严格遵从物理解释。单位性状中可能包含着载体物理分子的某种构型,这种构型甚至在字面上都对应于某种化合物。性状中可能还包括生命物质所特有的、不包含在物理实体范畴内的某种东西。但这已是枝节问题。我们正逼近这样一个大问题:是否存在一种不会被精密科学的进步所吞噬的,属于生命、意识、神祇的活动领域?我们不仅要思考物理学的特定实在,而是要思考精密科学能够应用的所有类别的实在。因为精密科学诉诸的——或者说已经诉诸的——是一种必然的、无灵魂的、为人类精神所抵触的规律。如果科学最终宣称人类不过是原子的一种偶然的汇聚,那么这个问题就不会因下列解释而得到缓解:这里所讨论的原子是孟德尔的单位性状,而不是化学家的物质原子。

让我们来检视一下精密科学所掌握的知识类型。如果我们找到一份有关物理学和自然哲学中较易理解的问题的试卷,我们可能会看到这样一段题头文字:"一头大象从一个长满青草的山坡上滑下……"有经验的考生知道他不需要太关注这一点,这只不过是给人一种现实感的印象。他继续读道:"大象的质量是两吨。"现在我们要开始干活了。大象消失了，两吨重的东西取代了它的位置。这两吨到底是什么？问题的真正实质是什么？它是指在外部世界某一区域发生的、我们统称为“重量”的某种性质或条件。但照此方式考虑我们得不到多少东西。外部世界的本质是不可测知的，我们只能陷入不可描述的泥潭。不要介意两吨是指什么，它是什么？它是如何以如此明确的方式进入我们的体验的？两吨是指当大象被置于磅秤时，磅秤游标的读数。让我们继续。“这座山的坡度是60°。”现在，山坡淡出了问题，60°角取代了其位置。60°是指什么？不必费神考虑神秘的方向概念。60°就是量角器上相对于垂线的读数。对于其他问题中的数据回答基本类似，譬如大象滑下来的柔软草地被摩擦系数所取代。尽管这里也许不涉及直接的指针读数，但性质类同。毫无疑问，在实践中我们有更多的间接方法来确定大象的重量和山的坡度，而且这些都是合理的，因为我们知道它们的结果与直接的指针读数相同。 252

由此我们看到，文字的诗意淡出之时，便是精密科学严肃应用之始。留给我们的只有指针的读数。如果我们只是将指针读数或其等价量放进科学计算的机器中，我们怎样才能得到指针读数以外的东西呢？这正是我们要琢磨的。问题大概是要给出大象下滑的时间，答案是我们手表上指针的读数。

在上述问题里，精密科学的成功在于在一个实验中的指针读数与另一个实验中的指针读数之间建立起数字连接。当我们批判性地检视其他物理问题时，我们发现这一点具有典型性。精密科学的整个主题包括指针读数及其类似的示数。这里我们还不能确定什么算是类似的示数。对指针与表盘上刻度线基本重合的观察 253

通常可扩展到包括对任何一种二者对齐(或者用广义相对论的语言来表达,即世界线的交点)的观察。重要的一点是,虽然我们对外部世界似乎有很明确的概念,但这些概念并没有进入精密科学,也没有得到任何证实。在精密科学可以开始处理这个问题之前,它们必须替换为代表物理测量结果的量。

也许你会反驳说,虽然只有指针读数被纳入实际计算,但如果将与其他东西的所有关联都排除在外,那么问题将会变得毫无意义。这个问题必然涉及某种相关的背景。从山坡滑下来的不是磅秤的指针读数!但从精密科学的观点看,从山坡上滑下来的东西只能用一组指针读数来描述。(应当记住,山也应被替代为指针读数,滑下来这个过程已不再是一种刺激的冒险,而是时间和空间测量量之间的函数关系。)大象一词只不过用来唤起某种心理印象的联想,但很显然,这种心理印象不可能是物理问题中需要处理的对象。例如,我们有"笨重"的印象。对此我们预设在外部世界有其直接的对应物,但这个对应物必然有一种超出我们理解的属性,科学对此无能为力。笨重是通过另一种替代方式进入精密科学的。我们用卡尺量得的一系列读数来取代它。同样,在精密科学里,我们意识印象中灰黑色的外观也可以用光度计测得的不同波长的光来替代。如此这般,直到大象的所有特征都被穷尽,它被约化成一张测量量表。这个表总是有三重对应关系:

254

(1)意识印象,它在我们的头脑中,不在外部世界中;

(2)外部世界的某种对应物,具有不可思议的本性;

(3)一组指针读数,精密科学可用来研究并与其他指针读数联系起来。

这样，我们有了一张描述下滑运动的指针读数表。如果你仍然认为这种替代从问题中抽走了所有的实在性，那么我要不客气地说，你会预先尝到那些人迟早要遇到的困难——他们认为精密科学足以描述宇宙，并认为我们的经验中没有什么不能被纳入精密科学。

我想澄清一点，物理学对指针读数等的限制并不是我自己的哲学狂热，而是当前的一种科学理念。它是上个世纪的一种很明显的趋势的产物，但只是在相对论出现后才被全面地表述出来。物理学家的词汇里包括了许多词，如长度、角度、速度、力、势、电流等等，我们称之为“物理量”。现在认为有一点是必不可少的，那就是这些量应当根据我们面对它们时实际认识它们的方式来**定义**，而不是根据我们对其所期待的形而上的意义来定义。在旧的教科书中，质量被定义为“物质的量”。但当我们要实际确定一个物体 255 的质量时，却规定了一种与这个定义无关的实验方法。认为由公认的测量方法所确定的量代表着一个物体质量的信念仅仅是出于一种虔诚的观点。在今天，说 1 磅铅的质量可以等于 1 磅糖的质量是没有意义的。爱因斯坦的理论扫除了这些虔诚的观点，坚持认为每一个物理量都应定义为某些测量操作和计算的结果。如果你愿意，你大可以认为质量是一种与指针读数有某种关联的高深莫测的性质。但至少在物理学里，这种神秘化不会带来任何结果，因为精密科学处理的是指针读数本身。如果你在其中嵌入了更超凡的某种性质，那么这只会给你带来将其重新挖掘出来的额外麻烦。

确实，当我们说质量是两吨时，我们并不会特别记住这个量值是用什么称重设备给出的。这是因为我们并不是开始处理大象的出逃问题，就像是第一次处理外部世界的现象那样。如果测量者不曾假定对物理学的基本定律有大致的了解，即对允许我们从一种读数去推断出其他指标读数的定律有基本的了解，那就更需要明确这一点了：正是由物理定律表示的指针读数的这种关系提供了现实问题所需的连续背景。

256 很明显，问题中的一个条件是：称重实验和下滑实验中的对象是同一头大象。我们怎样才能仅用指针读数的描述来表示世界的这种同一性呢？两个读数可能相等，但如果它们是同一的，那么问这个问题就没有意义；但如果大象已被约化为一组指针读数，那么我们怎么才能要求它始终是同一组数据呢？主考官并未向我们吐露大象的同一性是如何得到保证的，我们只有他个人的保证，说这里不存在替代。也许这头生物在这两种场合下都会应答它的名字。如果是这样的话，那么同一性的测试显然超出了目前的物理学领域。纯属物理学领域的唯一测试是连续性。大象必须从磅秤到山坡一路受到监视。我们必须记住，大象是四维世界中的一根管子，它与时空的其余部分存在着或多或少的清晰的边界。观察者用他眼睛的视网膜作为示踪器，对图像的轮廓进行不间断的观察，确信自己自始至终在跟踪一个连续的、孤立的世界管。如果他的警惕性出现停顿，那么他将面临观测对象被替代的风险，因此也就存在观察得到的下滑时间与计算给出的时间不一致的风险。①

① 这种替代的一个绝好的例子是天文上对由等亮度的两颗星构成的特定双星的观测。如果在观察期间两颗星在不经意间发生了互换，那么这种替换在当时是看不出来的，除非实际观测轨道与预测的轨道之间的差异增大到可分辨为止。

请注意，我们不认为孤立的世界管沿其管长有任何同一性。这种同一性在物理上是没有意义的。我们采用质量守恒定律（无论它 257 是作为经验定律还是从万有引力定律推导出来的）来保证，只要世界管是孤立的，那么由称重类型实验得到的指针读数沿管长都取恒定值。就精密科学的目的性而言，“同一个物体”被“孤立的世界管”所取代。从其同一性上看，大象的某些属性的恒常性并不被假定是不言自明的，而是从与公认的世界管有关的实验和理论定律中推断出来的。

3　物理知识的局限性

每当我们用物理量来描述一个物体的属性时，我们是在传递反映该物体所具有的各种度量指标的信息，更无其他。毕竟，这种信息是相当全面的。反映所有种类对象（如磅秤和其他指示仪器）的知识完全取决于该对象与环境之间的关系，仅其内在的难以企及的属性待定。在相对论中，我们将这一点当作完整知识来接受，一个物体的可由科学探索确定的性质是对它与周围所有对象之间关系的抽象。相对论的进步很大程度上是由于强大的数学计算能力的发展。这种进步使得我们能够对无穷多的指针读数表做简明扼要的处理。在有关爱因斯坦理论的论文中，广泛使用的专业术语“张量”也可以翻译成指针读数表。相对论的数学之所以有美学吸引力，正在于这种数学非常适用于物理概念。但并非所有方面 258 皆如此。例如，我们可能钦佩数学家的耐心在预言月亮位置方面取得的胜利，但从美学上来说，月球理论是冷酷的。显然，月亮和数学家采用不同的方法来寻找月球轨道。但通过使用张量，数学物理学家可以将他要研究的对象的性质精确地描述成一张示性读数表。那些在物理学里没有地位的附加的图像和概念被自动消除掉。

物理学所处理对象只包括指针和其他示性指标的读数，这样一种认知从根本上改变了我们对物理学知识地位的看法。直到最近，过去那种想当然地认为我们对外部世界的实在性有充分了解的认识才有所改变。让我举个例子来说明物质与精神之间关系这一重大问题的根源。我们认为活人的头脑总带着灵魂和思想。思想是这个世界上无可争辩的事实之一。我知道我在思考，但可以肯定的是，我不能将这一点归因于我具有物理世界的知识。尽管更多地是出于假设，但已有比较可信的证据表明，我确信你有着思考的心灵。这是一个有待研究的世界。物理学家带上他的工具开始了系统的探索。他发现，一切都是原子、电子和空间-时间上分布的力场的集合，表观上它们与无机物中发现的东西并无二致。他可以追踪其他物理特性，能量、温度、熵，所有这些都不等同于思想。他可以将思想视为一种幻觉——一种他所找到的物理实体之间相互作用的不恰当的解释。或者，如果他看到将我们经验中最不容置疑的要素称为幻觉这种愚蠢行为，那么他将不得不面对这样一个巨大的问题：普通原子的这种集合是如何成为思维机器的？但是，我们又怎么知道原子的性质不适合构成一个有思维的对象的呢？维多利亚时代的物理学家认为，当他运用诸如“物质”和“原子”这类术语时，他知道自己在说些什么。原子是微小的台球，这句清晰的表述像是以这么一种方式告诉你所有关于原子性质的东西:这种方式对于像意识、美或幽默这样的超然的东西是永远无法实现的。但现在我们意识到,科学对于原子的内在本质从不置喙。物理学里的原子,和物理学中的其他东西一样,就是一张指针读数表。我们同意,这张表与一些未知的背景有关。那么为什么不将它与以思想为突出特点的精神性质的东西关联起来呢?我们宁愿将它与所谓“具体”的、与思想不一致的性质关联起来,然后再惊呼这一思想来自何处,这是不是看起来很傻?我们已经将所有成见都作为指针读数的背景而加以去除,因为在大多数情形下我们对其本质无法有任何发现。但在一种情形下,即对于我自己的大脑的指针读数,我有一种不限于指针读数证据的洞察力。这种洞察力表明,它们与意识背景存在关联。虽然我期望物理学中其他指针读数的背景具有那种与上述特定情形下展示于我的性质紧密关联的属性,但我不认为它总是有更特殊的意识属性。[①]但就我对这 260 种背景的洞察力来看,不存在不可调和的问题。我也没有与之可调和的其他背景知识。

在科学上,我们研究指针读数与指针读数之间的联系。这些术语联结成一个无尽的循环,兜来转去都是同样的那点不可测知的性质。没有任何东西能够阻止构成大脑的原子集合体因其自身本性而成为思考的对象,从物理上看,这种本性具有不确定性和不

① 例如,我们大多数人都会认为(只是假设),第五章中提到的世界的动力学性质是指整个背景的特征。这一特征显然不能从指针读数中发现,我们唯一能了解它的途径是我们意识中“转变”的感觉。“转变”像“推理”一样,是只发生在我们自己的头脑中的过程。对于推理,一般认为将它扩展到原子的无机聚合状态是荒谬的。与此不同,前者可以(而且通常是)扩展到无机的世界,所以到底是从过去到未来,还是从未来到过去,都无所谓。

可预知性。如果我们必须将我们的指针读数列表嵌入到某种背景中，那么至少应让我们接受我们所接收到的关于背景意义的唯一暗示——即它具有一种能够表现为精神活动的性质。

4 物理学的循环方法

我必须解释一下上述物理术语的无限循环。我将再次引用爱因斯坦的引力定律。我已经不止一次向你详述过这一定律，我希望你能从这些解释中得到关于它的一些思想。这次我将以一种完整的方式来阐述它，尽管这种方式可能没有多少人能理解。不必介意。我们现在并不是寻求对引力的起因做进一步说明；我们的兴趣在于探索对任何物理对象做完备的解释中所应包含的东西。 261

爱因斯坦引力定律的解析形式可以陈述为：在真空空间中某些称为势的量所服从的冗长的微分方程。我们对"势"一词要做个备忘录，以便提醒一下以后我们必须解释它的含义。我们可以设想这样一个世界，在其中势在任何时刻任何地方均取明显的任意值。现实世界可不是这样无限定的，它的势被限定为那些取符合爱因斯坦方程的值。下一个问题是：什么叫势？它们可以被定义为由相当简单的数学计算从某些称为"间隔"的基本量导出的量。（记住，这里"间隔"待解释。）如果我们知道世界各地不同间隔的值，那么就可以给出推导势值的明确规则。那什么是间隔呢？它们是指可以用量尺或时钟或两者并用来测量的一对事件之间的关系。（这里"量尺"和"时钟"待解释。）对于量尺和时钟的正确使用，我们可以给出说明，以便使间隔按给定的读数组合给出。那么什么是量尺和时钟呢？量尺是指一个带刻度的物质条……（“物质”待解释。）经过反复考虑，我决定将余下的描述留给“读者自己去练习”，因为逐个定义下去要花很长时间来枚举物质标准具的所有性质和细节行为。对于这种标准量具，物理学家会将它们看作一种完美的量尺或完美的时钟。我们继续讨论下一个问题，什么是物质？我们已经排除了形而上学的物质概念。因此在这里我们可能描述的是物质的原子和电子结构，但这样将导向世界的微观方面，262 而我们在这里采取的是宏观的观点。我们将讨论限定在力学范围内。力学的主题包括引力定律的产生，在这里物质可以用三个相互关联的物理量——质量（或能量）、动量和应力来定义。那么什么是“质量”“动量”和“应力”呢？爱因斯坦理论的意义最深远的成就之一就是给出了对这个问题的一个确切的回答。它们都是含有势及其对坐标的一阶和二阶导数的令人生畏的表达式。那什么是势呢？忘了吧，这正是我前面一直在向你解释的东西呀！

物理学定义概念的过程有点像“杰克造房子”的办法[①]：这是势，它由间隔导出，间隔由量尺测定，量尺由物质材料制成，材料体现出应力，应力……当然，与终结于杰克不同——每个孩子都知道杰克而无须介绍——我们得转个圈回到这首韵律诗的开头：……杰克折磨小猫，小猫杀死老鼠，老鼠偷吃麦芽，麦芽放在房子里，房子是由须发剃得精光的祭司盖的，这个祭司为杰克主持婚礼……现在我们可以周而复始地永续下去了。

---

① 原文“The house that Jack built”是J. P. 米勒（J. P. Miller）的著名童话故事的标题，现已成为英语世界的一句成语。所谓杰克造房子的叙事方法是指每出现一个新的人物，作者都首先用已知概念来描述其特征，最后转转转又转到开头。——译者

但也许你早已将我的引力解释给简化了。我们进行到**物质**时你就已经受够了。“请不要再解释了，我碰巧知道物质是什么。”很好，X先生知道物质是什么。让我们看看这个过程如何进行：这是势，它由间隔导出，间隔由量尺测定，量尺由物质材料制成，这种材料恰好为X先生所知。下一个问题：X先生是什么？

263

好吧，碰巧物理学根本不急于去弄清“X先生是什么”的问题，它不愿意承认它精心构造的物理宇宙是“X先生建造的房子”。物理学将X先生——特别是它所了解的X先生的部分——看作是一个相当麻烦的房客。他是在世界历史演化到后期来到这里，找了间房子住下来，而这间房子是无机的自然界按照缓慢进化的步调建造的。所以物理学在通向X先生的大道上拐了个弯——越过了他——闭合了自己的圈子而将他冷落在了外面。

从物理学自身的观点看，它这样做是完全正当的。就物理学的理论架构而言，物质以某种间接的方式进入X的心灵范畴这一264点并不是有用的事实。我们不可能用微分方程来体现它。它被忽略了。物质和其他实体的物理性质由它们在循环中的联系来表达。你可以看到，物理学巧妙的循环设置是如何为自己提供一种完备的研究领域的，它没有松散的末端投向未知。所有其他的物理学定义都具有相同的联锁。电性力被定义为引起电荷运动的某种东西；电荷是施加电性力的东西。因此，两种概念循环往复相互定义以至无穷。

但现在我不是在写纯物理学。从更广泛的立场来看，我看不出我们是怎么将X先生清除出去的。物质是“X先生可知的”这一事实必须作为物质的一种基本属性确立下来。我不是说它很独

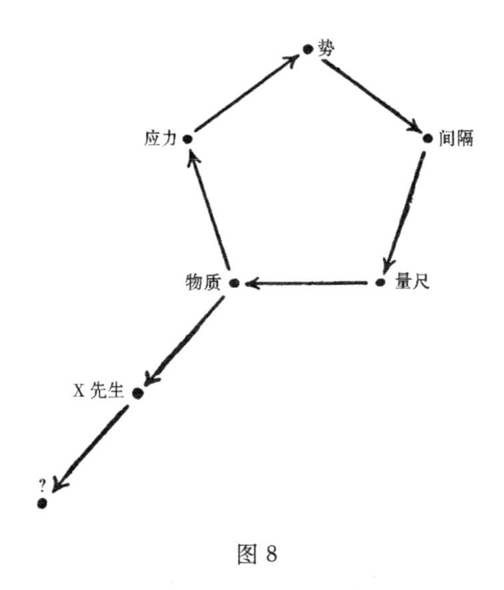

图 8

特，因为他对其他物理实在也熟知。但是，当我们将实际世界与我们幻想的可能已经创造出的世界进行比较时，那种唤起意识中印象的整个物理世界的势性（potentiality）则是一种不可忽视的属性。似乎有一种最小化这种重要性的普遍倾向。其态度是："X 先生无所不知"是一种可忽略的属性，因为 X 先生是如此聪明，以至于他能知晓该知道的很多事情。我则一直持相反的观点：心灵存在一种明确的选择性作用；既然物理学处理心灵可知的东西，[①] 那么它的主题就已经经历了（而且确实有证据表明这一点）这个选择过程。 265

① 从所有实验物理学上看，这一点显然是对的，而且这在理论物理学上也必定是对的，只要这种理论是（就像它所声称的那样）基于实验而建立的。

5 现实性

“能够被心灵感知”也是一种将我们的真实世界与虚构的世界区分开来的属性。在这种虚构世界里，我们认为有同样的一般性自然规律成立。考虑这样一个世界，我们不妨称其乌托邦，它不但受所有那些支配我们自己这个世界的已知和未知的自然规律的控制，而且有更好的恒星、行星、城市、动物等等——一个本可以存在，但恰好不存在的世界。物理学家怎么才能测知这个乌托邦不是真实的世界？我们可以检验其中的一些物质，它不是真实的物质，但却能根据万有引力定律吸引乌托邦中的其他（不真实的）物质。由这些虚幻物质构建的量尺和时钟测得的是错误的间隔，但物理学家无法检测出这种错误，除非他从一开始就证明这种物质的非实在性。只要其元素被证明是不真实的，乌托邦就会坍塌。但除非我们坚持物理的闭环性，否则我们永远发现不了其弱点，因为每个元素都正确地链接到闭环的其余部分，按照假设，我们所有由闭环表示的自然规律也都为乌托邦所遵从。虚幻的星星发出虚幻的光，落在虚幻的视网膜上，最终到达虚幻的大脑。下一步是将它排除在闭环之外，并给出揭露整个骗局的机会。大脑的紊乱会转化为意识吗？这一点将检验大脑是真实的还是虚幻的。不存在关于意识是否真实的问题。意识是自知的，“真实”一词并没有带来更多的东西。在无穷多个满足自然规律的可能的样本世界里，有一个世界可不仅仅是满足这些自然规律。这种显然不能用任何自然规律来定义的属性我们称之为“现实性”——通常我们用这个

266

词来指称一种没有明确意义的灵光。我们已经看到，现代物理学的发展趋势是杜绝这些不确定的属性，根据我们在面对某个对象时能够对其认知的方式来定义该对象的概念。我们认识到一个特定世界的现实性，因为只有这个世界存在与意识的相互作用。无论理论物理学家多么不喜欢提及意识，实验物理学家都能够自由地使用这一现实性的试金石。他也许更愿意相信他的物质感官能够实际证明他的仪器和观测结果都有效，但最终确保这一点的是心灵，唯有心灵才知道物质器官的指示。我们每个人都具备这种现实性的试金石。通过应用它，我们得以判定我们这个可怜的世界的现实性和乌托邦的虚幻性。由于每个个体的意识是不同的，因此我们每人的试金石也不同。但幸运的是，它们对现实性的指示都是一致的——不管怎么说都是足够大的多数，那些在精神病院的少数除外。

自然，理论物理学在制定一般性的理论体系时要脱开现实和现实性的保证者。正是这种忽略使得自然规律与特定的事件序列有了区别。哪些是可能的(或并非“太不可能”)属于自然科学的研究领域，而哪些是实际发生的则属于自然史的研究领域。我们不需要添加上：一种比实际更广泛的自然科学的思索能够更好地理解现实。267

从较制定物理学理论体系更广泛的观点看，我们不能把与心灵的联系仅仅看成是一个自我存在其中的无机世界中的偶发事件。在说到现实与非现实的区别只有借助于心灵才能够表达这一点时，我不是要暗示一个不存在意识的宇宙并不比乌托邦的地位更高，而是要指明现实的属性是不可定义的，因为我们要有定义，就需要有截断。大自然的现实性就像大自然的美一样。对于一个景观，当没有意识来感知其存在时，我们就无法描述它的美；只有通过意识，我们才可以赋予它一种意义。世界的现实性也是如此。如果现实性意味着“心灵已知”，那么这种现实性就纯属世界的主观特性；要使其变得客观，我们必须代之以“心灵可知”。我们对目前这个为特定心灵所已知的世界的偶发事件的注意力越弱，那么我们对心灵必须了解的作为物质的基本客观属性的**可能性**的注意力就越强。不论个体意识是否注意到它，它都具有现实性的地位。

在上图中，X 先生已经按他所声称的知道的事情而被嵌入这一循环的特定的位置。但我们稍加反思就会明白，心灵与物质世界的联系点不是那么明确。X 先生知道一张桌子，但他心灵的联系点并不在桌子的材料上。光波从桌子传播到眼睛，视网膜发生 268 化学变化，接着在视觉神经中发生某种形式的传播，大脑中出现原子变化。这最后一步到底是怎么跃入意识的目前并不清楚。对于物理世界的信息转变成意识的感觉的最后阶段，我们还不知情。这没什么区别。物理实体有一个循环连接，不论我们赋予其中一个环节什么样的内在本质，它都会作为一种背景贯穿于整个循环。到底是物质、还是电或势直接对大脑产生刺激，这都不是问题。在物理方面，它们都同样表现为指针读数或指针读数的列表。根据我们对世界建构的讨论，它们是对由基本关系的某些方面的可比性所产生的结构的量度——这些量度绝不会穷尽这些关系的意义。我不相信大脑某个点上的物质活动会激起思维活动。我的观点是，在这些物质活动中，存在对思维活动的某些方面的度量性描述。物质活动是我们认识一个结构的各种量被综合成一个整体认识对象的一种方式;心灵的活动则是我们对关系的复杂性的洞察，这种关系的可比性为这些测量奠定了基础。

6 X 先生是什么?

有了这些考虑后，现在我们来看看我们能提出什么问题，X 先生是什么? 我必须单独探索这个问题。在我没有先回答(或假定能够回答)同样困难的问题“你是什么?”之前，我无法利用与你的合作。因此整个探索只能在我自己的意识领域进行。我发现这里有某些数据支持与这位未知的 X 先生的关系;我可以(通过诉诸与我的意愿相应的能力)扩展这些数据，也就是说，我可以在 X 上做实验，例如我可以做化学分析。这些实验的直接结果是在我的意识中引起某种视觉或嗅觉的感觉。显然，要从这些感觉来得到对 X 先生的任何合理的推断都还十分遥远。例如，我得知 X 先生的脑子里有碳元素，但在我的脑海里直接呈现的知识却是别的东西(不是碳)。我之所以能够在心灵感知到某个东西时判断出另外的知识，是因为我有一套系统的推理方案，可以从一种知识追溯到另一种知识。撇开本能或常识性推论——科学推论的原始先导——不论，这种推理遵循这样一种联系，这种联系只能用符号来描述，它可以从我在符号世界里定位自身的点延伸到我定位 X 先生的点。 269

这种推论的一个特点是我从不知道碳究竟是什么。它就是一个符号。我的心脑系统里有碳，但我心灵的自知能力从没有向我揭示这一点。我只知道碳的符号必须按照如下推理路径置于某处，这条贯穿于外部世界的路径类似于 X 先生在发现它时所采用的路径。但不论这个碳与我的思考能力是如何的密切相关，它作为一个符号与我得知其存在的思考能力是相分离的。碳是一种只能根据物理循环体系中其他符号来定义的符号。我发现，要使得这种描述物理世界的符号能够用于其所遵从的数学公式，就必须将碳的符号（包括其他）置于 X 先生的位置。运用类似的方法，我可以对 X 先生做详尽的物理检查，并发现整个符号阵列都被安排到他所在的位置。

270

这个符号阵列能给我整个 X 先生吗？我们没有理由这么去想。电话线传来的声音并不是电线另一端的全部。科学联系就像电话线，它只能传输要它传输的东西，除此再无其他。

可以看出，交流的渠道有两个方面。一方面它是一套推理链，从与我的心灵感觉直接相联系的符号链接到 X 先生所描述的符号，另一方面它是始于 X 先生并到达我的大脑的一连串外部世界的刺激。理想情况下，这些推理步骤正好是带来信息的物理传输步骤的颠倒。（当然，在推理过程中，我们利用所积累的经验和知识走了许多捷径。）通常，我们只考虑其第二个方面，即看重它作为物理传输的一面。但由于它还是一种推理思路，因此它要受到如下限制：我们不必期待一种与之相符的物理传输。

物理研究中所运用的推理方法可约化为一套支配这些符号的数学方程。只要我们坚持采用这套程序，我们就得受限于满足这种数学方程的符号的算术性质。[①]因此我们还没法做到不用数字

---

① 我相信，唯一的例外是狄拉克通过引入 q 数（见前面第十章）所做的推广。我们还没有办法给出一套建立在非数值基础上的一般的推理系统。

形式从而不借助于一系列数学方程的知识来对 X 先生做物理 271 调查。

数学给出精确的推理模型。在物理学中，我们一直竭力采用这种严格的推理来取代所有粗糙的推理。在我们无法完成数学逻辑链的时候，我们得承认我们是在黑暗中徘徊，无法断言真正的知识。因此，物理科学必须进化出一种由相互间受到数学公式严格约束的实体组成的世界的概念，从而形成一套确定的方案，也就不奇怪了。这种知识都已被推导出来，因此它必然符合所采用的推理系统。物理定律的决定论性质直接反映了推理方法的决定论性质。这种没有灵魂的自然科学世界不必让那些相信我们这个世界的主要意义在于它具有精神品格的人担心。任何人，只要研究过物理学家所采用的推理方法，想必都能预测出他必须寻找的那个世界的一般特征。他所无法预见的是这种方法——将众多自然现象交给一套事先准备好的数学公式去处理——居然能获得如此巨大的成功。但就这一理论体系的未来发展进步来考虑，在明显的事实——只是自诩已做到十分全面——面前，这种成功便烟消云散了。X 先生是一个难管束的刺儿头。当声波冲击他的耳鼓时，他便有所行动了。但他不是按照包含众多波的物理测量量的数学方程行事，而是按照那些声波所传达的**意思**行事。要知道是什么 272 导致了 X 先生以如此奇怪的方式行事，我们要做的不是考察物理的推理系统，而是要考察这些符号背后我们的心灵所拥有的洞察力。正是这种洞察力使得我们最终能够回答我们的问题：X 先生是什么？

第十三章　实在

1　真实与具体

273　我们的一位祖先在森林里寻找可栖身的树木时，手向上够但没够着他想攀援的那个枝干而抓了个空。这件事也许能引起我们对物质与虚空(更谈不上涉及重力现象)之间区别的哲学思考。但不管怎样，迄今为止他的后代一直都对物质实体给予极度重视，我们既不知道这是如何形成的也不知道为什么。就我们所熟悉的经验而言，物质占据着舞台中心，它表现出形式、色彩、硬度等属性，这些属性吸引着我们的感官。在物质的背后，是一种从属性的、渗透着各种力和说不出具体形态的作用的时空背景，它们控制着舞台上明星的表演。

我们的物质概念只有在我们不面对它时才是生动的。一旦我们开始对它进行分析，这种生动性便开始褪色。这时我们会忽略掉许多假想的属性，这些属性显然是我们的感官印象向外部世界的一种外向性投射。因此，在我们看来非常生动的颜色实际上是处在我们的脑海里，它无法用实体对象本身的合法概念来体现。但不管怎么说，颜色都不是物质本性的一部分。其所谓的性质是我们试图用“具体的”词汇来对内心思考的东西的一种称呼，它也许是我们的触觉的外在投射。当我试图抽掉树枝的一切，只留下其实质或具体性，并集中精力努力理解这种实质时，所有的想法都离我而去。但这种努力让我了解到手指的本能就是抓握东西——由此也许我可以推断出，我们关于物质的概念与我们的树栖祖先的观念并没有太大的不同。 274

物质一直在经验的舞台上占据着主角的地位。这种地位是如此稳固，以至于在“具体”和“真实”这两个词的普通用法中，我们几乎视其为同义词。问任何一位既非哲学家也不是神秘主义者的人，让他说出一些典型的真实东西的名称，他几乎肯定会选择某个具体的物件。如果你问他时间是否是真实的，他可能会在决定将它归于真实的一类时表现得犹豫不定，但他内心有一种感觉，认为这个问题在某种程度上是不恰当的，而且他受到了不公正的盘问。

在科学世界中，物质的概念总体上是缺乏的，而且人们几乎总是用诸如电荷等的概念来取代物质概念，而这些具体概念并不能像明星那样被拔高到物理学的其他实体概念之上。为此，科学界经常用一些不真实的外表给我们以冲击。这些表现不能满足我们对具体性的需求。当我们无法将这种需求理论化时又当如何呢？我曾试图从理论上概括这种需求，但除了手指攥笔攥得酸痛之外，没有什么结果。科学并不忽视触觉和肌肉紧张所带来的感受。科学在引导我们离开具体性的同时不断提醒我们，我们在与实在接触时产生的心灵反应明显要比猿类在此过程中的反应更多样化，对后者来说，支撑他的树枝既代表对实在认识的开始也是这种认识的结束。

275 现在,引起我们注意的不仅仅只有科学世界。根据上一章,我们正抱有一种更大的看法,即认为在物理学的闭环体系之外还有许多东西。但在涉足这个更具风险的领域之前,我必须强调一个绝对科学的结论,那就是现代科学理论已经脱离了用具体事物来确定其真实性的普通立场。我想我们可以这么说,时间是比物质更典型的物理实在,因为它更不受那种物理学所不容的形而上学观念的影响。如果由此得寸进尺,认为现在已经到了这种地步,即物理学不妨承认实在也是精神性的,这也许并不公平。我们必须行进得更加小心。但在接近这个问题时,我们不再试图采取这样一种态度:一切缺乏具体性的东西都应自责。

我认为,科学与科学之外经验领域之间的分野,不是具体与先验之间的分野,而是可度量与不可度量之间的分野。就对科学领域之外的伪科学感到厌恶这一点而言,我持唯物主义的立场。我们不能因为科学拒绝处理与其自身高度有序的方法不相匹配的经验内容就斥责它太狭隘,我们也不能因为它傲视我们在对不可量度的经验内容进行推理时采用那种较为混乱的知识和方法而予以指责。但我认为,在前两章中我们试图说明在整个经验领域里,为什么会有一定的部分能够适合用精确的度量来表示,这并不能说是犯了伪科学的错误,尽管精确度量的表示是科学方法发展所必需的。

2　心灵之物

我将尽我所能一睹我们似乎已经触到的实在。只是我很清楚,在细节方面我可能会犯错误。即使人们对现代科学的哲学发展趋势持有正确的观点,但要对事物的本性提出一套现成的方案还为时过早。如果有批评指出,某些方面涉及心理学家的专业范围,我必须承认这是事实。我相信,最近的科学发展趋势已使我们能够高瞻远瞩,我们可以俯瞰哲学的深海。但如果我贸然投身其中,那不是因为我对我的游泳能力有信心,而是想证明这片水域确实非常深。 276

简单地做一结论:世界之物即心灵之物。正如通常所做的粗略表述那样,我要解释一下:这里所说的"心"并不是严格意义上的心灵;同样,这里的"物"也完全不是指普通什物。我们只是尽量用简单的短语来近似地表达我们的想法。当然,世界的心灵之物要比我们个体的有意识的头脑更为一般化,但我们可以认为其本质并不完全异于我们意识中的感觉。以前物理学理论里的真实物质与力场之间是完全不相关的——除非心灵之物本身已经编织出这些想象的关系。而现代物理理论里的符号化物质与力场之间则是紧密相关的,但它们之间的关系就如同大学财务的账目与学校的教学科研活动之间的关系一样。只要承认这一点,那么我们就不会对构成我们自身的世界的精神活动感到惊奇了。我们对它的认识采取直接自知的方式,我们不把它解释成我们知识范围以外的东西——或者说,它知道自己是什么。我们要解释的是世界的物 277

质层面，所用的方法大概就是我们在讨论世界建构时所提出的一些方法。我们的身体比我们的心灵更神秘——至少心灵具有这样的特点，只要我们将这种神秘性置于物理学闭环方案的一端，我们就能够研究它们在现象上表现出的行为而不必去了解其潜在的奥秘。

心灵之物在空间和时间上是不扩散的，空间和时间概念都是最终从心灵之物衍生出来的物理学闭环方案的一部分。但我们必须假定，心灵之物可以其他方式或在其他方面分化为各个部分。只有当它在某处上升到意识的水平，我们才能在这些地方获得所有的知识。除了每个自知单元所包含的直接知识外，还存在推理得到的知识。后者包括我们关于物理世界的知识。我们必须不断地提醒自己，我们所有关于世界物理构造的知识，都是以沿神经系统传送到意识的信息的形式获得的。显然，这些信息是通过代码形式传播的。当有关桌子的信息在神经系统中传送时，这种神经冲动无论是与外在的桌子在心理上形成的印象，还是与意识产生的桌子概念，都毫无共同之处。① 输入的信息在中央数据交换站 278 被分拣并进行解码，其解构原理部分是出于我们从祖先那里继承来的本能的图像建构经验，部分是出于科学的比较和推理。通过这种非常间接和假设性的推论，我们建立起所有熟悉的事物的概念和关于外部世界的理论。我们了解外部世界，是因为其触角伸

① 我的意思是它们在内在本质上是相同的。正如伯特兰·罗素所强调的那样，如果桌子的概念在科学上是正确的，那么对其结构的符号性描述与外部世界的这张桌子，从而与我们意识中关于这张桌子的概念就是同一的。如果物理学家并不试图追究这一结构背后的东西的话，那么不论我们讨论的是哪一种情形，对他来说都一样。

入到我们的意识。我们实际知道的只是我们自己的触角端部所接触到的那部分世界。借助于这些触端，我们或多或少成功地重构了外部世界，就像古生物学家从某种灭绝了的生物的一个足印重构出这个生物一样。

心灵之物是构建物质世界的建筑材料的各种关系和关联点的集合。然而，我们对构建过程的说明显示，这些关系中隐含的许多东西都被看成是对在建结构无用而被丢弃了。实际上早在1875年，克利福德(W.K. Clifford)就已提出了我们的这一观点：

"构成人类意识的一系列情感是一种实在，它在我们的心中产生对大脑活动的感知。"

也就是说，那些一个人自觉作为其一系列感情的东西是这样一种实在，当受到外部调查人员的仪器侦测时，它会以等同于大脑物质构型的方式影响到他们的读数。还是来看看伯特兰·罗素是怎么陈述的：[①]

> 一个生理学家在检查脑时所看到的东西就在他的身体内，而非在其所检查的脑内。如果生理学家是在检查死脑，那么我并不自称知道此时脑内有什么东西；但是，当其主人活着时，此脑的内容中至少有一部分是由他的知觉对象、思想及感觉组成的。因为他的脑也是由电子组成的，我们不得不断定：一个电子就是对若干事件的一个分组，并且假如这个电子在 279

① 《物的分析》，第320页。(本段译文摘自贾可春译本，商务印书馆2016年12月第1版。——译者)

> 人脑内，那么在构成它的事件中，有些很可能就是脑主人的某些“精神状态”，或者说，它们至少可能是这样的“精神状态”的若干部分——因为不必假定一种精神状态的一部分必须是一种精神状态。我不想讨论“精神状态”意味着什么；对我们来说，关键在于这个术语必须包括知觉对象。因而，一个知觉对象就是一个或一组事件，并且事件组中的每个事件都属于构成脑内电子的那些事件组中的一组或多组。我认为，这是我们在电子问题上所能做出的最具体的陈述；我们所能说的其它一切，或多或少是抽象的，并具有数学性质。

我引用这段话的部分原因是，我们不必假定精神状态的某一部分一定是精神状态。毫无疑问，我们可以在很短的时间内将意识的内容或多或少地分解成基本的感受成分；但这并不意味着这种精神分析会揭示出原子或电子被构建出来的、数量上可量度的要素。脑物质是整个精神状态的一部分，但用物理方法对脑物质的分析与采用精神分析方法对精神状态的分析完全不可以逐项类比。我认为罗素意思是在告诫我们，在谈到一种精神状态的某一部分时，他并不将自己局限在这种精神分析认可的那部分，他承认存在更抽象的分析。

如果我们假定心灵之物完全等同于意识，也许会引起一定的困难。但我们知道，心灵中存在不在此刻的意识里但能够被召唤到意识中的记忆。我们模糊地意识到，我们一时想不起来的那些事物此刻正处在某个地方，它们随时都可能出现在我们的脑海里。意识是不清晰的，而且会逐渐变成潜意识；除此之外我们必须预设

280

存在某种虽不确定但却始终具有我们的精神本质的东西。我将它当作世界之物。我们将它比作我们的意识的感觉,因为在我们确信了物理实体的形式和符号特征后,已经没有什么可以比作它。

我们有时认为,应将世界的基础之物称为"中性之物"而非"心灵之物",因为精神和物质都来源于它。如果这是为了强调下述两点:只有有限的几个基础物之岛构成了实际的心灵所在,而且甚至在这些岛上,心灵已知的那些东西也不等同于该处可能存在的所有可编目的东西,那么我同意这种看法。事实上我认为,意识的自我知识主要或者说全部是那些能逃避被描述性方法罗列的知识。"心灵之物"这个词很可能被修正,但是换用中性之物一词似乎是一种错误的修正。它意味着我们有两条途径去了解意识的本质。而我们只有一种方法,那就是通过我们对心灵的直接了解。那种想当然地通过物理世界去认识的方法只会掉进物理学循环,害得我们像小猫追逐其尾巴一样在原地转着圈跑,永远接近不了世界之物。

我想我们已经将物质的幻象丢弃得足够远,使得我们对"物"一词不再有任何误解。我当然不打算将心灵物质化。既然你知道心灵是什么样子,我又何必在此大谈它的性质?"物"这个词在此是指其作为构建世界的基础所必须履行的职能,并不意味着对其性质的任何修正看法。

281

要让一个只讲求事实的物理学家接受这样一个观点——万物的基础在于其精神特质——是困难的。但是没有人能否认,心灵是我们经验中第一位的也是最直接的东西,其他一切都是环节多多的推断——或是通过直觉,或是通过深思熟虑的推理。如果我们不是先有这样一种印象，即认为存在一种与心灵对立的且具有更满意的“具体”实在的东西，一种迟钝和笨重到无法给出一种图像的东西，那么也许我们从不会想到（作为一个严肃的假设）世界可能是基于其他什么东西。这种与心灵对立的东西就是指针读数表，虽然由它可以很好地构造出一个符号世界，但这仅仅是对经验世界的本质的探究。

对于物质世界与精神世界之间关系的这种看法也许在某种程度上缓解了科学与宗教之间的紧张关系。物理科学似乎占据着这样一种实在领域，它自给自足，独立地沿着它的进程前行，对我们内心追求更高的实在的呼声毫不在意。我们嫉妒这种独立性。我们对这样的世界——它显然是自足的，在这个世界里上帝变成了一个不必要的假设——感到不安。我们承认上帝之法难以琢磨；但在信奉宗教的心灵里不是还有古时先知们所感知到那种东西吗？这些先知可都是以上帝的名义来确立自己的权威，通过神符或神迹来宣告自然力都听从他的命令的预言家。然而，如果科学家要悔改，承认有必要将一个无所不在的神灵——那种我们向它求索意识的神圣性的东西——包括进支配星辰和电子的机制中来，那会不会带来更严重的忧虑呢？我们应当对将上帝化简为一组微分方程系统的企图提出质疑。这种设想如同在各个时代都有过的引入其他机制来恢复物理世界中的秩序的尝试一样，都难善终，因为物理学的微分方程所应用的领域是一个从更广泛的实在中提取出来的封闭的测量体系。然而，无论这个闭环的分支会因为科学的进一步发现而伸展得有多远，它们都不可能因其本性而侵入它们借以获得存在的背景——它们的现实性。正是在这个背景下,我们自身的精神意识才得以存在;在这里,且不说在任何地方,我们会发现一种比意识强有力得多并且类似于意识的力量。我们不可能将基于精神的支配法则——就我们目前对意识的了解,这些法则基本上都不具有可度量性——与物理学的微分方程和其他数学方程进行类比,除非能够将前者量化为可测量的量,否则这种类比毫无意义。因此,精神领域所塑造的那种最原始的拟人化的神的形象几乎不可能取得人们根据测量量方程所给出的如此广泛的真理性。

3　实在的定义

现在我们来讨论如何把握"实在"(Reality)和"存在"(Existence)这两个多义的名词。这两个词我们平时一直在使用,但从没有对它们要传达出的意思做过深究。我怕"实在"这个词不具有它所应用的事物应具有的那种通常可定义的特性的内涵,而是被当作某种天上的灵光来使用。我非常怀疑,我们中是否有人能够对除了我们自己的"自我"之外的任何一件事情的实在性和存在性有哪怕一丁点的概念。这是一个大胆的断言,我必须防止被误解。当然,通过采用习俗的定义,Reality 一词可以得到前后一致的运用。根据我自身的实践,这个词也许可用这样一个定义来概括:一件事情,如果它是我个人认为很重要的追寻目标,那么这件事情就可以说是实实在在的。但如果我仅仅执着于这一点,那么我就会大大削弱它的一般性意义。在物理学中,我们可以给实在一个冷冰冰的、完全没有半点神秘的感情色彩的科学定义。但这是不公 283

平的，因为 Reality 一词通常使用时都**带有唤起情绪的意图**[①]。它在演说中是一个大词。“令人尊敬的演讲者接着宣布，他一直为之不懈奋斗的和谐和友好局面现在已经成为现实（欢呼声）。”这里理解起来有困难的不是“实在”，而是“实在（欢呼声）”。

让我们首先根据这个词的纯科学用法来考察其定义，虽然它不会把我们带到太远的地方。我研究的唯一课题是我的意识的内容。你可以与我交流你意识中的一部分内容，这样，这部分内容也就成了我的意识的内容。鉴于人们普遍认可的原因，虽然我不想证明它们是结论性的，但我承认你的意识与我自己的意识具有同等地位，我用我意识中的这部分二手内容“把自己置于你的位置上”。因此，我的研究课题就分化成许多意识内容，每部分内容构成一种**观点**。然后便产生了如何综合各种观点的问题。正是通过这种综合，我们才有了外部物理世界的意识。任何一种意识，其中大多数内容是个体性的，因此可受到意志的作用而明显改变；但意识中有一种稳定的要素是与其他意识所共同拥有的。我们渴望研究这一共同要素，尽可能全面、准确地予以描述，并发现它在此时与一种观点结合，在彼时与另一种观点结合的规律。这个共同的要素不可能置于某个人的意识，也不是位于另一个人的意识；它必定位于一个中立的地方——外部世界。

284

的确，除非我与其他有意识的人有交流，否则我无从对外部世界有强烈印象。但是除非有这种交流，否则我没有理由相信这种

---

① Reality 一词的日常语义是“真实、现实、实现”，只在哲学等抽象语境中它才作“实在”解。——译者

印象。我们对物质、世界范围的瞬间等的大部分日常印象都被证明是虚幻的，世界的外在性可能同样不可靠。我在做梦时，对世界的这种外在性的印象同样强烈；梦境不是理性的，但这反倒使它成为支持其外在性的证据，表明它与理性的内在机制无关。只要我们不得不单独处理一种意识，那么下述假设就是一句空谈：存在一种对其内部出现的部分东西负责解释的外部世界。对这种外部世界，我们能断言的仅仅是对意识里出现的世界的更自信的断言的一种复述。只有当这种假设成为将不同的观点所基于的意识结合在一起的工具时，它才是有用的。

因此，物理学的外部世界就像是一场呈现不同世界观的学术研讨会。为了能使这个会开起来，就需要确立一些大家一致同意的关于开会的原则。关于外部世界的陈述，只要陈述得清楚，就必然要么是真的，要么是假的。但哲学家们往往否认这一点。人们普遍认为，关于这个世界的很多科学理论既谈不上是真的，也不能说是假的，只能说是方便或是不方便。人们最爱用的一句短语是，判别一种科学理论是否有价值的标准是看它是否节省思维。当然，简单的陈述要比冗长的陈述可取；至于现有的科学理论，要证明它是否方便或节省思维比要证明它是否正确容易得多。但在实践中，无论我们运用多低的判别标准，我们都不必放弃我们的理想；只要正确的理论与错误理论之间存在区别，我们的目标就必然是剔除错误理论。我认为，科学的不断发展不是一种单纯功利性的进步，而是在追求比以往更纯粹的真理方面的进步。只是要明白，我们追求的科学真理是作为研究主题提出的关于外部世界的真理，它并不受任何一种关于这个世界现状的观点的束缚——不

285

论它是否戴着实在的光环，还是它是否值得“大声欢呼”。

假设这场研讨会顺利得进行，外部世界以及会上出现的一切议题都被认为是真实的而无需进一步讨论。当我们(科学家)宣称外部世界的某件事情是真实的并且存在时，我们是在表达这样一种信念：本研讨会的规则得到了正确运用——它不是由研讨会过程中的错误引入的一个错误概念，也不是一种只属于个人意识的幻觉，或是一种抱有某种与他人观点冲突的观点的不完整的表达。我们不考虑那种可怕的不测事件，即认为在我们一切做到小心周全之后，外部世界仍因无法存在而被取消资格。因为我们不知道要获得这种假定的资格到底需要什么条件，对于如果通过了所需 286 的资格考试后，这个世界的威望将以何种方式得到提高也没有任何概念。外部世界是一个我们共同拥有的经验需要面对的世界。对我们来说，没有其他的世界可以承担同一角色，无论它在资格考试中能够取得多么高的荣誉。

就科学上的应用而言，“存在”一词的非通用定义遵循着当前科学领域中所有其他定义所采用的原则，即一件事必须按照它在实践中被认识的方式来定义，而不是根据我们想象它所拥有的某种秘而不宣的意义来定义。正如在我们允许它进入物理科学之前，物质必须摆脱实体的概念一样，存在也必须摆脱它的光环。但很显然，如果我们要断言或质疑任何不存在于物理学外部世界中的事物，我们就必须超越物理学定义。纯粹对物理世界的实在性的质疑意味着存在一种比科学方法本身能提供的更高级别的审查。

物理学的外部世界是为了解决人类经验中遇到的特定问题而

制定的。在工作中,科学家是将外部世界当作不期而遇的一个问题来对待的,就像他在读报纸时可能会碰见字谜问题一样。他的唯一任务是找出问题如何能得到正确解决的途径。但一个不起任何作用、在解决问题时不必考虑的问题可能会引出诸多疑问。有关外部世界的问题所自然引出的一个枝节性问题是:是否存在某种更高的理由,专用于我们着手解决这个世界性难题而不是用来解决我们的经验可能提出的其他问题。科学家为其探索主张的是什么样的理由并不是很清楚,因为在科学领域内提不出这样的主张。当然,他提出的主张并不是基于解决方案在美学上的完美性,也不是建立在科学研究带来的物质利益基础上。他不允许在真理讨论会上把他的话题搁置一边。说什么可能都没有比科学声称要给它的世界一道"光环"来得更确切。 287

如果我们发现,外部世界的原子和电子不仅仅是一种传统意义上的实在,而是一种"实现(大声欢呼)",那么我们就应将注意力放在这种探索的起点而不是终点。我们必须在开始时刻就寻求能将这些实体提高到任何纯粹的精神活动产物之上的约束力。这包括对促使我们走上发现之旅的冲动的某种评价。我们怎样才能做出这种评价呢?采用我所知道的推理是不行的。推理只会告诉我们,这种冲动可以通过这一探险之旅的成功与否来判断——它是否最终导向真正存在的、带有其自身特有光环的事物。这种推理使我们像一把梭子一样来来回回地穿梭在推理链上,徒劳地寻找着这道难以捉摸的光环。但是,无论是否合法,心灵都确信,这种推理能够像无可争辩的权威提出裁断那样来区分某些探索。我们可以用不同的方式来表达它。对这种探索的冲动是我们本性的一部分;它是我们拥有的目的的一种表达。但当我们试图确立外部世界的实在性时,这种表达真能够确切传达出我们的意思吗?在某种程度上它确实传达出一种意义,但这种意义并不完全等价于我们要表达的意思。我怀疑我们是否真能对这种需求背后的概念 288 感到满意,除非我们作出更大胆的假设,这种探索以及它所达到的目的在"绝对估值者"看来是值得的。

无论在源头我们接受什么样的理由来证明外部世界的实在性,都几乎不可能在同一基础上承认这种实在是处于物理科学之外的。虽然不存在长的正规的推理链,但我们认识到,我们的其他触角都在远离感觉印象的各个方向上延伸。我不是很在意借用诸如"存在"和"实在"这样的字眼来给心灵感兴趣的其他对象戴上桂冠。我宁愿认为,任何以超越经验的方式提出的有关实在的问题(不论它是否来自于物质世界)都给了我们这样一个观察视角,从这个角度看,我们看到的人不是一束感官印象的集合,而是有目的和责任意识的个体,对此外部世界是次要的。

从这个角度我们认识到一个与物质世界同在的精神世界。经验——也就是说,自我与环境——包含的东西要比物质世界所包含的更多,后者受到各种复杂的测量符号的限制。我们看到,物质世界提供了经验调查所提出的一个明确而紧迫的问题的答案;没有任何其他问题能得到如此精确和仔细的推敲。我们不太可能遵循同样的路线来理解我们天性中的非感觉成分的进展,而且这种进展也的确不是由同样的目的所激发。如果你觉得这种差异是如此之大,以致精神世界这个用语是一种误导性的类比,那么我将不再坚持采用这个术语。我想说的是,那些从作为自我知识中心的意识出发去追求真理的人，他们的兴趣和责任不局限于物质层面，会像那些将意识作为读出光谱仪和显微镜的示数的工具并由此出 289 发的人一样，面临同样多的经验上的困境。

4 物理例证

如果读者不相信在一件事情存在与否的问题上会有什么不确定性，那么请看下面的问题。考虑在爱因斯坦的“有限无界”的球状空间中的物质分布。假设物质是这样排布的：每个粒子在其所在位置的对径点[①]上都有一个完全相同的粒子。（我们有理由相信，物质的这种排布是万有引力定律的必然结果，但这不一定确实。）因此每一组粒子将完全相同，不仅在其结构和配置上如此，而且在其整个环境亦如此；事实上这样的两组粒子在任何可能的实验检测下都不可分辨。我们开始在这个球形世界中做环球旅行，我们先遇见组 A，接着旅行到正好一半时遇到完全相似的组 A'，二者在任何检验下都不可分辨。接下来的半圈又将我们带到一个完全相似的组上，我们能够确定这就是原来的组 A。现在让我们做些思考。我们意识到，在任何情况下，只要走足够远，我们就一定能回到相同的组。但为什么我们不接受下述明显的结论：当我们到达 A'时，这一切便发生了，一切都像我们又回到了起点？我们遇到一连串类似的现象，但由于某种武断的原因，我们认为只有交替的情况才是真正一样的。在空间是“椭球状”而不是“球状”的 290

① 所谓对径点是指球体内过球心的直径上相同半径处的两点。——译者

情形下，认定所有这些也都没有困难。但哪一种情形才是真实的真相呢？暂且不管我向你介绍的 A 和 A' 的事实，就好像它们不是同一个粒子一样，因为这样将引出一个问题。想象你已经有过一次在一个你从未被告知的世界里冒险的经历。你无法找到答案。你能猜出这个问题意味着什么吗？我猜不出。一切有待揭晓的答案是，我们是需要为 A 和 A' 各提供一个光环呢还是提供一个就足够了。

对原子物理学现象的描述是异常生动的另一个例子。我们看到，原子带着它的绕核旋转的电子四处行走、碰撞和反弹。而脱离轨道的自由电子的运动速度则要快一百倍，它们从一侧突然掠过原子迅速逃离。这些逃学的学生有的被捕获并被约束在轨道上，同时释放出逃逸能量引起以太振动。X 射线打在原子上并将其轨道电子激发到更高的轨道。我们看到这些受激电子又落了回来，有时是一步步地，有时则是一跨好几步，它们会陷入某个死胡同，在“禁行通道”前踟蹰。在每一种现象的背后，都有量子 h 以数学的精确方式调节着每一个变化。这是一种吸引我们理解的图像——绝不是像梦一样消退的虚幻的盛会。

这个景象是如此迷人以至于我们或许已经忘了我们曾经想知道电子是什么。这个问题从来没得到回答。对于电子我们没有熟悉的概念可用于解释；它属于待解名单。同样，对其过程的描述也不得不斟酌再三。电子的跃迁是我们用来描述原子状态发生特定变化的传统方式，这种方式不可能与宏观上构想的空间运动联系起来。**未知的事情正以我们莫名其妙的方式在发生**——这就是我们的理论所给出的回答。这听起来就不是一个特别有启发性的理论。我在别处也读到过类似的东西——

The slithy toves
Did gyre and gimble in the wabe.[①]

对于“活性”存在同样的建议。活性的以及正活动着的东西的本性同样都具有不确定性。然而，尽管从如此不看好的起点出发，我们确实到达了一处所在。我们将许多明显不相关的现象排了个序，然后做出预测，结果我们的预测居然应验了。带来这种进展的唯一原因是，我们的描述不限于仅针对执行未知活动的未知机制，而且描述中的数也是自由散布的。琢磨原子中转圈的电子并不能给我们带来更多的东西，但通过考虑一种原子有8个轨道电子，另一种原子有7个轨道电子，我们便开始认识到氧和氮的区别。在氧 wabe 中有8个湿滑的 tove 在 gyre 和 gimble，而氮 wabe 中则是7个。只要接受一些数字，甚至“无意义的呓语”都会变成科学语言。现在我们可以着手预言：如果氧 wabe 的一个 tove 逃逸了，氧就披上了本属于氮的外衣。在恒星和星云里，我们确实发现了这样的披着羊皮的狼。如果不是对此有思想准备，我们就会大惑不解。这提醒我们，将物理学基本实体的未知本质转换成“无意义

① 源自刘易斯·卡罗尔的《爱丽丝镜中奇遇记》中诗歌“蛟龙杰伯沃基就诛记”的开头一句。这句话是蛟龙杰伯沃基的喃喃自语，谁也不懂。作者摘取用来作为对“你不懂的他人正以你不懂的方式做着你看不懂的事情”的诠释，故这里照原文抄录，不作（也无法）翻译。——译者

的呓语”未必就是坏事。只要所有的数——所有的计量属性——292都不变，情况就不会恶化到哪里去。科学的目标就是从数字出发来揭示自然规律的和谐性。我们可以掌握曲调，但不能掌握演员。特林鸠罗谈到近代物理学可能会这样说：“这是我们的歌的曲子，由无人之画演奏”。[1]

① 特林鸠罗（Trinculo）是莎士比亚话剧《暴风雨》中的人物（弄臣）。——译者

第十四章　因果关系

在旧的自由意志与宿命论之间的冲突中，迄今为止物理学似乎总是明显站在宿命论的一边。这种道义上的同情并没有对自然法则的范围提出过分的要求，它一直秉持这样的观点：无论未来会发生什么，其结果都已经在过去的结构中得到了预言—— 293

造物主在第一个早晨就写好了

末日清算时要宣读的天书。①

我不会鲁莽到要替苏格兰谋划从教会会议到村舍小屋都在嚷嚷的问题的解决方案。和大多数其他人一样，我认为这种想法——将包括生命和意识在内的更广泛的大自然模式看成是可以完全预先确定下来——是难以置信的。然而，对于任何一种非确定性的定律或因果关系链，我还没能够形成一个令人满意的概念。认为心灵仅仅记录了一系列口述的思想和情感，这与我们对心灵的高贵的感觉似乎不一致；但是将它置于没有因果前提的冲动的摆布之下似乎同样有悖于它的尊严。我不处理这种两难局面。在

① 摘自《鲁拜集》第73首。——译者

这里，我必须阐明物理科学在这一问题上的地位，因为这个问题已然进入了物理学领域。这个问题确实进入了物理学领域，因为我们称之为人类意志的东西不可能完全与肌肉的运动和物质世界的扰动无关。在科学方面，一种新的情况已经出现。量子理论的出现，已使得物理学不再保证给出的都是决定论性质的定律架构。在最新的理论物理学中，决定论已完全被摒弃，人们至少是已公开质疑这种决定论是否还会回潮。

294

上一段取自我在爱丁堡做讲座的手稿。当时，物理学对决定论的态度是漠视的。如果在现象的基础上存在严格的因果律体系，那么对它的探索就不是当前实际紧要的事情，而是在追求另一种理想。因果关系的基础在新理论中已经丧失，这是众所周知的事实，许多人对此感到遗憾，并认为对它的恢复势在必行。①

在一年后重写这一章时，我不得不将这种冷漠的态度与因接受不确定性原理(见本书第198页)而产生的更明确的反对决定论的态度混合起来。我一直没有时间来对这一原理的深远影响做更细致的考查。我向来不愿意将“临时插入”②的概念包括进来，除非它们与早期发展所主导的概念有密切联系。未来是过去的因果关系的影响与不可预知元素的结合——这种不可预知不只是因为

① 在本讲座结束的几天后，爱因斯坦在他为纪念牛顿逝世二百周年所做的文章中写道：“只是在量子理论中，牛顿的微分法才变得不充分，严格的因果关系不再成立。但一切尚未定论。也许牛顿方法的精神给了我们一种去恢复物理实在与牛顿学说的最深刻的特征——严格因果关系——之间的一致性的动力。”(《自然》，1927年3月26日，第467页。)

② “临时插入”(stop-press)原指报纸在付印前临时插入新闻或更正等讯息的做法。——译者

我们无法获得预测数据，而且是因为不存在与我们的经验有因果 295
联系的数据。我们有必要为观点如此显著的转变做较为详细的辩护。同时我们注意到，科学由此收敛了对自由意志的道德上的反对。那些仍坚持决定论性质的精神活动理论的人在对待他们的有关心灵本身的研究结果时也应这样做，而不是持有这样的想法：他们由此能使其结果与我们关于无机界自然规律的实验知识符合得更好。

1　因果关系和时间箭头

因果关系与时间之箭密切相关。原因必须先于结果。时间的相对性不会抹杀这个顺序。一个发生在“此处/当下”的事件只能引起处于绝对未来锥内的事件，而它本身则可以由绝对过去锥内的事件引起。它既不会引起中性楔形区域内的事件，也不会由中性楔形区域内的事件所引起，因为否则的话，出现的结果将以比光速还要快的速度传播。但奇怪的是，这种因果关系的基本概念与严格的因果逻辑很不一致。如果我的未来在我出生之前就注定了，那么我怎么才能引起一个绝对未来的事件呢？这个概念显然意味着某种事物会在此刻的“此处/当下”出现在世界上，这种“此处/当下”有一种延伸到未来锥却不与绝对过去锥有相应联系的效应。物理学的基本定律并不提供这样一种单向联系。世界的预定状态的任何变化都意味着它的过去状态的改变与其未来状态的改变是对称的。因此，在对时间之箭毫无概念的初等物理学里，不存在因与果的区分，而事件是由一种对称的因果关系连接的，这种关 296

系从两端看是一样的。

初等物理学假设了一种严格的因果逻辑，但其因果性是对称的，而不是由因到果的单向关系。中级物理学可以区分因与果，但它的基础不是建立在因果关系逻辑上，因此对严格的因果性是否重要漠不关心。

信号箱中的杠杆被移动，信号灯灭。我们能够指出杠杆位置与信号之间的约束关系，也能够发现二者的动作是不同步的，并且能够计算出这个时间差。但是力学定律并没有给这个时间差赋予绝对的正负号，因此就这个例子而言，我们完全可以假设信号灯灭会引起杠杆的运动。为了解决到底谁是原因的问题，我们有两个选择。我们可以求助于信号员，他最清楚是他做出的拉杠杆的决定；但这一判据只是在下述条件下才有效：我们认可在两个可能的过程之间存在一种真实的决定而不是事前已经被预置的单纯的心理活动。或者我们可以求助于热力学第二定律，它注意到这样一个事实：当信号灯灭时，世界上的随机元素要比杠杆移动时多了。但是第二定律的特点是它忽略了严格的因果关系。它不关心必然发生的事情，而只关注可能发生的事情。因此，在封闭的物理学基本定律系统中，因与果的区别是没有意义的。要搞清楚因果关系，我们就必须打破这个逻辑，引入陌生的意志力或概率的考虑。这非常类似于曲率的 10 个取零的系数。只有当我们将陌生的标准引入到封闭的世界体系后，这种曲率才会被我们接受。

为了方便起见，我将可分辨因对果的关系称为因果关系(causation)，而将因果不可区分的对称关系称为诱发关系(causality)。在初等物理学中，诱发关系完全取代了因果关系。理想情形下，整个世界的过去和未来通过诱发关系连接成一个确定的体系。直到最近改变之前，人们普遍认为这种确定的体系必然存在（要说可能会中止那也是由物理学之外的超自然的机制引起），因此我们可以称之为“正统”观点。当然，我们早就认识到，我们只熟悉这种因果关系的一部分，但理论物理学的最终目标是要发现其全部。

从某个方面来看，用诱发关系来取代科学上正统的因果关系是重要的。我们决不能让诱发关系借用直觉上的裁断，这种裁断只属于因果关系。我们可以认为我们有这样一种直觉，就是同一个原因不可能有两种二者择一的结果，但我们不能声称有同一个结果可能不会来自两个不同的原因的直觉。因此，由诱发关系强制的严格的确定论决不能说是直觉所坚决要求的。

人们对于物理现象最终都可以用完全确定论性的定律来解释这种正统假设抱有非常大的热情，其基础是什么？我想大致有如下两个原因：

（1）已发现的自然界的主要定律显然都是这种决定论性质的类型，这些定律为物理学的预言带来了巨大的成功。人们很自然会相信过去那么成功的定律一定还会带来一系列的进步。事实 298 上，这是一种健康的心态：相信没有什么事物会超出科学预言的范围，直到我们实际看见这种预言的极限；

（2）当前的科学认识论预设了这种类型的决定论方案。要想对它做出调整，我们需要转变对自然知识的态度，而且这种转变要比仅仅放弃一个站不住脚的假设深刻得多。

要对上述第二点给予解释，我们须记得物理世界的知识必须从到达我们的大脑的神经信息推断而来，而当前的认识论则假定了存在一个确定的推理模式(它如同一个理想化模式摆在我们面前,并逐渐被揭示)。但正如已经指出的那样,推理链仅仅是物理因果链的反向过程,其远距离的事件与神经信息相连。如果这些信息在外部世界的传递系统不是确定的,那么作为其来源的推理系统就不可能是确定的,我们的认识论是建立在一个不可能理想的基础上的。在此情形下,我们必须对整个自然知识系统的态度进行深刻的修正。

这些原因将得到详细考察,但在这里我们不妨先对这些问题的答案做同样的汇总。

(1)最近的一些物理学预言的最大成功被公认为是统计定律使然,而这些统计定律却不是建立在因果关系的基础之上。此外,迄今公认的具有因果性的大定律在应用到微尺度上检查时发现具有统计特性;

299 (2)无论原子基础上的现象是否存在因果机制,现代原子理论现在都不试图去发现它。现代原子理论正在取得飞速进步,因为它不再将因果性设定为一个实际的目标。关于自然知识,我们现在所持的是这样一种认识论的立场:所取得的自然知识未必符合当前科学研究的实际目标。

2 事件的可预测性

让我们考察一个成功的科学预言的典型事例:1999 年 8 月 11 日,在康沃尔郡能够观测到日全食。一般认为,这次日食已经由太阳、地球和月亮的当前位置所预先决定。对于这次日食是否会实现,我不想引起不必要的担忧。我想它一定会的,让我们来看看这种预期的根据。这一预言是基于万有引力定律——我们在第七章当作自明之理给出的一条定律。自明之理并不减损的预言的价值,但它确实表明,当我们面对的不仅仅是自明之理的定律时,我们可能无法以这种神奇的先知的面貌出现。我可以大胆地预言,即使在 1999 年,2 加 2 也仍将等于 4;但即使这被证明是正确的,它也无法说服任何人相信宇宙(或人类的心灵,只要你愿意)受确定性定律的支配。我认为,在受控特性最不规律的世界里,只要不排除自明之理,就总有些东西是可以预言的。

但我们必须看得比这更深入。当我们从宏观角度来考察时,万有引力定律只是一条自明之理。它预设了空间,测量是用粗大的材料或光学安排来进行的。它无法被细化到超出这些粗大的设备所限定的精度。因此它是一种带有或然性误差(虽小,但不是无穷小)的自明之理。经典定律在涉及极其大量子数的极限范围内很好使。包括太阳、地球和月亮的这种系统有非常高的状态数(见本书第九章);而其配置的可预测性一般不具有自然现象的特征,而是具有由大量作用量基元构成的对象的特征——对这种对象,我们关心的不是个体行为而是其平均行为。 300

人的寿命具有不确定性。但很少有东西能比人寿险保险公司的赔付更确定。平均性质的法则是如此值得信赖,以致我们可以相当肯定地说,现在出生的孩子有半数以上可以活到 x 岁的年纪。但这一法则并没有告诉我们小伙子 A. McB 的寿命年限是否已经写在了生死簿上,或者是否还有时间通过教导他不要在行驶的汽车前奔跑来改变其寿命预期。对 1999 年的日食的预言就如同人寿保险公司的收支平衡一样可靠；而单个原子的下一次量子跃迁则如同你我的寿命一样不确定。

这样，我们就回答了有关未来预定论的主要论点，即观察表明，自然定律是一类对未来做出明确预言的定律，我们有理由认为，任何尚未被发现的定律都将符合这一类型。因为当我们问到什么是那些已得到成功预言的现象的特征时，答案是其结果取决于大量单个实体的平均配置。而平均值是可以预测的，因为它们是平均值，因此与其现象背后是什么类型的控制机制无关。

301 考虑单独一个处于世界的状态 3 的原子。经典理论会问并希望回答这样一个问题：下一步会做什么？而量子理论代之以这样的问题：下一步选哪条路径？因为它只允许原子去往两个较低的能态。此外，量子理论不试图给出明确的答案，而是满足于计算分别跃迁到状态 1 和状态 2 的概率。量子物理学家不会像经典物理学家所做的那样，将一些小玩意儿填到原子中来为其未来定向；他将这些小玩意儿填到原子中是要确定后者未来行为的概率。他研究的是下赌注的艺术而不是教练的技艺。

因此，在新量子理论制定的世界结构中，这一点是预先确定的：有 500 个原子处在态 3，那么随后大约会有 400 个原子跃迁到态 1，剩下 100 个去态 2——只要从属于概率涨落，任何事情都可以说是预先确定的。这种 4 比 1 的概率在原子图像中得到适当的表现，也就是说，这 500 个原子中的每一个都有一个 4∶1 的记号。但却没有记号用来区分每个原子是属于 100 个的那一组还是属于 400 个的那一组。也许大多数物理学家会认为，虽然这些标记没在图像中显示出来，但它们仍然存在于自然界中。它们属于未来的理论的阐述范畴。当然，这个标记不一定在原子本身，它们可能存在于与原子相互作用的环境中。例如，我们可以将骰子做成使其得到 6 的概率为 4 比 1。这样，不论是得到 6 的那些骰子还是没得到 6 的骰子都具有这个概率，因为这是由其结构——重心位置偏移——所决定的。具体投掷骰子的结果并没有在骰子上标出，但不管怎样，这是由外界因素决定的严格的因果关系（暂且除去掷骰子过程所涉及的人为因素）。我们在这一阶段的立场是，未来物理学的发展可能会揭示这样的因果标记（无论是在原子内，还是在其外部的影响上），也可能不会。迄今为止，每当我们认为我们发现了自然现象中的因果记号时，它们总是被证明是虚假的，表观的决定论一直以另一种方式出现。因此，我们倾向于乐观地认为，可能因果关系的迹象在任何地方都不存在。 302

但是，一个原子能在两种可供选择的路径之间做到如此完美的平衡，并且我们在世界上任何地方都没能发现这种平衡的最终决定因素的痕迹，这是不可思议的。这只能用直觉来解释，如果有其他人诉诸直觉加以反驳，也未尝不可。我的直觉比其他有关物质世界里事物的直觉都要直观得多，它告诉我，这个世界上还没有一个地方能确定我是要举起我的右手还是左手。它取决于意志尚未决断或预示的那种不受约束的作用。[①]我的直觉是，未来能够产生决定因素，而不是这种决定因素已经秘密地隐藏在过去。

---

① 在应对一个诉诸直觉的论点时，我们应公平地假定这种直觉是可信的。但这个假设的成立仰仗如下问题：我们是否是独立地提出这一论点。

我的立场是，支配物理世界微观元素——单个原子、电子、量子等——的规律不会做出诸如一个个体下一步将做什么这样的确定性预言。这里我所讲的定律是指那些旧量子论和新理论已经发现并制定的定律。这些定律指明事物的未来有几种可能性，并给出每种可能性的概率大小。一般而言，所给出的概率是适度平衡的，对那些喜欢哗众取宠的预言家不具吸引力。但是，关于个体行为的短期概率可以累积成建立在关于大量个体的、经过适当选择的统计学上的远期概率，而谨慎的预言家就可以从中发现一些惊人的预测而不会有太大的风险。迄今为止所有可归因于因果关系的成功预测都可以追溯到这一点。的确，针对个体的量子定律与诱发关系并不矛盾，只是前者忽略了后者。但如果我们利用这种忽略，就可以在世界结构的基础上重新引入决定论，这是因为我们的理念使我们倾向于这种方式，而不是因为我们掌握了什么有利于自己的实验证据。

303

我们不妨举例来说明这种观点与宿命论教义之间的对比。不论你赞同与否，迄今为止神学教义似乎一直与关于物质世界的宿命论学说和谐相融。但如果我们利用新的物理定律概念，通过类比来解决这一问题，那么给出的答案将是：个体不是注定要到达两种状态中的一种，在这里，这两种状态可以充分区分为状态 1 和状态 2；被认为已经落实的最确定的东西是他分别到达这两种态的概率。

3 新认识论

科学研究并不能使我们了解事物的内在本性。“每当我们用物理量来描述一个物体的属性时，我们是在传递反映该物体所具有的各种度量指标的信息，更无其他。”（见本书第十二章第3节“物理知识的局限性”）。但是，如果一个物体不按照严格的诱发关系行事，如果对指标的反应还有不确定因素，那么我们似乎就已拆去了这一知识的基础。如果一个物体放在磅秤上，但磅秤的读数是多少不是事先可确定的，因此我们就说该物体没有确定的质量；因为那个瞬间我们不知道物体的位置，因此就说它没有一定的速度；因为物体所反射光线没有在显微镜上被聚焦，因此我们说它没有明确的位置；等等。对此回答说物体确实有确定的质量、速度、位置等属性，只是我们还不知道，是没有用的。这种陈述，如果说它有意义，也只能是指它道出了科学知识范围以外的事物的内在本质。我们不能从我们能够知道的事物去精确地推断这些属性，因为诱发关系的破缺已经断开了推理链。因此，我们关于仪表对物体状态的反应的知识是不存在的，因此我们在对它了解的问题上根本不能做任何断言。那么谈论它还有什么用呢？作为这些（尚未确定的）指针读数的抽象的物体现在在物理世界中已经变得多余。因此，一旦我们开始对这种严格的诱发关系产生怀疑，旧认识论就会让我们陷入困境。

304

在大尺度的现象中，这个困难可以得到解决。一个物体可以没有确定的位置，但在一个封闭的极限范围内依然有极为可能的位置。当概率很大时，用概率替代确定值差别不大；前者仅给这个305世界增加了一些微不足道的朦胧感。然而，尽管实际的变化不大，却带来根本性的理论后果。所有的概率都是以先验概率为基础的，在没有假定这个基础的条件下，我们无法谈论概率是大还是小。在同意接受将我们计算出的那些非常大的概率基本等同于旧理论里的确定值的情形下，我们可以说是在将我们采纳的先验概率基础变成为世界结构的一个组成部分——将一种在旧理论里无法体现的符号结构加到了世界里。

对于原子尺度的现象，概率一般是均衡的，对于押上全副精力的科学赌徒就没有“打盹”一说。如果说一个物体仍被定义为一组指针读数(或可能的指针读数)，那么在原子尺度上就不存在“物体”的概念。我们所能提取的只是一组概率。事实上这就是薛定谔试图给出的原子图像——原子犹如他的概率实体 ψ 的波心。

我们通常不得不用概率来处理知识不全条件下的事态。如果知识很充分，我们就会撤去对概率的引用，代之以确切的事实。但在薛定谔理论中，一个基本点是他的概率不能被这样取代。当他的 ψ 足够集中时，它表示电子所在的点；当它弥散开来时，它只表示位置的一种模糊指示。但这种模糊的指示不是那种理想的、可以用精确知识来取代的东西；正是 ψ 本身扮演着原子发光的光源角色，光的持续时长就是 ψ 的周期。我认为，这意味着 ψ 的弥散306并不是缺乏信息所引起的不确定性的征象，而是因果关系遭到破坏的征象——因果关系的破缺正是原子特有的不确定性行为。

我们主要有两种方法来获知原子内部的信息。我们可以观察进入或离开原子的电子，我们也可以观察进入或离开原子的光。

玻尔曾假设过一种原子结构，它可以在严格的因果律下与第一种现象联系起来。海森伯及其追随者则探讨了与第二种现象相联系的量子力学。如果这两种结构是可识别的，那么原子将涉及与两种现象的完整的因果联系。但显然这种因果联系不存在。因此，我们必须满足于这样一种相关性：一种模型中的实体代表了第二种模型中的概率。也许这两种理论中有一些细节不完全与此相符，但它似乎表达了一种理想，其目的在于描述一个不完全因果世界的定律，即一种现象的因果来源代表着另一种现象的因果来源的概率。薛定谔理论至少已经给出了一个强烈的暗示，真实世界受到这个计划的控制。

4 不确定性原理

到目前为止，我们已经表明，现代物理学正在偏离未来预先确定论的假设，它忽视而非故意拒绝这个假设。随着不确定性原理的发现(见本书第十章)，它的态度变得更加敌对。

让我们举个最简单的例子来说明我们认为我们能够预知未来。假设我们有一个已知其当前时刻的位置和速度的粒子。假设也不存在任何干扰，因此我们可以预言它在下一瞬间的位置。(严格来说，无干扰应该是另一个预言的主题，但为了简化，我们暂且认可这一点。)但不确定性原理明确禁止这种简单的预言。它指出，我们不可能同时准确地知晓粒子当前时刻的速度和位置。 307

乍一看，这里似乎有矛盾。只要我们不想精确知道速度，我们就可以无限高的精确度来获知这个位置。很好，现在让我们精确地确定位置，过会儿再精确地确定下一个位置。比较两个精确的位置，我们计算出精确的速度——试问不确定性原理在此管什么用！然而，这个速度对预言毫无用处，因为在对位置进行第二次精确测量时，我们相当粗率地干扰了粒子，致使它不再有我们计算的速度。**我们计算给出的这个速度纯粹是回溯性速度**。它在速度的当前时态的意义下是不存在的，而是仅存在于将来完成时的时态下。它从不存在，也永远不会真实地存在。图 4 包含了绝对的未来和绝对的过去，但不包含绝对的未来完成状态，因此没有它存在的余地。

我们视为粒子速度的这个量现在可以看作是对粒子未来位置的预测。说它不可知（除非它具有某种不准确性）相当于说未来是不可预知的。如果未来立即实现，那么它就不再是一种预期，速度也变得可知。

粒子必然具有确定的速度（但未必可知）的传统观点相当于将一部分未知的未来装扮成当前不可知的元素。经典物理学通过诡计强迫我们接受一个确定性的世界；它将未知的未来偷偷带进到现在，相信我们不会提出它是否按此方式已成为较可知的东西的问题。

308

只要所需的精度不会被大量的平均值所掩盖，这一原理可以扩展到我们试图预测的每一种现象。对于每一个坐标，都有一个相应的动量，因此不确定性原理告诉我们，坐标测量得越精确，动量就越不确定。由此大自然规定，要想确保知晓世界上一半的知识，就得对另一半知识保持无知。我们已经看到，要想对这种无知进行事后补救，我们就得付出事后对世界的前一半知识无知的代价。我们总是不满足于包含太多未知事情的世界图景。我们一直在努力摆脱未知的东西，即所有那些与我们的经验无因果联系的概念。为此我们已消除了物体相对于以太的速度、“正确的”空间坐标系等概念。这个巨大的新的不可知元素[①]同样必须被扫出“当下”之门。其适当的位置是在“未来”，因为只有在那里它才不再是不可知的。它被过早地当作对未来的预言，而未来是无法预料的。

在对这个问题——物理学家用于描述外部世界的符号是否足以预测未来——进行评估时，我们必须警惕，避免采用回溯性符号。事后再来预言搁在谁都很容易。

5　自然与超自然

剔除外部世界的因果关系的一个相当严重的后果，就是它模糊了我们对自然和超自然之间的明显区分。在前面的章节里，我将发明用来解释“引力”的拖曳作用的那种看不见的机制比作“恶魔”。那么承认存在这样一种机制的世界观是不是就比将其发现的一切都归因于神秘的无形恶魔的野蛮人的世界观更科学呢？牛顿学派的物理学家给出了一种有效的辩护。他能够指出，他的恶魔般的引力作用遵从既定的因果律，因此是野蛮人的不负责任的恶魔所不可比的。但一旦偏离了严格的因果关系，那么这种区别就消失了。我想野蛮人会承认，在某种程度上他的恶魔是一种习惯性生物，当他对未来有所规划时它可以提供一种适当的猜测。但有时它会表现出它自己的意愿。正是这种不完美的一致性使它 309

① 指前述确定性世界。——译者

早早失去了与其兄弟“引力”一起成为物理实体的资格。

这就是为什么“我”会有这么多的烦恼。因为我相信，或者说我被说服得相信，我有“一种我自己的意愿”。因此物理学家要么必须丢弃他的因果关系，任由我的超自然的干涉摆布世界；要么他解释清楚我的这种超自然的品质。出于自卫，唯物主义者赞成后者，他认为我不是超自然的——只是复杂而已。另一方面我们得出结论，在任何地方都不存在严格的因果行为。我们几乎不能否认这样一种指责：在废除因果关系标准的过程中，我们为野蛮人的恶魔打开了大门。这是很严重的一步，但我不认为它意味着一切真正的科学的终结。毕竟，如果它们试图进入，我们可以再次将它们赶出去，就像爱因斯坦剔除可敬的、自称为重力的因果恶魔一样。我们很难再能够将某些观点斥责为*非科学的*迷信并令其感到羞耻；但如果情况属实，我们可以将它们作为*坏科学*而予以摒弃。

6 意志

从哲学的角度来看，人们对意志如何影响到人类心灵和精神的自由这一点非常感兴趣。关于物质世界的完全决定论不可能脱离心灵决定论。比如谈论明年这个时候的天气预报。这种预测从实际经验来看从来都不现实，但“正统”物理学家并不认为这在理论上也没有可能性。他们认为，明年的天气早已预先确定。我们需要做的只是非常详细地了解目前的各项条件，因为一个小小的局部偏差就会产生范围广大的影响。我们必须研究太阳的状态，以便预测它传送到我们这里的热和粒子的辐射涨落。我们还必须潜入地球深处去预估火山爆发的可能性，它将使火山灰弥漫在大气中，就像几年前卡特迈火山喷发时那样。而且我们还必须深入人类的心灵。一次煤矿工人罢工、一场大战，都可能直接改变大气条件。随手丢弃的一根燃着的火柴有可能导致森林火灾，而这场火灾将改变降雨和气候。除非决定论支配着心灵本身，否则它不可能完全确定地控制着无机界的所有现象。反过来说，如果我们要解放思想，那么在一定程度上我们必须解放物质世界。对于这种解放，目前似乎已不再有障碍。 311

让我们更仔细地研究一下心灵如何控制物质原子，从而使身体和四肢的运动可以由意志支配的问题。我想我们现在会同意意志是真实存在的。唯物主义者认为，表观上由我们的意志引起的运动其实是大脑中物质过程所控制的反射动作，意愿的作用是一种与这些物理现象同时发生的无关紧要的伴生现象。而且这一论断假定了将物理定律应用于大脑中物质运动所得的结果是完全确定的。但是在机械脑的行为尚未得到理解的情形下就说有意识的大脑的行为与机械脑的行为完全等同，这是毫无意义的。如果物理学定律不是严格的因果关系，那么充其量我们只能说有意识的大脑的行为是机械脑的可能的行为之一。更准确地说，在这些可能的行为之间做决定的正是我们所说的意志。

也许你会说，当一个原子在其可能的量子跃迁之间做决定时，这也是"意志"的表现吗？根本不可能。这种类比无异于缘木求鱼。我们的立场是，对于大脑和原子，物质世界中，即指针读数世界中，就不存在预先确定的决定；决定是物理世界中的这样一个事实：其结果见于未来，但与过去不存在因果关系。就大脑的情形而言，我们洞察到指针读数世界背后的精神世界。在这个世界里，我们得到了关于决策事实的新图景：它必须被看作揭示其真实的本 312 质——如果**真实的本质**一词有意义的话。对于原子，我们对指针读数背后的东西没有这样的洞察力。我们相信，在所有指针读数的背后都有一个与大脑的背景持续关联的背景。但是称原子的这种自发行为的背景为“意志”，并不比称其因果行为的背景为“理性”有更多的理由。应该理解的是，我们并不试图在背景中重新引入被从指针读数逐出的严格的因果关系。在我们具有洞察力的情形下——大脑的背景的情形下，我们并不打算放弃思想和意志的自由。同样，我们也不是暗示在指针读数中没找到的原子的预先确定的标记能够不可探知地存在于未知背景中。至于我是否承认原子做决定的原因与大脑做决定的原因有某种共同之处的问题，我只回答说根本就不存在原因。就大脑而言，我对其决定有更深入的了解；这种洞察力表现为意志，即因果关系之外的某种东西。

向左拐还是向右拐这样的心理决定始于沿神经通路传导到脚的两组二者择一的生理电脉冲。在大脑的中枢，物理世界中的某些原子或元素的行为过程是由心理决定直接确定的——或者说，对这种行为的科学描述属于决定的度量方面。假设——尽管这可能是一个困难的假设——极少数原子（或者只有一个原子）与意识的决定有直接联系，并且这些少数原子起着一种将物质世界从一个过程转换到另一个过程的开关作用。但在物理上我们不能认为，每个原子在大脑中都有其十分明确的职责，以至于其行为的控 313 制大大盖过其他原子的所有可能的无规行为。如果我对我自己的思维过程有正确的理解，就没必要苛求单个原子。

我不认为我们的决定能精确地左右某些关键原子的行为。我们能在爱因斯坦的大脑中挑出一个原子，并说如果它在量子跃迁时犯了个错误，于是相对论中就会有一个相应的缺陷吗？考虑到温度和混杂碰撞的物理影响，这一点显然是不可能的。看来我们必须认为，精神力量不仅决定着单个原子的行为，而且还系统地影响着大的群体——事实上是干预原子行为发生的概率。这个问题一直是心灵与物质相互作用理论中最可质疑的问题之一。

7 对统计规律的干预

心灵是否有能力排除在无机界中成立的统计规律？除非这一点得到满足，否则干预的机会似乎太过有限，无法带来精神决定所引起的结果。但是这种认可涉及无机界和有机界（或者说，意识领域）之间的真正的物理差异。我宁愿避免这种假设，但有必要正视这一问题。现代量子理论中公认的不确定性只是将我们的作用量从确定性控制中解放出来的一个步骤。这就好比，我们承认有一种会要人性命或救人性命的不确定性；但我们还没有找到一种可以颠覆人寿保险公司期望值的不确定性。理论上，一种不确定性 314 因素可能会导致其他的不确定性，就像数百万人的命运因萨拉热窝谋杀案[①]而变得不确定一样。但在我们看来，心灵仅通过大脑中两到三个关键原子来运作的假说不啻一种过于绝望的逃避方

① 指1914年6月28日塞尔维亚族青年普林西普在波斯尼亚的萨拉热窝暗杀奥匈帝国皇位继承人斐迪南大公夫妇的事件。这次事件直接导致奥匈帝国向塞尔维亚宣战，由此引发第一次世界大战。——译者

式。基于前述理由,我摒弃了这种假说。

让心灵指挥一个原子在两条路径(对于无机原子,二者皆不可行)之间行走是一回事,而允许它指挥一群原子进入热力学第二定律认为"根本行不通"的一种配置则是另一回事。在这里,所谓"根本行不通"是指在有大量实体,每个实体均独立行事的情形下,要使这些实体串通一气产生预期结果的可能性非常小。这种可能性就像容器中所有原子发现它们正好全都处于一半空间中的机会一样渺茫。我们必须假设,对于大脑中那些直接受到精神决定影响的物理部分,原子的行为存在某种相互依赖性,而这种依赖性在无机物中是不存在的。

我无意于将承认生命与死亡之间的差别所带来的严重性降至最低。但我认为这个困难已经有所缓和,如果说还没被彻底消除了的话。保持组分原子状态不变但对其不确定的行为的发生概率实施干扰,似乎并不像之前提到的其他精神干扰模式那样对自然定律造成那么激烈的干扰。(也许这只是因为我们对实现我们的建议的凶险性的发生概率并不充分了解。)除非是徒有虚名,否则概率可以普通的物理实体未必接受的方式被修订。任何事件或行为都不可能有唯一的概率。我们只能说"根据某种给定的信息的概率",并且概率可根据信息的范围而作改变。我认为,现阶段新量子理论最不能令人满意的一个方面就是它几乎认识不到这个事实,而是让我们在信息的基础上去猜测其概率定理理应针对的对象。

315

从另一个角度看,如果个人意识的统一性不是一个幻象,那么指针读数背后的心-物关系必然存在相应的统一性。运用我们在

第十一章中指出的关系结构的度量方法，我们将建立起物质和力场，这个力场同样遵循主要的场定律；原子从个体上说与那些不具有这种背景统一性的原子没有什么不同。但下述看法是合理的：当我们考虑它们的集体行为时，我们必须考虑到心-物之间更广泛的统一趋势，而不是期望统计结果与那些偶发结构的概率相一致。

我认为，如果我们公正地面对问题的话，即使是唯物主义者也必然会得出与我们一致的结论。他需要物质世界里的某种东西来代表与个体意识相关联的原子的象征性统一。对这群原子来说，这种个体意识并不存在这种关联。而这种象征性的统一自然颠覆了基于随机切断联系假设的物理预言。因为他不仅要把物质的配置转换成心灵的各种思想和形象，而且决不能忽视为“自我”寻找某种物理上的替代物。

第十五章　科学与神秘主义

316　一天，我偶然想到“风吹浪生”这个问题。我取出有关流体力学的标准论文，在这个标题下我读到：

> 前述方程式(12)和(13)使我们能够研究与此相关的一些问题，即通过在表面施加适当的力来产生和维持抵御粘滞性的波。
>
> 如果外力 p'_{yy} 和 p'_{xy} 乘上因子 $e^{ikx+\alpha t}$，这里 k 和 α 均给定，那么由该方程可确定 A 和 C，然后通过式(9)可确定 η 的值。因此我们发现
>
> $$\frac{p'_{yy}}{g\rho\eta}=\frac{(\alpha^2+2\nu k^2\alpha+\sigma^2)A-i(\sigma^2+2\nu km\alpha)C}{gk(A-iC)}$$
>
> $$\frac{p'_{xy}}{g\rho\eta}=\frac{\alpha}{gk}\frac{2i\nu k^2A+(\alpha+2\nu k^2)C}{(A-iC)},$$
>
> 其中 σ^2 可像之前那样写成 $gk+T'k^2$……

前后读了两页，最后搞清楚了：如果风速不到半英里每小时，那么风就吹不起水面的波浪；如果是风速1英里每小时，则水面会漾起一层轻微的波纹，这些波纹稍遇干扰即衰减到零；如果风速达

到2英里每小时，则水面将出现重力波。作者谨慎地总结道："我们的理论研究对波浪形成的初期阶段给出了相当清楚的说明。"

在另一个场合，我又想起了"风起浪生"这一课题，但这次我读的是另一本更合适的书： 317

> 河流被多变的风吹得笑语欢声，
> 壮丽的天空整日照耀着太阳。但转眼间，
> 严霜便挥手降临，冻结了舞姿曼妙的波浪。
> 在静悄悄的夜空下，冷月留下一片洁白，
> 大地像披上一身白璧无瑕、熠熠生辉的晚装，
> 天地空阔无边，到处散发着平和的光芒。[①]

这些令人回味无穷的词句将我们带回到诗人描述的场景。我们再一次感受到大自然离我们很近，她与我们结为一体，直到我们充满了阳光下舞动的海浪所带来的喜悦。同时我们也充满了对结冰的湖面上月光的敬畏。这些不是我们情绪低落时感受到的体验。我们不会回头看着它们说："对一个六神清醒并有着科学认识的人来说，让自己这样被蒙在鼓里是可耻的。下次我会带着兰姆的《流体力学》来。"对我们来说能有这样的时刻当然很好。如果我们觉得周围的世界除了用物理学家的工具来测量、用数学家的度规符号来描述之外，再也没有其他意义，那么生命就会变得十分无

---

① 摘自英国诗人鲁伯特·乔纳·布鲁克（Rupert Chawner Brooke，1887—1915）的作品《死者》。——译者

趣和狭隘。

当然这是一种幻觉。我们能够很容易地揭穿在我们身上玩的十分拙劣的把戏。各种波长的以太振动,经过空气和水之间的扰动界面从不同角度反射到我们的眼睛,通过光电转换作用形成适当的刺激沿视神经传递到大脑中枢。在此,心灵开始工作,利用刺激编织出一个印象。输入的材料虽显贫乏,但心灵是一个巨大的318联想仓库,能够将一副骨架打扮成衣冠楚楚的绅士。形成印象之后,心灵会审视它所做的一切,并判定这个印象非常好。随后心灵的评判能力暂告歇息。我们停止了分析,仅意识到整个印象。空气的温暖、青草的芬芳、微风的轻拂,加上一种超越印象的视觉场景,环绕着我们并在我们心里。心灵所库存的联想变得更大胆。也许我们想起"荡漾的欢笑"这句话。波动——涟漪——欢笑——喜悦,这些想法彼此挤作一堆。我们很高兴,这在逻辑上有点说不通;虽然理智的人里没人能够解释为什么一组以太振动可以带来喜悦。宁静喜悦的气氛弥漫着整个印象。我们的喜悦在大自然中,在波浪中,在任何地方。情况就是这样。

这是一种幻觉。那么为什么我们还会久久玩味不肯舍弃呢?对于热切追求真理的追求者来说,他并不关注这些心灵投射到外部世界所产生的不切实际的幻象,尤其是当我们不能使之保持严格有序时。让我们回到物体的固体属性上来,回到在风的压力和引力的作用下,服从流体力学定律的水的物性上来。物体的固体属性是另一种幻觉。这也是心灵投射到外部世界所产生的幻象。我们从固体物质追寻到连续的液体再到原子,从原子到电子,在这里我们失去了这种幻象。但至少可以说,在这种追寻的终点——

质子和电子那里，我们取得了一些真实的东西。如果新量子理论谴责这些图像太过具体，根本没给我们留下连贯的图像，那么至少我们还有象征性的坐标和动量，还有哈密顿函数，它们专一的作用就是确保 $qp - pq$ 等于 $ih / 2\pi$。319

在前一章中，我曾试图证明，按照这条路径，我们得出一个闭环方案。从本质上说，这个方案只是对我们的环境的局部表达。它不是实在，而是实在的骨架。“现实性”已经不再是迫切需要追逐的目标。最初，我们对心灵作为幻象的编织者持否定态度，但最终我们又转回到心灵并认为：“这里有多个世界，它们真实完好地建立在比你想象的幻象更安全的基础上。但是没有任何东西能使它们中的任何一个成为实际存在的世界。请在其中选择一个并编织你想象中的形象来实现它。只有这样才能使它变成实在。”我们已经扯去了精神幻象以便获得其下的实在，结果只是发现下面的实在与其唤醒这些幻象的潜在可能性息息相关。正是因为心灵——幻象的编织者——也是实在的唯一保证者，因此人们总是在幻象的基础上寻求实在。幻象之于实在犹如烟之于火。我不是要强调这句古老的谎言“世上没有无火的烟”。但是，探究人类神秘的幻象是否反映了一种潜在的实在自有其合理性。

提出一个简单的问题：为什么说经历一种像我所描述的那种自我欺骗状态对我们有好处？我想每个人都承认，具有一种对大自然的影响十分敏感的精神是有益的，锻炼良好的想象力并且不是总像数学物理学家那样对我们的环境予以毫不留情的剖析，也是有益的。这不仅在功利的意义上是件好事，而且在实现我们的生命所必需的某种目的的意义上也是件好事。这不是一种时不时 320

就用一下的兴奋剂，以便我们能以更旺盛的精力重新回到科学研究中，使心灵得到更合理地利用。这一点之所以能得到支持，是因为它以润物无声的方式为非数学的心灵提供了一种外部世界的喜悦，而这种喜悦因与微分方程的亲密结合而得到更充分的满足。（为了避免被认为我是有意为难流体力学，在此我得赶紧声明，我不会将对知识（科学）的鉴赏置于比对神秘的欣赏更低的位置。我知道，由数学符号铺就的路径其壮美堪比鲁珀特·布鲁克的十四行诗。）但我想你会同意我的下述看法：允许一种鉴赏力能够充分取代另一种鉴赏力的位置，这是不可能的。那么，如果其中除了自欺其他什么也没有，我们怎么能认为它是可取的呢？这将使我们的所有伦理观念发生颠覆。在我看来，唯一的选择是要么将所有这些臣服于大自然的神秘联系都看成是恶意的或是道德上的错误，要么承认，在这些心绪下，我们捕捉到了这个世界与我们之间的真实关系——一种在纯科学内容的分析中不曾暗示的关系——的某些东西。我认为最热情的唯物主义者也不主张（或无论如何都不会去实践）第一种选择；因此我认定是第二种选择，即在幻象的基础上存在某种真理。

但我们必须停下来考虑一下这种幻象的程度。这是一个埋藏在虚幻之山下的一小块实在的问题吗？如果是这样的话，那么我们就有责任至少将我们心灵中的某些幻象去除掉，以便以更纯粹的形式了解真理。但我不认为我们欣赏那些给我们留下了深刻印象的自然景色有什么大的差错。我不认为一个比我们更有天赋的人会把我们感觉到的大部分东西都裁剪掉。与其说这种感觉本身是错的，不如说是我们在对它进行内省检查时用幻想的形象将它包裹起来的缘故。如果我试着将这些由神秘的经验所揭示的基本真理用文字表述出来，那么我们的心灵将不会与世界分离；我们所有的欢乐和忧郁的感觉，以及更深厚的情感，就不但是我们自己所独有，而是实在的一种显现。它超越了我们特有的意识的狭隘的局限性——大自然表现出来的和谐与美在根本上与洋溢在人类脸上的欢乐是同一的。当我们说物理实体仅仅是对指针读数的一种抽象，在其下面是一种与我们自身相连的自然时，我们不过是在试图表达同样的真理。但我不愿意将它诉诸文字，也不愿意通过自省来感知。我们已经看到，在物理世界中，当我们必须从内部而非外部来审视这种真理时，其意义是如何发生巨大变化的。通过内省，我们将真理从外部调查中拉出来；但在神秘的感觉中，真理是从内部被捕获的，它应该是我们自身的一部分。

1 符号知识与内在知识

我可以阐述一下对内省的反对意见吗？我们有两种知识，我分别称之为符号知识和内在知识。我不知道这么说是否正确：推理只适用于符号知识，而且仅针对符号知识的更为传统的推理形式已经得到发展。内在知识不会提交给编纂和分析；或者说，当我们试图分析它时，内在性就会消失，取而代之的是符号化。 322

举个例子，让我们考虑一下幽默。我想从某种程度上说幽默是可以分析的，不同种类的机智的基本成分是可以归类的。假设我们有一个所谓的笑话。我们对它进行科学分析，就像我们对化学上某种盐的可疑性质进行分析一样。也许在仔细考虑了其各个方面之后，我们能证实它确实是个笑话。从逻辑上讲，我想我们的下一个步骤就是发笑。但可以肯定的是，这种审查的结果，是我们失去了我们可能具有的对之发笑的所有情绪。揭示一个笑话的内在笑点不是一件简单的事情。分类法关心的是幽默的符号知识，它保留了一个笑话的所有特征，唯独失去了可笑性。真正的欣赏必须是自发的而不是内省的。我认为，就我们对大自然的神秘感来说，这不是一种恰当的类比，我甚至敢将这种分析应用到我们对上帝的神秘体验中。对于有些人来说，观照灵魂的神性的存在感是最明显的体验之一。在他们看来，一个没有这种感觉的人应该被视为没有幽默感的人。这种缺失是一种智力上的缺陷。我们可以尝试像我们分析幽默一样来分析这种经验，构建一种神学，或可是一种无神论哲学，它甚至具有一种对其进行推断的科学的形式。但我们不要忘记，神学是符号知识，而经验是内在知识。正如发笑 323 不可能由对笑话结构的科学解释所驱使一样，对上帝的属性（或某个非个体的替代品）的哲学讨论很可能失去心灵的内在反应，而这正是宗教经验的核心所在。

2 神秘主义的辩护

神秘主义者的辩护也会有这样的效果。我们已经认识到，物理实体从其本性只能形成实在的一个方面。我们如何对待其他方面？我们不能说其他方面不像物质实体那样更令我们关注。情感、目标、价值，如同感官印象一样，都构成我们的意识。我们跟踪感官印象，发现它们进入了由科学讨论的外部世界；我们跟踪反映我们存在的其他要素，却发现它们不是进入时间和空间的世界，而是进入其他某个地方。如果你认为整个意识都能在大脑的电子舞蹈中得到反映，使得每一种情感都对应一种不同的舞蹈形态，那么意识的所有特征就都会进入外部的物理世界。但是我假设你已经跟随我拒绝了这一观点，并且你同意，整体上说，意识范围要比那些被抽象出来组成物理大脑的准度量方面更广大。因此我们不得不处理我们作为人所具有的无法用度量方法来规定的那些部分。这些特质不与空间和时间接触，倒像是突出于时-空之外的。与它们打交道不意味着要对它们进行科学调查。要做的第一步是对心灵所琢磨的粗糙概念给予公认的地位，这种地位类似于构成我们熟悉的物质世界的那些粗糙概念所具有的地位。

我们熟悉的桌子概念就是一种幻觉。但如果某位先知有言警告我们这是一个幻觉，因此我们不必麻烦做进一步调查，那么我们就永远也找不到科学的桌子。为了取得桌子的实在性，我们需要赋予感官来编织它的图像(或者说幻象)。所以在我看来，令人大开眼界的第一步必然是唤醒他的与其天性中较高级才能相联系的那种图像建构能力，使得这些官能不再是死胡同，而是敞向一个精神世界——一个毫无疑问含有部分幻象的世界。但人生活在这个世界里，一点也不输于生活在由感官揭示的同样含有幻觉的世界里。 324

如果将神秘主义者提到科学家主持的法庭上来审问，他也许会以这样的辩护词来结束他的辩护。他会说："日常概念中所熟悉的物质世界，虽然在科学真理方面确实有些欠缺，但足以维系生存；事实上，由指针读数支撑起来的科学世界是一个不可能居住的地方。这是一个符号世界，唯一能舒舒服服地生活于其中的是符号。但我不是一个符号，我是一个由精神活动支撑起来的个体，虽然从你的角度来看，这个个体不过是一组幻象。所以为了符合我自己的本性，我必须改变我的感官所感知到的这个世界。但我不仅仅是由感官组成的，我的其他天性也需要生存和成长。我不得不对这种生长环境做出说明。我的精神环境的概念无法与你的指针读数构成的科学世界相比较；它是一个与经验所熟悉的物质世界相比较的日常世界。我既不会说它过于真实，也不会认为它不真实。大体可以这样说，它不是一个有待分析的世界，而是一个生活于其中的世界。”

325 当然，这将把我们带到确切知识的范围之外。想象对应于精密科学的任何东西都适用于我们的这部分环境是困难的，神秘主义者总是执迷不悟的。虽然我们不能对我们的环境给予准确的说明，但这并不意味着就能做这样的推断：我们最好装作生活在真空中。

如果这种辩护可以认为对抵御第一波攻击有效，那么下一波进攻也许较容易承受。“很好。你随便。这是一种无害的信仰——不像那种更为教条的神学。你想要为那些在人的天性中有奇怪倾向的人（他们时常执迷不悟）提供一个精神游乐场。那你就去尽情地玩耍吧，但请不要打扰那些推动世界运转的严肃的人。”现在我们所面临的挑战不是来自专事寻求精神力量的自然解释的科学唯物主义，而是来自蔑视它的致命的道德唯物主义。很少有人刻意抱持这样的哲学理念：进步力量只与我们的环境的物质方面有关。但也很少有人能够声称他们没有或多或少地受此影响。

我们不必打搅那些"讲求实际的人",这些忙碌的历史塑造者正以不断加快的步伐带着我们迈向我们命运的归宿,就像一群蚁聚的人流出没于地球。但在历史上,物质力量真的就是最有力的因素吗?你尽可以说历史是由上帝推动的,是由魔鬼、狂热和非理性等因素推动的,但切不可低估神秘主义的力量。神秘主义可以被当作谬误而予以攻击,也可以当作灵感而加以信仰,但在宽容之下这都不是问题:

我们是音乐创作者
我们是梦想的梦想家
在孤独的浪花边徘徊,
在荒凉的溪流边枯坐;
世界的迷失者和世界的遗弃者,
头上闪烁着苍白的月亮:
但我们永远是
世界的决定性力量,不信走着瞧。[①]

326

3 实在与神秘主义

但是,在科学家面前所做的辩护未必是对我们自己的自我设问的辩护。我们被"实在"这个词所困扰。我已经试着去处理关于

① 这首诗摘自19世纪英国诗人亚瑟·奥肖内西(Arthur William Edgar O'Shaughnessy, 1844-1881)的诗作《颂歌》(*Ode*)。——译者

实在的意义的问题，但这个问题却如此顽固地压在我们头上，以至于我甘冒重复的风险也必须从宗教的角度去重新考虑它。就我们对周围环境的态度而言，在幻象和实在之间取得妥协可以说是一个好的结局，但是认为这种妥协可为宗教所接受似乎太不拿神圣的事情当回事儿了。实在对宗教信仰的影响似乎比其他任何事情都要大。没有人操心幽默背后是否有实在存在。试图在画面中展现灵魂的艺术家并不真的在乎灵魂是否存在，或在什么意义上说灵魂是存在的。甚至连物理学家都不关心原子或电子是否真的存在；他通常断言它们是存在的，但是，正如我们所看到的，存在是在家常意义上使用的，并且没人问过这个词是否具有超越常规用语的意义。在大多数学科中（也许连哲学都不例外），它似乎等同于我们称之为真的事物，然后我们才去试图发现这个词所指称的意思。因此，宗教似乎是这样一个研究领域，在这个领域里，实在和存在的问题被视为严肃而具有根本重要性的问题。

但是我们很难看出这种探索是否有成效。当约翰逊博士觉得自己陷入了有关“贝克莱主教通过巧妙的诡辩来证明物质不存在，327 宇宙中的一切都只不过是一种理想”的争论时，他回答说：“你用脚使劲去踢一块大石头，直到脚疼得缩回来——‘我就这样反驳了这种谬论。’”他从这个动作中确认了什么，这一点不是很明显；但他显然找到了慰藉。事实上，今天的科学家也有同样的冲动，想从那些飘浮在空中的思想中回复到可感知的观念上来，尽管他眼下应该意识到，卢瑟福留给我们的这块大石头根本不值得去踢。

还有一种倾向，就是将“实在”一词当作像令人神往的“美索不达米亚”一词那样的一种给人神奇的舒适感的词来使用。如果我坚持主张灵魂的或上帝的实在性，那么我当然不打算将它与约翰逊的大石头——一种特许的幻象——去进行比较，甚至不会将它与量子理论里的 p 和 q ——一种抽象的符号体系——去比较。因此，我没有权利假借宗教的名义，在宗教中用这个词来表达那种舒适感，尽管这种感觉已经（也许是错误地）变得与石头和量子坐标联系在一起。

科学的直觉警告我，任何试图在比科学的日常目的更广泛的意义上来回答"何为真实？"这个问题时，都可能会导致一通充满自负的大话和冠冕堂皇的词藻的胡言乱语。我们都知道，有许多人类精神领域是不受物理世界的节制的。通过我们周围的造物主杰作的神秘感，通过艺术的表达和对上帝的憧憬，灵魂得到升华，并发现根植于其本性中的某种东西得到了实现。对这种发展的认可，在于我们心中有一种意识上的努力，或是来自于比我们的努力更强大的、启发心智的"灵光"。科学基本上无法质疑这种认可，因为追求科学也是源于一种心灵被驱使着去追求的努力，一种无可抑制的质疑。无论是在科学知识的追求中，还是在对精神的神秘探索中，这种灵光都在前方招手，我们本性中涌动的目标则做出回应。我们能不能就此作罢呢？我们真的有必要像在背上轻拍以给人抚慰那样将令人愉快的"实在"一词拖进来吗？ 328

科学世界的问题是更广泛的问题域——所有经验的问题——的一部分。经验可以看成是自我与环境的一种组合。经验是解构这两个相互作用部分的问题的一部分。生命、宗教、知识、真理都与这个问题有关，其中一些关系到对我们自身的裁决，有些则关系到从我们的经验出发对所处环境的裁决。我们生活中的所有人都必须解决这个问题,而我们解决这个问题的一个重要条件就是我们自身是该问题的一部分。在一开始,最初的事实是我们自己的那种目的感,它促使我们着手解决这个问题。我们注定要在生活中有所成就。我们有天赋,或者说,我们应当获得一种必然能在寻求解决方案的过程中找到一种状态和出路的天赋。这么说似乎显得傲慢,那就是我们应当坚持用自己的本性来塑造真理,但在某种程度上,真理问题只能源自我们本性中对真理的渴望。

在物理符号的描述中,彩虹是一条波长从 0.000,040 厘米到 0.000,072 厘米的系统有序排列的以太振动带。从某个角度看,329 每当我们欣赏色彩绚丽的彩虹时,我们便是在玩弄这条真理,并尽力使我们的心灵约化到这样的状态:我们从彩虹得到的与我们从波长列表得到的是同样的印象。但是,不论彩虹在非个体属性的分光镜下给人留下如何深刻印象,如果我们不能显露出我们自身不同于分光镜的那些因素,我们就给不出这一经验——问题的出发点——的全部真理和意义。我们不能说,彩虹——作为世界的一部分——是用来传递色彩的生动效果的,但是我们可以说,人类的心灵——作为世界的一部分——是以这种方式感知它的。

4 意义与价值

当我们想到波光粼粼的涟漪随着笑声荡漾开去,我们明显会给这一场景赋予一种原本不存在的意义。水的物理元素——忙忙碌碌的电荷们——并没有任何意图要传递出那种它们都很快乐的印象。而且它们也无意于传递出那些有关波的物质的、色彩的或几何形式的印象。如果硬要说它们有什么意图,那也是出于满足某些微分方程的考虑——那是因为这些方程是那些偏爱微分方程的数学家的作品。这些场景的绝不逊色于其神秘意义的物理意义并不存在;它存在于“此处”——心灵。

我们对世界的看法必然在很大程度上依赖于我们碰巧拥有的感官。自从人类开始依赖于眼睛而不是鼻子来感知世界后,世界想必发生了多么巨大的变化!你孤独地待在山上,周围一片寂静;但如果给你配备上额外的人工感官后,听!以太正以骇人听闻的巨响发出萨伏伊[①]乐队的旋律。它在唱: 330

> 小岛上充满了各种声响,
> 悦耳的声音和甜蜜的气氛,给人欢乐而不是受伤。
> 有时上千把弦乐器一起发声
> 在我耳边轰鸣;有时则是人声鼎沸。[②]

就更广泛的特性而言,我们在大自然中看到了我们所要寻找的或做好准备去寻找的东西。当然,我的意思不是说我们可以安排场景的细节,而是说要通过我们价值观的明暗对比,来展示出事物的那些我们所看重的广泛特性。在这个意义上,永恒性所具有的价值创造了表观的物质世界;在这个意义上,也许内在的上帝创造了大自然的上帝。但是,只要我们还在将我们的意识从其所属

① 萨伏伊(Savoy)是伦敦市中心泰晤士河畔的一家著名的豪华酒店。——译者

② 这几句唱词摘自莎士比亚的《暴风雨》第三幕第二场。——译者

的世界中分离出来,我们就不可能获得完整的观点。我们只能猜测性的谈论我称之为“指针读数的背景”的那些东西;但至少这一点是合理的:如果给予世界明暗的价值是绝对的,那么它们必然属于背景。它们在物理上是无法辨认的,因为它们不能用指针读数来衡量。但它们可被根植于背景的意识所辨认。我不想提出一种理论;我只是想强调:由于我们关于物理世界的知识是有限的,由于这些知识与处于隔离状态的意识背景的接触点也是有限的,因此我们没法充分达成一种完整统一的思想。而这种思想是提出一个完整的理论所必需的。一般认为,作为自然选择的结果,人的本性已经在相当程度上被特殊化,因此下述这一点大可争论:对其永恒性和那些现在看来属于基本性质的其他特质的评价是否是意识331 的基本属性?或者说,这些属性是否会通过与外部世界的相互作用而演化?在这种情况下,心灵给予外部世界的价值最初是来自外部世界的东西。我认为,这种价值观上的折腾与我们的下述观点不无关系:指针读数背后的世界之物本质上与心灵是相通的。

以实际方式看待世界,正常人的意识的价值可以取作标准。但是这种估价显然可能存在随意性,这就要求我们得设法找到一种可被认为是最终的和绝对的标准。我们有两种选择。要么不存在绝对的价值,这样我们意识中的内向监督机制的裁决就成为上诉终审法院的裁决,在它之外调查皆无所据;要么存在绝对的价值,那样的话我们只能乐观地相信,我们的价值尺度是那些“绝对评估师”的价值标准的某种苍白的反映,或者说,我们已经洞察了这位“绝对评估师”的心灵,对于出自于他的努力和裁断,我们通常不再质疑其权威性。

自然，我一直试图让这些演讲中所表达的观点尽可能地连贯一致，但我不是很关注在批评意见的苛责下它是否会变得很不协调。谈完了一致性就到了该总结了。余下一个令人焦虑的问题是我们的这些论证在开始时是否正确，而不是它们是否有好运气能顺利地结束。在我看来，值得予以哲学思考的要点可以概括如下：

(1)物理实体的符号性质得到普遍认可；物理学体系现在是以这样一种方式来表述的，这种表述使得它几乎不言而喻地成为更 332 广泛事物的一部分；

(2)物质世界的严格的因果关系被抛弃。我们关于支配定律的观念正在重建之中，虽然我们无法预料它们最终将采取什么样的形式，但所有的迹象表明，严格的因果关系已经永远地被剔除出去了。这就消除了以前下述假设的必要性，即假设心灵受制于确定性规律，或者说，它可以中止物质世界的确定性规律；

(3)承认物质世界是完全抽象的，不存在脱离意识的“实在性”，我们恢复了意识的基础性地位，而不是将它表达为一种在进化史后期于无机自然界中偶然发现的并非基本的复杂事物；

(4)对于将“真实的”物理世界与我们所意识到的某些感觉联系起来的裁定，与将精神领域与我们的人格的其他方面联系起来的裁定之间并无任何本质上的区别。

这并不是说这个哲学体系里有什么新东西。特别是上述第一点的本质已经得到许多作者的提倡，并且在最近的物理学理论革命之前，也毫无疑问地赢得了许多科学家个人的赞同。但是，当这种观点不仅仅是一种哲学上的可以给人以智慧的教条，而且已成为当今科学态度的一部分，并在当前的物理学体系中得到详细说明后，它也给这个问题带来了某种不同于以往的复杂性。

5 信念

333 通过前十四章的讨论，你已经跟随我了解了对待知识的科学方法。我已经给出了由当前这些科学结论所自然引出的哲学思考，我希望人们不会出于神学上的目的而歪曲它们。在本章中，我们论述问题的立场已经不再是以科学为主；我是从我们经验中那些不属于科学研究范围的那部分经验出发，或者至少是从那些我们认为它很基本但物理科学方法认为它没太大意义的那部分经验出发。在神秘的宗教里，信仰的出发点是一种有意义的信念，或者正如我之前所说的那样，是对意识中一种努力的认可。必须强调这一点是，因为这种直觉的信念一直以来都是宗教的基础，因此我不希望给人一种印象，我们现在发现了一些新的、更科学的替代品。我不赞成那种用物理科学的数据或用物理科学的方法来证明宗教独特的信仰的做法。在预设了神秘的宗教其理念不是基于科学而是（正确地或错误地）基于自我认知的经验后，我们可以继续讨论各种批评意见，包括科学提出的反对意见以及宗教理念与科学对同样源于自我认知数据的经验性质的观点之间的可能的冲突。

有必要进一步研究那种产生出宗教的信念的本质，否则我们可能就会将排斥理性的盲目举动当作追求真理的向导。我们必须承认，推理过程会出现中断，但我们并不能因此否定推理。如果我们回溯得足够远，就会看到在物理世界的推理中也同样存在中断。

我们只能从数据出发来推理，但最终的数据则必须通过非推理的过程——我们意识中的自我认知过程——来得到。要想开始推理，我们必须意识到某件事。但这还不够，我们还必须确信这种意识的重要性。为此我们必然要求人类的本性——无论是自身的本性，还是受到外在力量的启发——都能对这种意义做出合理的判断。否则，我们甚至无法到达物理世界。[①] 334

因此，我们所设定的信念是意识中某种知晓状态，它至少与那些称为知觉的状态具有相同的意义。你也许注意到，时间通过它进入我们心灵的两条通道（见第三章第4节）在某种程度上为感官印象与其他意识状态之间的鸿沟搭建了桥梁。在后者中必然能够找到一种产生精神所需的宗教的经验基础。信念基本上不是一个需要争论的问题，它依赖于意识情感的力度。

但是，你可以说，虽然我们可能有这样一种意识，但我们就没有因为自信而对我们所经历的事情的性质产生过误解吗？在我看来这个问题似乎不太重要。至于我们对物理世界的体验，我们在很大程度上误解了我们的感觉的意义。科学的任务是发现那些与其表面上看起来不同的事物。但是我们不能因为眼睛一直在用绚 335 丽的色彩欺骗我们，而不是给予我们有关波长的朴素真理就摘去眼睛。我们只能活在这样一种虚假陈述的环境中（如果你一定要这样定性的话）。但是，认为我们能在周围色彩斑斓的环境中发现的就只有这种虚假的陈述，这无疑是一种对真理的非常片面的观

① 当然，即使某些数据的意义未得到确信——缺少我前面所称的“官方”的科学态度——我们也能够解决由此引发的问题。但这里要谈论的物理世界不是那种只有问题的解决状态、随意选择来度过闲暇时光的物理世界。

点——它认为环境是最重要的，而自觉的精神是无关紧要的。在我们关于科学的章节里我们已经看到，心灵为什么必须被视为是对世界构建过程的指导；因为没有它，就会造成无形的混乱。物理科学的目标，就是随着其研究范围的扩大将世界的基本结构揭示出来。但科学还必须解释（如果可以的话）或者虚心接受这样一个事实：这个世界已经诞生出心灵这种东西，它能够将揭示出来的结构变成我们丰富的经验。我们已经在粗糙的基础上创造出一个熟悉的世界，这可不是虚假陈述，而毋宁说是成就——可以说是漫长的生物进化的结果。它是对人的本性的目的性的一种实现。同样，如果说精神世界已经因宗教色彩而改变，这种色彩超脱于包含赤裸裸的外在属性的任何东西，那么我们同样可以信心满满地断言，这不是虚假陈述，而是人的本性中神性元素的成就。

或许我可以再次将神学与设想的幽默科学进行类比，（经过向经典权威咨询后）我冒昧给后者取名叫“笑话学”（geloeology）。类比不是令人信服的论证，但在这里必须靠它来发挥作用。考虑有这样一位传说中的苏格兰人。他对哲学异常倾心却领略不了笑话的意趣。我们没有理由可以解释他为什么不看重“笑话学”。例如让他写一篇敏锐地分析英国幽默与美国幽默之间区别的文章，那么他对这两种笑话的比较会显得不偏不倚特别公允，实则是因为他根本没看懂两者笑点的区别。但你若想从他那里得到哪条道路是正确的发展道路的看法，显然是徒劳的，因为这需要他有一种志趣相投的理解——他需要改换门庭（切换到我这个类比的另一端）。笑话学家和带浓重哲学意味的神学家们给出的帮助和批评，是要确保我们在精神错乱时有办法恢复正常。前者可能表现为，我们之所以愿意高兴地去听演讲，只是因为刚享受完一顿美餐并点上一支上等雪茄——心情好，而不是出于智慧对这项提议做出的敏锐判断；后者则可能表明，隐士之所以热衷于神秘主义是因为他正发着烧——病急乱投医，而不是什么超越凡间的上苍的启示。但是，我不认为我们应该求助于他们中的任何一方来讨论我们所声称的被赋予了意义的实在性，我也不认为他们适合来讨论事物正确的发展方向。这是一个关乎我们内心的价值观的问题。在某种程度上，这种价值观已成为我们的信念，虽然这种信念能坚持多久仍是一个有争议的问题。如果我们没有这样一种感觉，那么不光是宗教，而是整个物理世界和所有对于理性的信念，就都将在失去安全感中变得摇摇欲坠。

有时我被问到：科学现在是否已经无法提供能够让合理的无神论者提振信心的论据了？我没办法迫使一个持宗教信念的人接受无神论的思想，就像我没办法迫使一个苏格兰人接受笑话一样。对于后者，唯一的“转换”希望是通过多与快乐的同伴接触，由此他可能会开始意识到他在生活中缺少了一些值得去追求的东西。也许在他严肃的思想深处沉睡着幽默的种子，正等待着这种冲动去唤醒。同样的建议似乎也适用于宗教的传播。我相信，这个建议具有完全正统的建议的优点。

337

我们不能假装提供证据。证明是纯数学家摆在面前折磨自己的偶像。在物理学中，我们通常满足于在合理性较弱的殿堂前献祭。甚至连纯数学家——固执的逻辑学家——也不愿做预判；他不太相信数学框架是完美无缺的。数学逻辑已经历了与物理理论革命同样深刻的革命。我们都一样在步履艰难地追求着遥不可及的理想。在科学上，我们有时会对我们珍视但尚不能自圆其说的问题的正解满怀信心；我们受到了某种内在的适体感的影响。在我们的天性要求我们坚持的精神领域里，我们也会坚持这种信念。我曾给出过一个有关这种信念的极少有争议的例子——臣服于自然美景的神秘影响是人类精神的一种正确和恰当的反应，尽管在前几章提到的“观察者”看来，这种反应是一种不可饶恕的怪癖。宗教信仰往往被描述为一种类似的臣服形式，通过与那些因其自身天性而没有感觉到这种要求的人争辩并不会增强这种影响。

我认为有一点是不可避免的，那就是这些信念强调了我们试图把握的对象的个体特征。我们只能用从我们自身人格中获取的符号来构建精神世界，就像我们用数学家的度规符号来构建科学世界一样。如果不是这样，那么我们就将无法把握精神世界——它就像一种在意气风发时隐约可感知，但在卑贱贪婪的日常生活中便失去了的环境。为了使它能成为更为连续的渠道，我们必须能够在我们的关心和责任中去接近这个“世界精神”，在这一简单的精神对精神的关系中，所有真正的宗教都能够找到其表达方式。

338

6 神秘的宗教

我们已经看到，物理学的闭环方案预设了一个在研究范围之外的背景。在这个背景下，我们必须首先发现我们自身的个性，然后才可能发现更大的个性。我认为，从科学理论的现状来看，存在一种普适的“心灵”或“逻各斯”（理性）的概念是一个相当合理的推论，至少与理论的现状是一致的。但如果真是这样的话，我们为证明我们的主张所做的一切研究就都属于一种纯粹得毫无色彩的泛神论。科学无法判断世界的精神是好还是坏，而它对上帝存在所做的吞吞吐吐的论证也同样可以成为对魔鬼存在的论证。

我认为，下面这个例子可视为以前曾困扰我们的物理学体系的局限性的一个例证。它说的是，在所有这些体系中，对立被表示成+和-。过去和未来、因与果，都以这种不充分的方式表现出来。科学中最大的一个谜是发现为什么质子和电子彼此间不是简单对立的，尽管我们整个的电荷概念要求正电和负电应当有类似于+和-之间的关系。时间之箭的方向只能由神学和以热力学第 339 二定律著称的统计力学的不和谐的混合来决定；或者说得更明确点，这个箭头的方向可以由统计规律决定，但其意义——作为"令世界有意义"的支配性事实——则只能在目的论的假设下推导出来。如果物理学不能决定它在自己的世界里应该走哪条路，那么在伦理取向上就不能指望它能提供多少指导。当我们将未来置于物理世界的顶端来定向时，我们信赖的是某种内向的合理性。同样，当我们将善置于精神世界的顶端来定向时，我们也必须信任某种内在的监督者。

尽管物理科学限定了其范围，以便留下这样一个背景，供我们自由地甚至应邀去填补精神上具有重要意义的实在，但我们仍然得面对科学上最困难的批评。"在这里"，科学说道，"我已经留下了一片不加干涉的领域。我承认你有某种借助于意识的自觉通向它的大道，因此它不必是一个纯属不可知论的领域。但是你打算如何处理这个领域呢？你有源自神秘经验的、可与发展外部世界知识的科学系统相媲美的推理系统吗？我不强求你采用我的方法，我承认我的方法不适用；但是你应该有某种可靠的方法。经验的所谓基础可能是有效的；但我有什么理由认为目前宗教给出的解释就一定比一颗糊涂脑袋所虚构的说辞更好呢?”

这个问题几乎超出了我的范围。我只能承认它确属难题。虽然通过仅考虑神秘的宗教因素（我无意于做其他辩护），我选择了最轻松的任务，但是我仍然给不出一个相对完整的答案。很明显，340 意识的洞察力，虽然是通向我称之为科学符号背后的实在的固有(intimate)知识的唯一途径，但如果不加节制的话是不可信赖的。历史上，宗教色彩的神秘主义常常与不被认可的铺张浪费联系在一起。同时我也认为，对个人来说，对审美影响太过敏感可能是一种神经质不健康的信号。我们必须允许大脑处在病理状态时可能会出现顿悟的时刻。有人开始担心，在我们将所有的错误找出并剔除后，也就不会留下“我们”了。但在物理世界的研究中，我们最终还是要依赖于我们的感官，虽然它们能够以十足的幻象背离我们；同样，意识通达精神世界的途径也可能充满陷阱，但这并不意味着没有进步的可能。

必须坚持的一点是，如果说宗教或与精神力量的接触具有任何普遍的重要性的话，那就是二者必然是日常生活中司空见惯的事情，我们在任何讨论中都应予以这样对待。我希望你没有把我提到的神秘主义的观点理解为反常的经验和启示。我没有资格讨论什么样的证据价值（如果有的话）可以附加到经验和洞察力的更为陌生的形式上。但无论如何，如果你认为神秘的宗教主要关注的就是这些的话，那么这种认识就像是认为爱因斯坦的理论主要关注的是水星的近日点进动和其他一些意外的观测结果一样可笑。对于属于日常事务的问题，当前讨论的语调似乎经常是很不合时宜的迂腐。

作为科学家，我们意识到，颜色只是一种关于以太振动的波长 341 的问题；但这似乎并未消除为什么人会有这样一种感觉：反射4,800 Å 波长附近的光的眼睛成为狂想曲的主题，而那些反射波长在5,300 Å 的眼睛则没人去歌颂。[①]我们还没有达到勒普泰人[②]的境界，“例如，如果他们要赞美一位妇女或任何其他动物的美丽，他们就会用菱形、圆、平行四边形、椭圆等几何术语来形容这种美。”唯物主义者坚信，一切现象皆产生于由数学公式控制的电子、量子等粒子，他大概也必然会认为他的妻子是一个相当复杂的微分方程；但他也许足够聪明，不会在日常生活中强加这一观点。如果这种科学解剖被认为是不适当的并且与普通的人际关系不相关，那么它肯定是在最个性化的关系——人类灵魂对神灵的关系——上也是错位的。

我们渴望完美的真理，但很难说出要去寻找的到底是什么样形式的完美真理。我不太相信它就是我们编制的目录上所具有的那种形式。作为这种完美性的一部分，其中应该存在我们视为“比例感”的那部分。当物理学家的比例感告诉他将一块木板看作连续的材料，而他明知道它其实是含有零散稀疏的电荷的“真”空时，

---

① 波长 4,800 Å 的光是蓝光，5,300 Å 的光是绿光。欧美人以有一副蓝眼睛为美，而眼泛绿光，那不是波斯猫就是魔鬼。——译者

② 勒普泰人(Laputan)是指 18 世纪英国作家乔纳森·斯威夫特的著名童话《格列佛游记》里勒普泰岛上的居民。他们好空想，不务实。后面这段引言也出自该书。——译者

他不会感到这里有任何的对真理的不忠。对神性本质的最深刻的哲学研究给出的概念可能与日常生活中由比例给出的概念一样。所以，我们宁愿采用那种差不多在2000年前就揭示了的概念。

342 我站在门口正要走进一个房间。这是一件复杂的事。首先，我身体上每平方英寸必须承受14磅的大气压力。我必须确保站在一块以20英里每秒的速度绕日运行的木板上——哪怕早零点几秒或晚零点几秒，这块木板都会差出去几英里远。我必须这样做，虽然我是头伸向太空倒挂着在一颗行星上，以太风以没人知道是多少英里每秒的速度吹过我身体的每一个空隙。这块木板没有坚固的质地。踩上去就像踩在一大群苍蝇上。我不会滑下去吗？不会，如果我不小心滑了一下，其中一只苍蝇就会撞击到我身上，将重新我抬起来；我又跌倒了，又被另一只苍蝇撞得托起来，等等。我希望最终的结果是我保持稳定；但如果不幸我滑得掉到地板下，或是这些苍蝇撞得太厉害将我推到了天花板上，那么发生这种事倒不是违反了自然规律，而是其可能性非常非常小。这是都是些次要困难。考虑到我的世界线与木板的世界线相交，我真的应该从四维的角度来看待这个问题。这样，我们就需要再次确定世界的熵增大的方向，以便确保我跨过门槛是进入而不是出去。

的确，让骆驼穿过针眼要比搞科学的人穿过一扇门容易得多。但无论这道门是谷仓的门还是教堂的门，较为明智的做法是，他愿意以一个普通人的身份走进去而不是等到涉及真正的科学入门的所有困难都解决了再行动。

结　论

潮水般的愤怒已经在讲求事实的科学家的胸中涌动，并即将 343
倾泻到我们头上。让我们大致考察一下我们能建立的防御体系。

我想最广泛的指责大概是我一直在说我心灵背后的东西，而我知道这些东西只是一种善意的无稽之谈。我可以向你保证，我的一些科学论述经常会遭到本书后面几章中所述的批评。我不会说我一直半信半疑，但至少我对物理科学走过的道路怀有一丝乡愁，那里多少还有可把握的栏杆使我们避免落入愚蠢的沼泽。但无论我多么想要撤去这一部分讨论，将范围限定在我所从事的指针读数的本专业，我还是觉得有必要坚持主要原则。从以太、电子和其他物理机理出发，我们无法到达有意识的人，并对他意识中所领悟的东西进行分析。尽管我们可以想象，通过反馈我们能制造出一种能够与环境相互作用的类人机器，但我们无法实现一个理性人在道义上应有的对于追求有关以太、电子或宗教的真理的责任。你也许会觉得这么做——我们援引相对论和量子论的最新发展只是想告诉你这一点——显得毫无必要，但这并不是关键。我们之所以追溯这些理论，是因为它们包含了现代科学的概念。这不是主张这样一种信仰——科学最终必将与理想主义观点取得一致——的问题，而是如何看待它目前实际所持立场的问题。如果 344

我能够另辟蹊径来传递出最近那些超越科学理想的变化的意义的话，我可能就不需要在最后四章里做详细论述了（也许是受困于辩证的纠缠）。物理学家现在以这样一种观点来看待他的外部世界，这种方式虽然不乏精确和实用，但我不得不将其描述为比若干年前流行的观点显得更神秘。当时人们想当然地认为，除非工程师能做出它的模型，否则一切断言都不可信。曾几何时，自我与环境的结合是那么的完整，它所构成的经验似乎很容易切合约束条件远比现在严苛得多的物理学的管辖。那时甚至一个人对灵魂的扪心自问似乎都得得到物理学的恩准，但这样的自负阶段已经一去不复返了。现今的这种变化产生出有必要大力发展的思想。即使我们不能取得清晰的建设性的思想，但至少我们可以看出某些假设、期望或恐惧已不再适用。

对于物理学家来说，对物理学以外的观点的必要性予以肯定难道仅仅是一种善意的无稽之谈吗？而否定显然是更糟糕的无稽之谈。抑或正如热心的相对论者红后所说的那样："你说这是废话，但我听过的废话多了。与那些话相比，这句话简直就像字典一样的明智呢。"①

因为如果那些认为一切事物都必有物理基础的人认为这些神秘的观点都是无稽之谈的话，那么我们可以问，这些废话的物理基础是什么呢？"无意义的问题"比任何其他道德问题更容易触动科学家的心弦。他会认为区别善恶离他太远因此不值得去操心；但是，有意义与无意义之间的区别，有效推理与无效推理之间的区

① 红后和这段话均出自路易斯·卡罗尔的《爱丽丝镜中奇遇记》。——译者

别，必须看作是每一次科学探索的开端。因此，这种问题很可能被选中作为检验事例而得到审视。 345

如果大脑包含了它所认为的一派胡言的物理基础，那么这个基础一定是物理实体的某种配置，而肯定不是化学分泌，而且在本质上也不同于那种产物。这就好像当我的大脑说 7 乘以 8 等于 56 时，它的机制应该是制造糖，但是当它说 7 乘以 8 等于 65 时这种机制恰好出了故障，结果产生的是粉笔。但是谁能说清楚这一机制出了啥毛病？作为一台物理机器，大脑是根据牢不可破的物理学定律来运转的；因此我们为什么要指责其作用呢？区分这种化学产物是善还是恶与化学上的鉴别不是一回事儿。我们不能将思维规律同化为自然法则；前者是**应该**遵守的法则，而不是**必须**遵守的法则；物理学家在接受自然法则之前必须接受思维规律。这个“应该”把我们带离到化学和物理学之外。它关注的是一些诸如想要或推崇糖而不是粉笔等的感觉，而不是无意义的陈述。一台物理机器不可能尊重或想要什么东西；无论你喂它什么，它都会按照其物理机械法则嚼嚼咽下。物质世界里那种将心灵中的胡言乱语掩盖起来的东西给不出谴责它的理由。在一个讨论以太和电子的世界里，我们可能会遇到**无稽之谈**，但我们不会遇到**该诅咒的胡言乱语**。

在正确推理方面，最合理的物理学理论可能会按如下方式运行：通过推理，我们有时能够预言待要发生的事件，随后通过观察给予确认。心理活动则按照下述一系列过程进行，这些过程中的每一个都以预言下一个知觉的概念为节点。我们可以将这样一种心理状态链称为“成功的推理”——这里仅打算作技术性分类，不 346

牵扯任何包含令人尴尬的“应该”一词的道德含义。我们可以检查各种成功推理的共同特征。如果我们将这个分析应用到推理的心理层面，我们便得到了逻辑定律；而且一般推测认为，这种分析方法也可以应用到对大脑的物理成分进行分析。但有一点不太可能，就是我们能在伴随成功推理的脑细胞活动的物理过程中发现一种鲜明的特征，并认为它构成了“成功的物理基础”。

但我们并不是仅用推理能力来预测观测事件的，而且(如上定义的)成功的问题并不总是出现。但不管怎样，如果这种推理与我称为“成功的物理基础”的产物相伴，那么我们自然会将它同化为成功的推理。

所以，如果我能说服我的唯物主义对手抛弃掉与其原则不相符的所谓“该诅咒的胡言乱语”，那么他仍然有权宣称，在这些概念的演化过程中，我的大脑并不包含成功的物理基础。由于存在将我们各自的观点混淆起来的危险，因此我必须在此澄清我的观点：

(1)如果我像我的对手那样思考问题，那么我就不该担心我的推理会缺少所谓的成功的物理基础，尽管当我们处理的不是可观察的预言时，为什么会有这个要求这一点不是很显然；

(2)由于我不会像我的对手那样思考问题，因此我深受这种指控的干扰；因为我认为这只是一种外在的迹象，它表明这种指控可以有更强烈的名目来实施(这与我的原则不相符)。

347 我认为“成功”的推理理论不会受到纯数学家的赏识。对他来说，推理是一种可以远离外部大自然的纷扰的天赋能力。如果有人暗示，他的论证的重要性取决于物理学家不时成功地预言了符合观察结果的事实，这显然是胡说八道。外部世界尽可以按其自身的意愿表现出非理性，只要有这么一个免受打搅的知识角落，能让他高兴地寻找黎曼-Zeta函数的根就好。“成功”理论自然能够向物理学家证明自身的合理性。他采用这种类型的大脑活动，因为它让他知道他想要什么——一种对外部世界的可验证的预言，也正因为这个原因他推崇它。为什么神学家不采用和推崇这样一种非理性的心理过程呢？这种过程导向他想要的——未来幸福的保证，或用来吓唬我们以使我们行为检点的地狱。我想你明白，我不鼓励神学家轻视理性；我的观点是，如果没有比“成功”理论更好的理由，他们也许会这样做。

因此我自己也很担心，唯恐我说的这些全是无稽之谈，无法说服我自己，我必须去考虑一些在物质世界中不可能找到答案的事情。

对这些讲座内容的另一种指责可能是认为这些内容有一定程度上的超自然主义的倾向。在很多人看来，这种倾向与迷信并无二致。迄今为止，超自然主义总是与否定严格的因果律(见本书第十四章第5节)有千丝万缕的联系。我只能这么回答：这是量子理论等现代科学的发展带给我们的结果。但是我们的理论体系中更具煽动性的部分可能是心灵和意识所赋予的角色。然而我认为我们的对手会承认，意识是一个事实，他会意识到，除了意识所把握的知识，科学调查无从着手。他会将意识看成是超自然的吗？如果是，那他就是承认自己属于超自然主义者。抑或他认为意识是大自然的一部分？如果是的话，那与我们属一类人。我们将意识看成是处于这样一种明显的位置，它是通向实在和世界的意义的康庄大道，是通向世界上所有科学知识的途径。抑或他将意识看

348

成是一件不幸被广泛接受但很难给予礼貌对待的事物？果真如此的话，我们还是要迁就他。我们已将意识与物理世界调查中无法接触到的背景联系在一起，并已给物理学家一个领域，他可以在那里周而复始地循环而不会遇到任何使他脸红的东西。这个自然法则领域能够确保他涉足他曾有效占据的一切领域。事实上，我们讨论的目的同样是为了确保这样一个领域：科学方法可在其中畅行无阻，用以处理我们经验中超出该领域之外的那部分经验的性质。为这种科学方法进行辩护也许不是多余的。指责常常是由于忽视了对人类更广泛的文化层面的体验，物理科学已经被一种疯狂引入歧途。对于我们争论的这部分内容，存在一个广泛的研究领域，物理学方法足以在其中大行其道，而将这些其他方面引入其中无异于恶作剧。

宗教的科学辩护者会受到一种根深蒂固的诱惑，就是喜欢采349用某种现有的表达方式，来清除思想中那些粗鄙的东西（它们必然是与那些适应人性的日常需要的东西联系在一起的），以便淘洗出某种意义，直到基本剩不下什么能遭到科学或别的什么反对的东西为止。如果修正了的解释是首次提出，那么没有人会提出强烈批评；另一方面也没有人会被激起很大的热情。避开这种诱惑不是那么容易，因为这里必然有一个程度的问题。显然，如果我们要从一百个不同教派的原则中提取出某个自洽的观点来捍卫，那么其中至少有一个必须提交给这个令人沮丧的淘洗过程。我不知道读者是否会认为我在接触宗教的过程中屈服于这种诱惑不是什么大事，其实我曾试图对抗过它。这方面任何表观的失败都可能以下述方式出现：我们一直从物质世界的立场出发来关注物质世界和精神世界的边界。从这个角度出发，我们对精神世界里的问题所做出的任何断言都不足以为哪怕是最苍白的神学提供正当性，尽管这种神学见解太过卑微不会对人类前景产生任何实际影响。但任何严肃的宗教所理解的精神世界绝不是一个无色的领域。因此，通过将这个科学的腹地称为精神世界，我似乎已经回避了一个至关重要的问题，而我原先也只是想临时识别一下。为了使这个问题脱去临时性，我们就必须从另一个角度来制定方法。我不愿充当业余神学家，我会详细检查这个方法。然而，我已经指出过，要想将宗教色彩归因于该领域就必须依靠内在的信念；我认为我们不应否认某些内在信念的有效性。这种有效性似乎与我们对建立在数学基础上的理性的无端信任并行不悖；与我们对建立在物理世界的科学基础上的事物的合理性的内在感觉并行不悖；与我 350 们对建立在幽默的正当性基础上的那种不可抗拒的违和感并行不悖。或者，与其说这是我们断定这些信念的有效性的问题，不如说是我们认定它们作为我们的本性的基本部分的作用的问题。我们不用为自然景观中所看到美的有效性进行辩解；我们满怀感激地接受这样一个事实：上天赋予了我们这样一种看待事物的能力。

也许有人会说，从现代科学的这些论证中得出的结论是，在一个理性的科学人看来，宗教第一次成为可能是在 1927 年。如果我们必须考虑那个无趣的人，那个一贯讲求理性的人，那么我们可以指出，对他来说，这一年，不仅仅是宗教，而且是日常生活的大部分方面，都第一次成为可能。我想，某些通常的活动（比如恋爱）仍是他无法涉足的。如果我们的预期被证明是成立的，那么在 1927 年，海森伯、玻尔、玻恩和其他一些人就已经看到严格的因果律被最终推翻。这一年肯定会成为科学哲学发展史上最伟大的时代。但由于在这个开明的时代到来之前，人们总是设法说服自己，尽管有严格的因果关系的束缚，但他们不得不塑造他们的物质上的未来，因此他们在宗教上可能也会采用相同的**权宜之计**。

这使我们想到教皇时常所坚称的观点：科学与宗教之间可以没有冲突，因为它们分属完全不同的思想领域。这意味着我们一直在进行的讨论是多余的。但在我看来，这种断言毋宁说是对这种讨论提出了挑战——看看这两种思想领域到底是如何各自独立地与我们的存在联系在一起。我们已经看到，科学思想领域已形成某种形式的自封闭循环体系，对此我们可以给予谨慎的赞许。除非双方都把自己局限在适当的范围内，否则冲突是不可避免的。我们需要就能够更好地理解边界展开讨论，这对于形成和平的状态是有贡献的。我们仍然有很多机会来克服边境困难；这可以通过一个具体的例子来说明。

我们相信未来会有一种非物质的存在，持这种信仰的绝不局限于宗教的善男信女。天堂不是在空间里而是在时间里。（所有信仰的意义都是与“未来”这个词绑定的；在存在的某种**过去**时态下许诺的幸福保证绝不会给人安慰。）另一方面，科学家则认为时间和空间是一个连续体。在这个意义上，天堂存在于时间中而非空间中的这一现代理念与科学的冲突，要比天堂在我们头顶上的哥白尼思想来得更大。我现在提出的不是神学家与科学家之间孰是孰非的问题，而是谁侵入到对方领域的问题。神学对人类灵魂的命运的处置就不可能以一种不侵入科学领域的非物质方式进行吗？科学在提出有关时空连续体几何的结论时也一定要侵入神学领域才行？根据上述论断，科学和神学可以犯它们想犯的任何错误，只要它们是在各自的领域内。如果它们坚持待在各自的领域内，它们之间不可能争吵。但这需要巧妙地绘制一条边界线以遏 352 制这里所说的冲突的发展。[①]

现代科学思想的哲学倾向明显与30年前的观点不同。我们能否保证未来30年不会出现另一场革命，甚至可能是一场彻底的颠覆？我们当然期待会发生巨大的变化，到那时，许多事情都将以新的面目出现。这是科学与哲学关系中的一个难题，这也是为什么科学家通常很少关注自己的发现的哲学意义。通过顽强的努力，他正缓慢曲折地向越来越纯净的真理前进；但他的思路在旁观者看来似乎颇费周折。科学发现就像是将一幅大的游戏拼图拼合起来；科学革命并不意味着这些已排列整齐互相扣好的拼块必须被重新拆散，而只是意味着，为了嵌入新的拼块，我们必须修改我们对现有拼图的印象。如果有一天，你问一位科学家他的进展如何，他回答说："很顺利呀。我很快就要完成这片蓝天了。"过了些日子你再问他天空拼得怎么样了，得到的回答是，"我添加了很多新的拼块，过去拼的那是海，不是天空；它上面漂浮着一只船。"也许下一次这只船会变成一把倒挂的遮阳伞；但我们的朋友仍然对他取得的进展感到十分满意。这位科学家对他完成后的图像将呈现为什么样子有过猜测；他在很大程度上依赖于寻找到的其他合适的拼块，因此他的猜测时不时就会被出乎意料的发展所修正。对最终图案的思考的这些变动并没有使科学家对他的作品失去信 353

① 这个困难显然与时间进入我们的经验的双通道有关，我现在经常提到这一点。

心，因为他意识到完成的部分正在稳步增长。那些在他的肩膀后瞄上一眼，就将现有方案的部分进展用到科学以外的人，这样做是有风险的。

科学理论的终极性的缺乏将使我们的论证受到非常严重的限制，如果我们过分拘泥于其永久性的话。笃信宗教的读者可能会对这一点——我没有给他一个量子理论所揭示的上帝，因此这一概念很可能在下一次科学革命中被一扫而空——感到满意。哲学家关注的不是科学理论现在所采取的具体形态——我们认为已经予以证明了的若干结论——而是这些形态背后的思想运动。我们的眼睛一旦睁开，就会不断地去寻找一种更新的世界观，但我们永远不会回到旧的世界观上来。

如果说，我们现在持有的、促使爱因斯坦、玻尔、卢瑟福和其他人推动科学进步的哲学体系在未来30年里注定将衰落的话，那么我们也不该将这种“误入歧途”怪罪于他们。就像欧几里得体系、托勒密体系、牛顿体系等已经尽到了它们的职责一样，爱因斯坦和海森伯的体系迟早也会让位于那些让我们更充分认识这个世界的新理论。但在每一次科学思想的革命中，老的曲调都会被填上新词继续演唱，旧曲不会被消灭，而是换了内瓤重焕青春。在我们所有的不完善的表达尝试中，科学真理的核心正不断成长；这一真理可以说是——越变越显出其不变的本质。

索　　引

（索引页码为原书页码，即中译本边码）

译　后　记

对于21世纪的读者来说，亚瑟·斯坦利·爱丁顿可能是个较陌生的名字。即使是对20世纪科学史稍有了解的人，所知道的爱丁顿可能也仅限于知道这位20世纪初的大物理学家、天文学家最先提出了恒星的内部结构及其演化的动力机制（聚变能源），并于1919年率领远征队远赴西非海岸普林西比岛进行日全食观测，第一次成功验证了爱因斯坦预言的太阳质量引力引起的星光偏折效应（这是对爱因斯坦广义相对论的三大检验中的一个）。但实际上，爱丁顿不仅在科学研究上功勋卓著，而且和爱因斯坦、玻尔一样，也是一位深具哲学思想的大家。《物理世界的本质》一书就是他在自然哲学认识论方面的最初尝试之一。

这本书出版于1929年，是对两年前（1927年）在爱丁堡大学所做的吉福讲座的教案的系统梳理。书中不着公式，对当时引起科学思想深刻革命的两大理论——相对论和量子论——的基本概念及其深远的哲学意义进行了独具特色的阐释。因此书中既有对以牛顿力学为代表的经典物理学理论的高度概括，揭示了新旧两种物理学之间的联系和区分，同时也广泛论述了新物理学基础上正在形成的新的科学世界观对人类意识（包括宗教信仰）可能带来的冲击（后四章）。关于这方面，作者在“前言”里阐述得很清楚，毋庸赘言。这里主要想想借此机会谈谈这本书在今天的意义。

爱丁顿作为第一个将欧洲大陆新科学理论——相对论——传播给英语世界的学者，对相对论和新量子理论有着透彻的理解。他在1923年出版的《相对论的数学理论》一书被爱因斯坦誉为是各种语言中对该理论最好的阐述。而且英国科学家都有一个传统，就是会讲故事——能将枯燥抽象的知识和概念用日常容易理解的语言娓娓道来。爱丁顿无疑是个中翘楚。他在本书中不用一个公式就能将时间、空间、熵、引力、宇宙学(前八章)，以及量子、不确定性、互补原理(第九、十两章)等最新也是最难理解的概念讲述得十分清楚和有趣，以至于当代科学大师罗杰·彭罗斯在他的传世大作《通向实在之路》一书中讲到热力学第二定律时，都忍不住要引用爱丁顿在本书中的精彩论断：

我认为，熵总是增加的定律——热力学第二定律——具有自然法则的最高地位。如果有人向你指出你所珍爱的宇宙理论与麦克斯韦方程组相冲突，这可能对麦克斯韦方程很不利。如果你的这一理论与实验观察相矛盾，那也可能是这些实验者偶尔出了问题。但是如果你的理论与热力学第二定律相抵触，那我认为你肯定没希望了，除了深怀羞辱丢弃它别无他法。(见本书边码第74页，以下引用页码皆为边码)

像这样的独具作者风格的叙述在本书中可谓俯拾皆是。因此，阅读本书，可以让我们细细品味前代大师在向普通听众讲述深奥理论时所表现出来的风趣和睿智。

不仅如此，在论述最新科学进展的基础上，爱丁顿逐渐形成了一种新的科学观和方法论。这就是在对物质世界的理解上，需要破除传统的实体概念，将注意力移到“测量”上，“现代科学观的整体趋势是打破诸如‘东西’‘影响’‘形式’等不同类别之间的区分，代之以所有经验的共同基础。不论我们研究一个物体、一种磁场、一个几何图形，或是一段时间，我们的科学信息都是来自测量。”（第 xi 页）“物理科学坦率地承认它所关心的是一个影子世界，这是近期科学进展最重要的意义。”（第 xv 页）在方法论上，“根据物理学方法来研究的这个世界必须与我们的意识所熟悉的世界保持分离，直到物理学家完成了他的分析工作后方可合而为一。”（第 xii 页）因此，外部世界的客观性的揭示在很大程度上取决于科学家选择上的主观性：“物理世界中的永久性元素，即那些通常以物质概念来表达的东西，本质上是心灵对建造或选择计划的贡献。”（第 241 页）这些思想在后来被爱丁顿发展为他所称的“主体选择论”或“建构主义”（见《物理科学的哲学》，1939 年出版，中译本：杨富斌、鲁勤译，商务印书馆 2014 年第 1 版）。

爱丁顿的科学思想在今天的影响还可以参考最近出版的论文集《信息和相互作用——爱丁顿、惠勒和知识的限度》（*Information and Interaction: Eddington, Wheeler, and the Limits of Knowledge*）（斯普林格出版社 2017 年版）一书。

译者

2019 年 3 月于清华园

图书在版编目(CIP)数据

物理世界的本质/(英)阿瑟·爱丁顿著;王文浩译.—北京:商务印书馆,2020(2025.4 重印)
ISBN 978-7-100-19122-7

Ⅰ.①物… Ⅱ.①阿… ②王… Ⅲ.①物理学—研究
Ⅳ.①O4

中国版本图书馆 CIP 数据核字(2020)第 182488 号

物理世界的本质
〔英〕阿瑟·爱丁顿 著
王文浩 译

商 务 印 书 馆 出 版
(北京王府井大街 36 号 邮政编码 100710)
商 务 印 书 馆 发 行
北京盛通印刷股份有限公司印刷
ISBN 978-7-100-19122-7

2020 年 10 月第 1 版 开本 850×1168 1/32
2025 年 4 月北京第 3 次印刷 印张 11
定价:48.00 元